筑坝河流的水文生态效应及其生态修复

——以三峡水库与长江中下游典型河段为例

杨启红　卢金友　王家生 等　著

中国水利水电出版社
www.waterpub.com.cn
·北京·

—————————— 内 容 提 要 ——————————

本书系统总结了三峡水库及长江中下游水文情势变化及其生态环境效应等多方面的研究成果，具有较强的实用性和创新性，能够为筑坝河流的生态修复提供技术支撑。

全书共分 7 章，论述了长江中下游典型区域的环境变化及其生态影响（包括三峡水库、长江中游、长江口、洞庭湖、鄱阳湖等主要区域）；分析了三峡工程建成后对库区环境、河道演变以及中下游江湖关系的影响；论述了水库建设运行对典型区域的水环境及水生态的影响；探讨了三峡水库对中下游的生态补偿方式，以及三峡库区和中下游重要湖泊等典型区域主要环境生态问题的监测方法等。

本书可供生态学、环境科学、水利水电等学科的研究人员参考，也可供水资源、环境管理部门的管理人员，以及大专院校相关专业的师生教学参考。

图书在版编目（CIP）数据

筑坝河流的水文生态效应及其生态修复 ： 以三峡水库与长江中下游典型河段为例 / 杨启红等著. -- 北京 ：中国水利水电出版社，2017.8（2018.7重印）
ISBN 978-7-5170-5823-6

Ⅰ. ①筑… Ⅱ. ①杨… Ⅲ. ①长江流域—筑坝—影响—河流—水文环境—生态效应—研究 Ⅳ. ①X321 ②X524

中国版本图书馆CIP数据核字（2017）第217890号

书　　名	筑坝河流的水文生态效应及其生态修复——以三峡水库与长江中下游典型河段为例 ZHUBA HELIU DE SHUIWEN SHENGTAI XIAOYING JI QI SHENGTAI XIUFU——YI SANXIA SHUIKU YU CHANG JIANG ZHONGXIAYOU DIANXING HEDUAN WEI LI
作　　者	杨启红　卢金友　王家生　等 著
出版发行	中国水利水电出版社 （北京市海淀区玉渊潭南路 1 号 D 座　100038） 网址：www.waterpub.com.cn E-mail：sales@waterpub.com.cn 电话：（010）68367658（营销中心）
经　　售	北京科水图书销售中心（零售） 电话：（010）88383994、63202643、68545874 全国各地新华书店和相关出版物销售网点
排　　版	中国水利水电出版社微机排版中心
印　　刷	北京博图彩色印刷有限公司
规　　格	184mm×260mm　16 开本　15 印张　277 千字
版　　次	2017 年 8 月第 1 版　2018 年 7 月第 2 次印刷
印　　数	1001—2000 册
定　　价	**60.00 元**

前言

　　大坝建设和运行以来，呈现出了巨大的经济和社会效益，不仅满足了人类对于发电、防洪、灌溉和供水等方面的需求，还改善了人们的生活，提高了社会经济水平，同时还保障和发展了人类社会的文明水平。与此同时，大坝的建设也打破了河流生态系统的初始性和稳定性。一般在建坝后的 20～25 年，其造成的生态环境问题才开始逐渐显现。20 世纪 50 年代以来，人类对河流的开发利用程度较之前已经提升到了一定的高度，科技水平的不断提高，促使人们对水资源的开发利用程度逐渐加大，全球范围内的水资源存储量不断减少，进而造成生态环境用水紧缺，该现象也是目前全世界的焦点之一。大坝工程的运行造成了诸多的生态环境问题，对水资源的开发和利用，直接改变了河道径流的时空分配格局，从而引起湿地萎缩、河口淤积、地下水位下降、海水倒灌、土地盐碱化等一系列现象。河道径流量的减少，一方面造成河流水质恶化；另一方面河流的水动力不足大大降低了河道的输沙能力，破坏下游三角洲和湿地的形成和发展，同时河道径流的时空改变影响了水生生物的栖息地环境，导致生物多样性、物种资源遭到破坏。河流生态环境的恶化，已经严重制约了社会经济的发展和人们生活质量的提高。

　　近年来，随着河流天然生态环境的不断恶化和人们对环保观念的不断增强，人们在河流开发的同时提出河流生态环境健康的保护措施，是维护河流的可持续开发性的必要条件，维护河流生态健康已然成为治理江河流域的新航标，是水利发展的必然要求。水利枢纽建成运行后，直接改变了河道径流的时空分配格局，间接引起下游的水质、水温、地貌、输沙量、水文特征、水文条件、水力学要素等生态条件发生变化，因此研究这些要素的变化规律是首要任务，这也是研究筑坝河流生态水文效应的基础依据。

　　长江是我国的第一大河，拥有独特的生态系统，是我国重要的生态宝库。

水利工程对河流环境的影响是缓慢的、潜在的、长期的和极其复杂的，并且往往是与其他人类活动共同长期作用的结果。目前，长江流域上的大型水利枢纽建设正处于蓬勃发展时期，从早期的三峡水利枢纽到如今的南水北调工程，一大批的水利工程在长江流域这条大动脉上相继兴建，势必在一定程度上改变着长江的生态系统，对长江的水环境以及水生生物的栖息地造成影响，对水生生物资源的生态学效应是缓慢且长期的，长江生态系统的破坏对水生物种群资源的长期影响，将威胁中华民族的生存和发展。因此分析和研究水利工程对河流水文、水环境和水生态的影响，恢复或改善被破坏的河流生态系统，以维持良好的生态系统环境和保障生物资源永续利用，具有重要的实际应用价值和现实意义。

按照党中央的长江发展战略，当前和今后相当长一个时期，修复长江生态环境位于特殊重要的位置，共抓大保护，不搞大开发。实施重大生态修复工程是推动长江经济带发展项目的优先选项，实施好河湖和湿地生态保护修复等工程，增强水源涵养、水土保持等生态功能是重要措施，要用改革创新的办法抓长江生态保护，要在生态环境容量上过紧日子的前提下，依托长江水道，统筹岸上水上，正确处理防洪、通航、发电的矛盾，自觉推动绿色循环低碳发展，建设生态长江。

本书旨在全面认识长江中下游的环境生态及主要问题，并尝试通过生态补偿与监测评估促进长江中下游环境生态的良性运行。书中紧紧围绕三峡水库建设对坝下河流生态系统的影响开展研究，基于生态水文学、河流生态学基本理论以及对典型区域的生态效应展开分析，紧扣河流生态系统恢复这个主题，从河流生态系统的各个关键要素分别阐述河流建坝对环境生态的影响，从关键过程和对关键过程的作用机制入手来研究河流生态补偿与监测方法。鉴于长江的重要性，关于长江的研究众多，本书多数数据和调查资料是作者多年的学习、工作总结，也有部分是总结前人的研究成果，出于对前辈辛勤工作成果的尊重以及对知识产权的遵守，资料引用均有注明，如仍有疏忽遗漏之处，敬请原作者原谅。

本书分为7章，由长江水利委员会长江科学院有关专业人员撰写。第1章长江中下游概况及生态保护，由卢金友、刘晓敏撰写；第2章长江中下游环境的历史演变，由卢金友、王家生撰写；第3章河流生态系统及其生态过程，由杨启红、张琳撰写；第4章长江中下游的水环境，由杨启红、王家生撰写；第5章典型区域的水文变化及其生态影响，由卢金友、杨启红、王家生、张超波撰写；第6章三峡水库对长江中下游的生态补偿实践，由杨启红、刘晓敏撰写；第7章长江流域典型区域重要环境生态问题监测，由刘晓敏、张琳撰写。

本书得到了国家自然科学基金项目（51149005，51209150，51679009）、国家重点研发计划（2016YFC0402300）的资助，在编写过程中，引用了国内的有关规范标准，参考了相关的规划、报告等，在此一并表示感谢！

限于作者水平，本书难免存在遗漏和不当之处，请读者不吝赐教。

作者

2017 年 5 月

目　　录

1

长江中下游概况及生态保护

1.1　长江中下游概况

　　长江发源于青藏高原的唐古拉山主峰格拉丹冬雪山西南侧，干流全长6300余 km，总落差约5400m，横贯我国西南、华中、华东三大区，流经青海、四川、西藏、云南、重庆、湖北、湖南、江西、安徽、江苏、上海等11个省（自治区、直辖市）注入东海，支流展延至贵州、甘肃、陕西、河南、浙江、广西、广东、福建等8个省（自治区）。流域西以芒康山、宁静山与澜沧江水系为界；北以巴颜喀拉山、秦岭、大别山与黄河、淮河水系相接；南以南岭、武夷山、天目山与珠江和闽浙诸水系相邻。流域面积约180万 km^2，约占我国国土面积的18.8%。流域面积10000km^2 以上的支流有49条，其中80000km^2 以上的一级支流有雅砻江、岷江、嘉陵江、乌江、湘江、沅江、汉江、赣江等8条，重要湖泊有洞庭湖、鄱阳湖、巢湖和太湖等。

　　长江干流宜昌以上为上游，长 4504km，流域面积约 100 万 km^2。宜昌至湖口段为中游，长 955km，流域面积约 68 万 km^2。干流宜昌以下河道坡降变小、水流平缓，枝城以下沿江两岸均筑有堤防，并与众多大小湖泊相连，汇入的主要支流有南岸的清江、洞庭湖水系的湘资沅澧四水、鄱阳湖水系的赣抚信饶修五河和北岸的汉江。自枝城至城陵矶河段为著名的荆江，两岸平原广阔，地势低洼，其中下荆江河道蜿蜒曲折，素有"九曲回肠"之称，南岸有松滋、太平、藕池、调弦（已建闸）四口分流入洞庭湖，由洞庭湖汇集湘、资、沅、澧四水调蓄后，在城陵矶注入长江，江湖关系最为复杂。城陵矶以下至湖口，主要为宽窄相间的藕节状分汊河道，总体河势比较稳定，呈顺直段主流摆动，分汊段主、支汊交替消长的河道演变特点。

湖口以下为下游，长 938km，流域面积约 12 万 km²。干流湖口以下沿岸有堤防保护，汇入的主要支流有南岸的青弋江、水阳江水系、太湖水系和北岸的巢湖水系，淮河部分水量通过淮河入江水道汇入长江。下游河段水深江阔，水位变幅较小，大通以下约 600km 河段受潮汐影响。

1.1.1 水文

长江中下游流域水系发达，干流横贯万里，沿途有众多支流汇入。其中，流域面积超过 8 万 hm² 的支流有沅江、湘江、汉江、赣江 4 条；河流长度超过 1000km 的支流有沅江、汉江 2 条。

中国前两大淡水湖泊——鄱阳湖和洞庭湖均在长江中下游地区。鄱阳湖位于江西南昌和九江之间，湖周主要有赣江、抚河、信江、饶河（都江）、修水 5 条河流汇聚，北端与长江相通。洞庭湖位于湖南北部，南有湘江、资水、沅江、澧水"四水"汇入，北有松滋、太平、藕池、调弦（1959 年已封堵）"四口"吞纳长江洪水，湖水由东面的城陵矶附近注入长江，历来是长江最大的吞吐湖。

长江流域年降雨量除金沙江四川一小部分小于 750mm 外，一般均在 800～2000mm（部分地区超过 2000mm），因此长江水量甚为丰沛。雨量的年内分配及水位消长情况大体是：冬季雨量稀少，只占全年的 5%～15%，是为长江水位最枯季节，此时之水位变化亦较平稳，至 2 月、3 月间，长江干流出现最枯水位。由于冬季最冷月温度除金沙江上游及个别支流外，一般均在 0℃以上，因此长江干流大都没有结冰现象。到每年 3 月以后，雨量逐渐增加，水位亦随之逐步上升，通常称为桃汛，6—9 月为长江流域雨量最多季节，此时全江水位高涨，变化最大。

根据雨季的先后不同，洞庭、鄱阳两湖水系在 4—8 月都有出现最高水位机会，而以 6 月为最多；在上游，长江干流和它的支流最高水位出现在 7—9 月，而以 7 月机会最多。

汉江在 6—10 月出现最高水位，7—9 月出现的机会较多；城陵矶以下的长江干流因受湖泊之调节作用，全年多是一巨大之峰形，水位一般以 7 月、8 月为最高。

1.1.2 气象

长江中下游地区属于典型的季风气候，冬寒夏热，四季分明，年内变化与季风进退密切相关，东南部地区夏季还常受台风影响。由于全域横亘着几个不同的气候区，雨区分布比较复杂，在一般年份，长江流域主要雨带的移动是自东南走向西北，鄱阳湖、洞庭湖以每年4月为多雨月份，故其洪水发生亦较早，6月以后雨区开始扩展西移，7月、8月以四川盆地一带降雨最为集中，汉江此时降雨亦显著增加，以后雨区开始扩展西移。9月、10月汉江流域降雨仍占重要地位，形成长江流域最后一个雨区。正是因为一般年份长江流域各主要雨区降雨集中时间的错开，减少了最高洪水汇合的机会，才减轻了洪水的威胁。但如遇气团情况反常，雨季重叠，各雨区长时间暴雨相互遭遇，则将造成巨大洪水泛滥，1954年的长江大洪水就是非常突出的事件。

长江中下游流域属亚热带季风气候，冬季温和，夏季高温。年均气温14~18℃，1月月均气温0~5.5℃，7月月均气温27~28℃，绝对最高气温可达38℃以上；无霜期210~270天。长江中下游流域年降水量为1000~1500mm。降水量年内分配不均，多集中在5—10月，占全年的70%~90%；降水量年际变化较大，从单站年降水量分析，最大年降水量与最小年降水量的比值在1.5~5.0，大多在3.5左右。每年6—7月，受夏季风和北方冷空气影响形成"梅雨"，出现长时间的阴雨天气；梅雨季节过后，受西太平洋副热带高压影响形成"伏旱"。降水量地区分布不均匀，总趋势为由东南向西北递减，山区多于平原。年降水量大于1600mm的地区主要为江西和湖南部分地区。

长江流域雨量丰沛，水资源较丰富。每平方公里水资源量约56万m³，为全国平均值的1.9倍。流域水资源主要为河川径流，据1956—2000年流域水文资料，上游控制站宜昌多年平均天然年径流量4515亿m³，下游控制站大通为9405亿m³，大通以下区间约452亿m³，流域多年平均年径流量约9857亿m³。长江年径流量的地区组成，宜昌以上占46%，中游洞庭湖、汉江、鄱阳湖约占42%，下游支流水量有限。径流在年内分配和降水相应，很不均匀，干流汛期水量约占年径流量的70%~75%，支流则在55%~80%；但年际变化小，1956—2000年年入海水量最丰年近12800亿m³，最枯年也有6820亿m³（长江水利委员会水文局，2004）。

降水量平均年相对变率在江南、江北略有变化，江南的变率一般在20%以下，只有湖南西北部超过20%，江西东部武夷山西侧均不及10%，是长江变率最小地区之一。长江中游北岸大别山西南，唐白河、丹江口上游一般为30%~50%，为长江变率最大地区。

综上所述，长江流域降水，不论年降水量、汛期降水量，以及极大年、月降水量，其在空间上的分布大多是中游最多，下游次之，上游最小；江南大于江北。

1.1.3　地质

长江流域地跨扬子准地台、三江褶皱系、松潘—甘孜褶皱系、秦岭褶皱系和华南褶皱系等五大构造区，地质构造复杂多变。地层自太古宇至新生界第四系发育齐全，并有不同时期岩浆岩分布。根据区域地质环境的特征，结合干支流开发治理中存在的各类地质问题，全流域可划分为三大工程地质区：

（1）西部青藏川滇区。位于陇南山地—龙门山—乌蒙山以西广大高山、中山地区，包含青南—川西高原、横断山地和陇南—川滇山地等三大地貌单元。地质构造以松潘—甘孜褶皱系为主体，西缘、北缘和南缘分别为三江褶皱系、秦岭褶皱系和扬淮地台各二级构造单元。岩性以浅变质砂板岩、千枚岩为主，部分为碳酸盐岩、碎屑岩和岩浆岩。新构造运动以来呈强烈上升，区域稳定性较差，活动断裂分布广，地震活动强烈，曾发生过 6 级以上地震 100 多次，约占全流域同类地震总数 90％以上。冻融、滑坡、崩塌、泥石流等环境地质问题十分突出，一些地区水土流失十分严重，同时存在高烈度区抗震、高地应力、深度河床覆盖层以及高边坡稳定等重大工程地质问题。

（2）中部秦川鄂黔区。位于陇南山地—龙门山—乌蒙山以东，伏牛山—鄂西山地—武陵山以西中山、低山和丘陵地区，包括秦岭山地、四川盆地和鄂黔山地等 3 个地貌单元。地质构造北部以秦岭褶皱系南、北秦岭褶皱带为主体，南部则为扬子准地台的四川台坳、上扬子台褶皱带和大巴山台缘褶皱带。岩性北部秦岭山地以变质岩和岩浆岩为主，南部则以碳酸盐和红层碎屑岩分布最广。新构造运动以来呈中等幅度隆起，区域稳定性好，活动断裂分布少，地震活动微弱，历史上仅发生过 6 级以上地震 2 次。滑坡、崩塌、泥石流、岩溶塌陷和渗漏、岩体风化和软弱夹层是本区内主要环境地质和工程地质问题。

（3）东部湘赣鄂苏皖区。位于伏牛山—武当山—鄂西山地—武陵山以东低山丘陵、平原地区，包括淮阳山地、长江中下游平原和江南丘陵三大地貌单元。地质构造北部属秦岭褶皱系的南阳坳陷和淮阳隆起，中部为扬子准地台的下扬子台褶带、浙西皖南台褶带和江南地轴等二级构造单元，南部则为华南褶皱系所在。岩性淮阳山地以岩浆岩和变质岩分布最广；长江中下游平原主要以土、砂和砂砾石组成的松散土层为主；江南丘陵在中低山地分别由碳酸盐岩、变质岩和岩浆岩组成，而众多的盆地均为红色屑岩。新构造运动以来，北部淮阳山地和南部江南丘陵均呈微弱隆起，长江中下游平原则处于沉降中。区域稳定性总体较好，仅在太阳山、麻城、团风、茅山、瑞金等活动断裂带附近曾发生过6级地震。地面沉降、土体胀缩和变形、岩溶塌陷、岩体中软弱夹层以及已建水库加固等是区内主要环境地质和工程地质问题，一些地区水土流失，河湖淤积、坍岸现象严重。

长江堤防多建在一级阶地和高漫滩前缘，地形较低，沿线河渠纵横，并有古河道、古溃口、湖、塘、坑、沟密布，堤基虽多数有二元结构，但其组成、厚度与性状变化较大。通过勘察，长江中下游南京以上沿江两岸长约2700km的主要干流堤防的工程地质条件大致可以分为四类：一类是工程地质条件好的堤防，总长约427km，占15.7%；二类是工程地质较好的堤防，总长约937km，占34.4%；三类是地质条件较差的堤防，总长844km，占31.0%；四类是地质条件差的堤防，总长513km，占18.9%。近50%的三、四类地质条件差和较差的堤防是今后堤防建设基础处理的重点。

南京以下堤段，堤基多为壤土、淤泥质壤土、砂壤土、粉细砂，呈不等厚间互层状结构，单层厚一般1~10m。总体看，堤基工程地质条件较差，崩岸较严重。抓紧堤身加固、填塘固基、护岸和护坡至关重要；修建穿堤建筑物时需进行地基处理。

长江中下游有荆江、洞庭湖、洪湖、武汉附近、鄱阳湖、华阳河等六大区，各区以第四系全新统冲积层为主，一般具二元结构，上部：黏土、粉质黏土、壤土；下部：粉细砂。滨湖地带以黏土为主，并有淤泥质土，滨江圩堤堤基黏性土层较厚，工程地质条件较好，上部黏土较薄，被破坏部位亦有渗透变形问题。淤泥质土分布堤段需注意沉降变形。

1.2 中下游河流基本特征

1.2.1 水系特征

长江自江源至湖北宜昌称上游，宜昌以下，干流进入中下游冲积平原，两岸地势平坦，湖泊众多，沿岸建有完整的防洪堤，水面坡降平缓，宜昌至湖口平均比降0.03‰，湖口至入海口平均比降0.007‰。长江支流众多，在中游入汇的，左岸有沮漳河、汉江，右岸有清江，洞庭湖水系的湘、资、沅、澧四水和鄱阳湖水系的赣、抚、信、饶、修五河；在下游入汇的，左岸有皖河、巢湖水系、滁河，右岸有青弋江、水阳江、太湖水系和黄浦江；淮河也有部分水量在左岸扬州三江营汇入长江，南北大运河在扬州与镇江间穿越长江。这些密布在长江南北两侧的支流与长江干流组成了庞大的长江水系。

1.2.2　河道特征

长江干流自宜昌以下为中下游，其中徐六泾至 50 号灯标为河口段。

长江中下游干流河道流经广阔的冲积平原，沿程各河段水文条件和河床边界条件各异，形成的河型也不同。从总体上看，中下游的河型可分为顺直型、弯曲型、蜿蜒型和分汊型四大类，以分汊型为主，其长度约占总长的 60%。宜昌至枝城河段是山区河流进入平原河流的过渡段，两岸有低山丘陵和阶地控制，河岸抗冲能力较强，为顺直或微弯河型，河床稳定性较好；上荆江河段弯道较多，弯道内多有江心洲，属微弯分汊河型，受边界条件和历年抛石护岸工程的控制，总体河势相对较稳定，河道演变主要表现在局部河段的主流摆动，相应的成型淤积体有一定的变化，部分分汊河段主支汊呈周期性交替变化；下荆江河段为蜿蜒型河道，两岸抗冲性较差，历史上河道横向摆幅很大，自然裁弯和切滩撇弯现象较为频繁，经过 20 世纪 60 年代末、70 年代初的系统裁弯，以及下荆江河势控制工程的实施，除石首弯道和监利弯道近期变化较为剧烈外，河势已得到初步控制；城陵矶至湖口段总体为宽窄相间的藕节状分汊河道，总体河势相对较稳定，河道演变主要表现为顺直段主流摆动，两岸交替冲淤，弯道内凹岸冲刷，分汊段主、支汊交替消长；湖口至徐六泾段，分汊河型较湖口以上更为发育，洲汊众多。河道分汊段一般为二汊或三汊，少数有四汊至五汊，窄段一般一岸或两岸有山矶节点控制，河槽窄深而稳定，分汊段主流易发生往复摆动，有些河段的主流摆幅较大，使江岸冲淤反复，主汊南北易位，河床演变强度大于中游河道；徐六泾以下的河口段呈喇叭形三级分汊、四口入海的格局，共有北支、北港、北槽、南槽四个入海通道，由于受径流、潮流及风暴潮等多种动力因素的影响，加之河道宽阔，暗沙密布，河势变化复杂，河道稳定性较差。

近 60 年来，中下游干流以控制河势和防洪保安为主要目标，开展了较大规模的护岸工程、下荆江系统裁弯工程、部分分汊河段的堵汊工程等河道治理工程，共完成护岸 1600 余 km，抛石 9100 余万 m^3，修建丁坝 685 座，各类沉排约 520 万 m^2。这些治理工程的实施，使中下游干流河道基本得到初步控制，总体上河势向稳定方向发展。

1.3　长江生态环境问题

长江流域以其丰富的自然资源、多样的经济文化和重要的区位优势，历来在我国社会经济发展中占有极为重要的地位，不仅是人类文明的重要发源和发展区域，也是目前我国资源最富集、经济最集中的巨型产业带，是我国经济、文化发展潜力最大的地区之一。同时，长江流域又是生态环境脆弱、人地关系复杂的区域（杜耘，2016）。

主要生态环境问题表现在以下几个方面：

（1）河湖湿地面积锐减，生态功能退化；从 20 世纪 50 年代至今，仅江汉平原湖泊水域面积就由 7100 余 km² 减少到约 2400km²；相应地，作为河湖湿地重要组成部分的湖泊消落区面积也急剧萎缩。据统计，20 世纪 50 年代江汉平原湖泊消落带面积共约 3293km²，而至今江汉平原湖泊消落带面积不足 500km²。洞庭湖水域面积近 80 年来也减少近 2500km²（杜耘，2011）。

（2）水环境恶化，主要水体污染严重，农村饮用水安全存在隐患；近年来中游地区工业污染增加的趋势明显，长江干流Ⅳ类、Ⅴ类、劣Ⅴ类水质频现，局部地区环境容量已经接近或达到发展的临界点。

根据水利部门发布的最新水资源公报，劣于Ⅲ类水河长占到总评价河长的 22.6%，在 164 个省界断面中全年水质劣于Ⅲ类的占 10.4%，在 60 个重点湖泊中全年水质劣于Ⅲ类的占 76.7%，在 1150 个重要水功能区中按全指标评价个数达标率仅为 68.5%，在评价的 329 个水源地中全年水质均合格的仅占 58.7%。

（3）水生态系统退化，珍稀野生动物濒临灭绝。水生态概念的内涵有宽有窄，这里主要是指长江水系动植物的问题。生境片段化和破碎化导致生物多样性受损。长江中的白鳍豚、中华鲟、长江鲟、白鲟、鲥鱼等珍稀野生动物濒临灭绝，既有滥捕问题，也反映了生境问题。所以，保护长江还要努力改善长江流域的动植物生态环境。

在中华鲟产卵繁殖期（10 月、11 月），下游年均径流量减少 24% 左右，年均含沙量下降 94%；在四大家鱼产卵繁殖高峰期（5 月、6 月），下游年均径流量减少 4%～10%，年均含沙量下降 95%。葛洲坝枢纽建成后，阻隔了中华鲟洄游通道，新的产卵场面积只有原来天然场地的 5% 左右；此外，中华鲟和四大家鱼产卵时间平均推迟 10 天左右，产卵规模也大幅降低。部分湖泊水生态系统退化严重。以鄱阳湖为例，枯水期水位迅速下降，水面缩小、洲滩出露面积增加，芦苇、南荻等挺水性植物向低处扩展，洲滩较高处湿地退化为草甸，大量沉水植物由于长时间出露而死亡，马来眼子菜等植被面积由 20 世纪占全湖植被总面积的 20%，下降到现在的不到 5%；湖区鱼汛的种类和规模显著减小，鱼类资源量较 20 世纪 80 年代以前剧减 70% 以上，经济鱼类种群呈现低龄化、小型化；江豚受食物短缺、航运船舶等影响，有病伤、饿死现象（吴舜泽，2016）。

（4）洪、涝、渍、旱等灾害频繁，农业生产和粮食安全受到威胁。在全球变化作用下，长江中下游地区天气与气候事件发生的频率可能性增大。此外，长江中游处于三峡工程和南水北调中线工程共同作用地区，工程建成运行以后，长江中游与之相关的环境问题逐渐显现。如长江水沙情势变化导致的长江中游湿地系统变化、跨流域调水产生的汉江中下游径流量不足、水环境容量下降等。

1.4　长江生态环境保护的关键

长江经济带之所以能够成为"带"，主要在于长江。长江之所以重要，就在于水。假如没有水，长江就变成"长壕"了。因此，推动长江经济带的发展，最关键的是，保护好长江和长江的水。长江大保护战略一定要聚焦在"水"上，其他保护问题都是围绕水来进行的（周文彰，2016）。

第一是水源。首先是指长江的源头，其次，还指一切流入长江的干支流等的水。冰山在融化，雪线在抬高，有人据此预言，再过二三十年，我们所有大江大河的水源都会受到严重影响。所以，保护长江水源的问题就不仅仅是长江自身的问题了，要跳出长江看长江，这已经成为全国甚至全球的问题了。其次，还指一切流入长江的水。保护的目光要指向所有注入长江的河流和湖泊。通过源头的保护达到长江水源充足和水源干净两个目的。

第二是水质。水质是长江保护的重点，而保护水质主要就是控制住污染，把对长江的排污抓住了，水质就得到保护了。排污从大处讲就是两个方面：一是江面的排污，各种船舶的排污就属于这一类；二是江岸的排污，包括长江干流和支流在内的沿岸各种形式向长江的排污，其中城市下水道排污、工厂排污、岸边养殖排污，是需要严格治理和监管的重点。

第三是水系。长江水系极其庞大，流域面积 1 万 km^2 以上的支流就有 49 条，主要有嘉陵江、汉水、岷江、雅砻江、湘江、沅江、乌江、赣江、资水和沱江。总长 1000km 以上的支流有汉江、嘉陵江、雅砻江、沅江和乌江。流域面积 5 万 km^2 的支流为嘉陵江、汉江、岷江、雅砻江、湘江、沅江、乌江和赣江。长江的每一条支流又都有自己的支流，而且支流还有支流，这个水系的任何一条支流的水质状况，包括流域内的湖泊、湿地等，都会影响长江。所以，保护长江就是要保护整个长江水系。

第四是水路。长江不光是水，还是路。但是长江水路并不是取之不尽、用之不竭的，也有一个承载量的问题，更有航运安全和水路保护的问题。

第五是水岸。保护长江流域的水岸，目的主要是两个方面：一是严防长江危害，继续做好长江水岸的保护；二是防止长江水岸的地质灾害，比如塌方问题和其他地质灾害的问题；三是保护岸滩生态，比如河岸带的生态修复状况会影响河道水质。

第六是水生态。水生态概念的内涵有宽有窄，宽泛的包含水质，这里主要是指长江水系动植物的问题。水生态状况是水质状况的反映，如长江中的珍稀野生动物濒临灭绝，既有滥捕问题，也反映了水质问题。水生态和水天生是一家，一个遭到破坏，另一个也会受到影响。所以，保护长江还要努力改善长江流域的动植物生态环境。

2

長江中下游环境的历史演变

2.1　地质年代中的长江中下游

从地质年代来看，长江形成的历史确实很短，是一条十分"年轻"的河流。根据参考文献（长江水利委员会，1998；长江水利委员会综合勘测局，2005；王数，2005），表2.1-1列出了在地质年代中长江地质地貌形成的过程。

表 2.1-1　　　　　　　　　地质年代的长江

地质年代	纪	世	构造运动/百万年	据今年数/百万年	长江流域地质、地貌及生物演变
新生代Cenozoic	第四纪Quaternary（180万年开始）	全新世Holocene更新世Pleistocene	喜马拉雅运动（25）	2.0	青藏高原强烈隆升，喜马拉雅山脉和唐古拉山脉形成，云贵高原、四川盆地和鄂西高原抬升，长江流域西高东底的台阶地貌逐渐形成。长江流域出现元谋人和巫山人。第四纪冰期，地球上32％的陆地面积为冰川覆盖（现代冰川面积只占全球陆地面积的10％）。长江中下游有不断南移趋势，晚更新世以来，长江口河段向南移动150km

地质年代	纪	世	构造运动/百万年	据今年数/百万年	长江流域地质、地貌及生物演变
新生代 Cenozoic	新第三纪 Neogene（2400万年开始）	上新世 中新世	喜马拉雅运动（25）	23	藏南海槽消退，华南、西南和青藏高原为山地中新世青藏高原达到2000m左右；长江流域中东部湖盆退缩。三峡地区隆起，长江下切。哺乳动物发达，显花植物茂盛。古猿开始进化为人类
	老第三纪 Paleocene（6500万年开始）	渐新世 始新世 古新世		65	气候变冷，沿海地区沉积大量石油、铜等经济矿石；出现大草原、马、骆驼、狗、老虎等动物；第三纪海平面高出现在0～200m，到第三纪出现下降，沉到－100m
中生代	白垩纪 Cretaceous（1.44亿年）	晚 早	燕山（90）和印支（210）运动	135	泛大陆开始解体。冈底斯板块北移导致念青唐古拉海槽消失，藏北山地形成，古秦岭-大别山进一步隆起，江汉-洞庭湖湖盆和苏北湖盆形成，赣湘粤海槽消退。 气候温暖，热带出现在高纬度和极地地区，出现哺乳动物，生物物种茂盛，煤、泥炭、石油和天然气广泛沉积，海平面比现在高50～150m，在白垩纪末期，79%海洋动物和15%陆生动物灭绝，恐龙灭绝，植物种类也下降50%，可能原因是小行星撞入地球
	侏罗纪 Jurassic（2.05亿年开始）	晚 中 早		203	印支运动改变长江流域古地貌，华南地区出现海退，古秦岭形成；昆仑-巴彦喀拉-松潘—甘孜海槽消失并隆升为山地，上下扬子浅海成陆。大气中含氧量接近现代水平，爬行动物称雄，裸子植物茂盛
	三叠纪 Triassic（2.48亿年开始）	晚 中 早		251	三叠纪海平面与现在接近，侏罗纪出现高出海平面100m水平；恐龙时代，出现第一只鸟

地质年代	纪	世	构造运动/百万年	据今年数/百万年	长江流域地质、地貌及生物演变
古生代Proterozoic	二叠纪Permian（2.95亿年开始）石炭纪Carboniferous（3.54亿年开始）泥盆纪Deronian（4.17亿年开始）		海西运动（295）	408	海陆变迁频繁，华北地台上升，长江流域多为浅海沉积，主要为石灰岩，陆生生物普遍出现，主要生物为孢子植物和两栖类，陆生蕨类十分茂盛，森林被埋后生成了煤层来发生第四次大冰期，海平面下降；二叠纪末出现生物大灭绝
	志留纪Silurian（4.43亿年开始）奥陶纪Ordovician（4.9亿年开始）寒武纪Cambrian（5.45亿年开始）		加里东运动（520）	540	海水侵漫北方古陆，南方地台处于上升中，长江流域大部分尚处于浅海环境；主要沉积物是石灰岩和页岩，海生无脊椎动物茂盛；出现第三次大冰期，出现过60%～70%海生生物别绝；大气中的氧气含量显著增加，达到现在水平的10%～50%；海平面出现比现在高300m的水平；生物出现95%的灭绝
元古代太古代	震旦纪Precambrian（25—5.45亿年）		吕梁运动（1800）	800	地台形成时期，泛大陆形成；患难地区有地址记录；扬子板块形成；早元古代和晚元古代分别出现冰期；20亿年单细胞生命旺盛；15亿年动物茂盛；臭氧层出现，浅水生物出现
	前震旦纪				地球年龄46亿年；38亿年出现生命；目前已发现34亿年前的生物化石；28亿年以前是陆核形成时期，我国除华北和东北外全为海洋；大气氧含量少，二氧化碳多；28亿年和24亿～23亿年分别出现冰期

在相当长的地质年代中，长江流域及我国南方地区一直处在海洋中，直到2亿年前，长江流域才出现大片陆地，这时地球陆生动植物已经十分茂盛。大气中氧气含量接近现代水平，恐龙开始统治陆生动物界。1亿年前，整个长江流域才基本成为陆地，但长江以四川和三峡为中心，上游向西流，中下游主要为平原或湖盆地貌，此时长江没有贯通。1亿～7000万年前的喜马拉雅构造运动，

青藏高原强烈隆升，到大约 1000 万年前，长江流域地貌才出现西高东低三级台阶的现代格局。从地质年代来看，长江在地球形成的历史中，用了 95.6%的时间才成为陆地。用了 99.8%的时间才完全贯通，形成现代的地貌格局。

2.2　第四纪时的长江中下游

第四纪是我国河流、湖泊形成现代地貌的主要时期，虽然长江流域地形和地貌格局在 1000 万年前基本形成，但长江真正贯通要晚得多，1000 万年前，古长江上游河段随着青藏高原上升，河流不断向源侵蚀，金沙江流域湖泊萎缩。逐渐形成河流环境，金沙江得以贯通，长江中下游仍是以湖泊地貌为主，长江还没有真正贯通，而此时长江流域已经有古人类出现，如清江人。

到大约 50 万年前，由于全球及长江流域气温升高，降雨量和径流量增大，长江洪水泛滥和冲积平原产生，到大约 10 万年前，长江中下游地区的内流河湖体系才被串通，形成流入东海的长江。

2.3　贯通后的长江中下游

长江大约在 10 万年前才完全贯通，那时上游河道基本稳定，中游江湖演变仍然激烈，河道演变频繁，下游和河口向南北和东西大幅变动。在中游，长江出三峡，汉江出襄樊进入云梦泽等湖泽地区。当时的人们没有测量手段，甚至分不清长江和汉江谁是主流，由于长江和汉江大量泥沙进入云梦泽，泥沙淤积使湖水逐渐变浅，水生植物茂盛，出现沼泽化。由于洪水期长江和汉水的水沙交替，北岸的云梦泽与南岸的洞庭湖彼此消长。同时在九江河段。彭蠡泽和鄱阳湖也呈现南北彼此消长变化。在长达 2 余万年的第四纪中，洞庭湖湖盆多次扩大、缩小，甚至淤填夷平，但湖区地壳运动总趋势是持续沉降，湖区广泛分布的第四纪堆积物证明，湖盆沉陷总幅度已达 300m 以上，形成现今长江中游的地貌格局。

长江贯通后，由于中下游存在大量湖泊湿地，虽然常常经历大的洪水过程，但湖泊起到了很好的调蓄作用。洪水过后，河水归槽，长江河道没有出现大的改道。与黄河比较，河势比较稳定。当然，长江中下游河道的洲滩、江心岛、主汊及支汊交替演变等较小尺度的变化仍然频繁。长江河源段花伦河及通天河，由于地处高原，自然环境恶劣，人口稀少，人类活动影响较小，河道具有宽谷游荡性。上游的金沙江和川江多处在高山峡谷和宽谷之间，受边界条件制约，河势稳定。中下游受堤防和围垦影响明显，江湖关系调整较大。通江湖泊萎缩，但总体河势稳定。

以下以荆江为例，进行详细说明。值得一提的是，人类活动在长江中下游河流地貌演变的过程中，发挥了越来越大的作用，尤其是在新中国成立以后。为此，讨论中有必要将河流的自然地貌演变过程与当前人类强控制下的演变过程加以区别讨论。

荆江素有"九曲回肠"之称。这一称呼，形象地描述了荆江河段蜿蜒的平面形态。这种蜿蜒河道的形成，主要是由于荆江河段两岸缺乏控制性的节点，土壤具有表层黏土、下层沙质的二元结构。而这种地理条件的形成，则是由于历史上该区域为超大湖泊——古云梦泽。长江出三峡后，进入该区域，地势骤然放缓，导致河水漫流、泥沙淤积。经年累月，积累寸功，才造就了长江中游这片宽广的两湖（湖北、湖南）平原。由于河道尚处中游，淤积的泥沙以砂质为主。而由于平原本为河流所造就，因此两岸没有可以约束河道的山体。现今表层黏土的形成，则主要是由于近千年之内的人类活动。一方面，两岸堤防的修建，使得只有洪水才有机会流出河道，而漫溢的洪水所携带的表层泥沙粒径相对较细，这样一来，两岸陆地难以得到河道粗沙的补给；另一方面，两岸长时间的风化过程、生物过程、农业活动，加快了表层土壤的形成。事实上，由

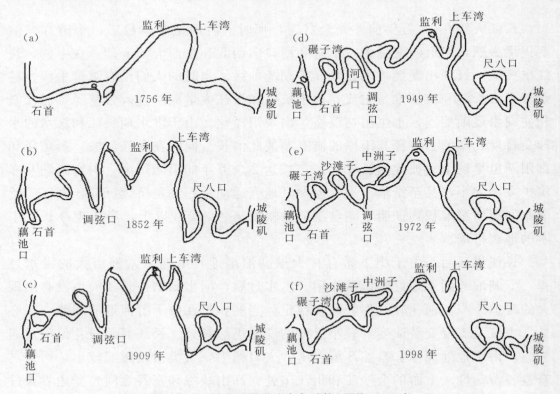

图 2.3 - 1　下荆江河道的演变（谢小平等，2008）

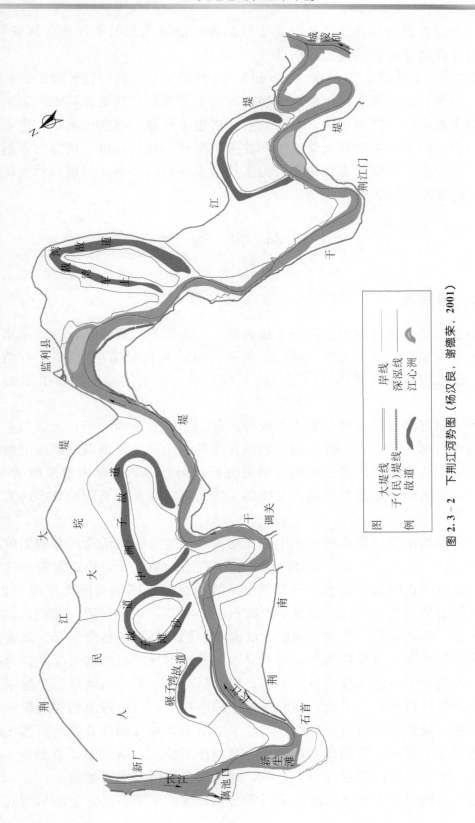

图 2.3 - 2 下荆江河势图（杨汉良，谢德荣，2001）

于荆江大堤修建得如此之早，以至于我们现在能够找到的荆江地貌演变资料，都是荆江在两岸堤防约束之内的演变。

图 2.3-1 和图 2.3-2 是 18 世纪至 20 世纪下荆江的河道平面形态的演变历史。不难看出，荆江河段河流地貌过程的主要特征，就是在蜿蜒河道的发展过程中表现出的"曲率增大—裁弯取直、产生牛轭湖—曲率增大"、"牛轭湖产生—牛轭湖淤塞—牛轭湖重新产生"这两个循环。然而，由于堤防的限制越来越强，以及由于上游水库修建导致的来沙减少等原因，荆江河道自然蜿蜒发展的特征越来越难以表现。

2.4　两　湖　演　变

2.4.1　洞庭湖

洞庭湖是长江流域最主要产水地区之一，有湘江、资水、沅江、澧水"四水"汇入，北有松滋、太平、藕池、调弦（1959 年已封堵）"四口"吞纳长江洪水，湖水由东面的城陵矶附近注入长江，具有削减洪峰和调蓄洪水的双重作用。

关于洞庭湖成因的研究看法大致有 3 种：①为它是构造湖；②认为是古云梦泽的残留湖；③认为它是人为引起的长江的伴生湖。根据洞庭湖区的地质地貌、环境变迁、人类活动等的综合研究分析，洞庭湖不是单因素成因的湖泊，而是由构造运动奠定基本格局，又叠加了江河作用以及人类活动等多因素的混成湖。

洞庭湖的演变最能体现长江中游江湖关系演变及人类活动对其的影响。在距今约 1 亿～0.7 亿年起始于白垩纪的晚期燕山运动，开始构成洞庭湖地貌背景，随着雪峰山隆起，其北侧的常桃盆地加速沉降，凹陷范围迅速向东扩大，与东部的汨罗盆地相连接，形成了西起石门、灌县，东至岳阳、湘阴，北抵安乡、南县，南达益阳、宁乡的洞庭内陆湖盆。湖区外围的幕阜隆起、武陵隆起及雪峰隆起则发生差异性抬升，与洞庭凹陷盆地形成明显的地形反差。这些隆起所形成的外围山地在接受强烈剥蚀、侵蚀后产生大量碎屑物质，经短距离搬运聚积到盆地内堆积。因此，洞庭盆地中的沉积物，以山麓洪积相的粗碎屑堆积为特色。随着泥沙的堆积充填，湖盆不断缩小，湖盆四周及盆地内各次级凸起的地形也由剥蚀而渐趋夷平，强烈的蒸发作用使汇入湖盆的径流变得十分微弱，至晚第三纪时，湖盆已完全干涸，这是洞庭湖第一次明显缩小。

进入第四纪以来，地壳运动又活跃起来，继承了第三纪时期的早期喜马拉雅运动特征，以差异升降和块断沉陷为主，使湖盆成为接纳湘江、资水、沅江、澧水"四水"，北注长江的淡水大湖，同时接受了总面积超过 1200km²，厚度达 300m 以上的河湖相、河流相、湖沼相沉积，形成一个以洞庭湖为中心的宽广低平的滨湖平原。在长达 200 余万年的第四纪中，虽然在沉陷幅度和强弱上发生过多次变化，湖盆多次扩大、缩小，甚至汲填夷平，但湖区地壳运动总趋势是持续沉降（蔡卓夫，2012）。

早更新世初，洞庭湖盆因断裂再次活动，分化出一系列凸起和凹陷，尤其是纵贯湖区中央的赤山凸起与华容隆起南北相连，将湖盆分为东、西两部分，即分别以沅江—湘阴凹陷与目平湖凹陷为主体的两大片湖面。中更新世初，湖区发生强烈的差异升降运动，湖盆外围强烈上升，湖盆继续沉降，地形反差增大。由于早更新世晚期东部的湘阴凹陷进一步沉陷扩大，与北部今岳阳广兴洲一带的早更新世湖面贯通汇合。故中更新世早、中期的水域范围扩大，为第四纪以来湖盆发展的极盛时期（陈玉冬，2014）。

晚更新世初，随着世界性低海面的出现，长江干流河床发生强烈下切，长江老河底已被抬升为沿江分布的雨花台砾石台地。由于洞庭湖出口水位的下降，导致湖水迅速排干和湖面急剧萎缩，湖盆底部大多露出形成陆地，形成一片由滨湖阶地环绕的河网平原。晚更新世后期，因湖盆边缘的阶地、丘陵进一步抬高，特别是湖盆中央赤山凸起与北部华容隆起的进一步抬升，在赤山两侧围成目平湖和南洞庭湖两片凹陷盆地，而成为各入湖河流的汇合地带，并在一些沉降中心，如湘阴西侧、沅江黄茅洲、茶盘洲、北大市及安乡、南县西北等地形成若干浅水小湖。东、西洞庭湖区的水系各自南向北流，东支经君山、城陵矶汇入长江；西支经安乡东北至石首团山，由今藕池口一带北流进入长江。西支可能还经过南县三仙湖、中龟口一带与东支相通。近 1 万年以来的全新世阶段，湖盆仍具有下沉趋势。现代重复水准测量资料表明，湖盆至今仍以每年 6.4～11.4mm 的速度下沉。考古资料证明，最迟在距今 10 万年以前，已有人类活动于湖南境内，迄今在湖区发现的新石器文化遗址已达 40 多处，反映了全新世初中期，人类活动已普遍进入湖区。在距今约 9000～7000 年间，渔猎和采集经济虽仍占有重要地位，但以培植稻谷为主的原始农业和牛、猪等动物饲养业已经产生。

先秦两汉时期，洞庭湖又称"九江"，为一汇合湘、资、沅、澧四水及荆江分洪水流，向北流入长江的巨大湖泽。当时的湖泊面积达 6000km² 以上。

洞庭湖的形成、变大或缩小，在人类活动以前是自然演变的过程，由于上荆江河道过流能力的限制，超额洪水不是向北入云梦泽，就是向南入洞庭湖。但人类在湖区围垦和荆江大堤的修建以后，洪水的出路没有办法解决，造成了长江中游洪涝灾害频繁和复杂的江湖关系。荆江、江汉平原与洞庭湖之间的复杂关系不仅体现在自然方面，也因各自利害关系的不同，造成湖北与湖南两地防洪策略和观点的不同，几百年来一直存在争执和矛盾，所以，长江中游江湖之间需要研究和协调自然与人类双重复杂的关系。对于影响洞庭湖缩小或扩大的主导因子，学术界也有着分歧。中国地质大学张人权（2003 年）从构造地质学的角度，跨越地质历史的多个时期，经过实地测量，对洞庭湖区的演变以及未来变化趋势进行了分析预测，认为洞庭湖区目前正处于构造沉降阶段，并且认为构造沉降是控制近代洞庭湖演变的关键因素。李春初（2000 年）基于多年来对于洞庭湖水沙关系对于洞庭湖演变的研究，认为水沙关系是当前主导洞庭湖演变的关键因子，并指出城陵矶口门高度是必须考虑的重要因素，这一点也得到了梁杏（2001 年）的认可。三峡开工前后，众多专家在世纪末期对于三峡工程建成后对洞庭湖演变的影响做出了预测，三峡工程完工后的验证与对比成为了新的课题。

2.4.2　鄱阳湖

鄱阳湖在地质时代湖盆地区的地质地貌几经沧桑，变化很大。全新世开始湖盆虽逐渐下沉，由于泥沙沉积量和湖盆下沉量基本均衡，故仍呈现为河网割切的景观。新石器时代这一地区就有人类活动。公元前 201（汉高祖六年）至公元 421 年（刘宋永初二年）在今鄱阳湖中心设置了鄱阳县，考古发现古城在今鄱阳湖中心的四山。其周围有彭泽、鄱阳、海昏等县，所辖土地也有部分在鄱阳湖中。可见在公元 5 世纪 20 年代以前，鄱阳南湖地区并不存在庞大水体，而为地势低平、河网割切的湖积平原，而鄱阳县为河网支汇的中心（刘星，2009）。

过去有人因鄱阳湖在古代曾有彭蠡泽之称，因而认为古代彭蠡泽即为鄱阳湖。其实这是不正确的。彭蠡古泽的形成与古长江在九江盆地的变化有密切关系。更新世中期，长江出武穴（今广济县）后，主泓经太白湖、龙感湖、下仓浦至望江县与从武穴南流入九江盆地南缘的长江汊道会合（孙荣，2012）。更新世后期，长江主泓南移至今长江道上，而原来被废弃古河道因全新世以来倾掀下陷作用，逐渐扩展并与九江盆地南缘的宽阔的长江水面合并，形成一个大面积的湖泊，即先秦《禹贡》中所载的彭蠡泽。当时长江出武穴摆脱两岸山地的约束，形成了以武穴为顶点，北至黄梅，南至九江，东至鄂皖边界的冲积扇，江水在冲积扇上分为多支，即《禹贡》中所谓"九江"，东至扇前洼地汇入彭蠡泽，可见古彭蠡泽主体部分在江北，即属今龙感湖、大官湖和泊湖等湖沼地区，江南仅为今鄱阳湖的颈部（陈进，2008）。

由于古彭蠡泽是长江新老河段在下沉中受九江潴汇而成的湖泊，水下新老河段之间脊线分明。以后由于长江泥沙经九江段时，受到赣江的顶托在主泓北侧堆积起来，日久新老主泓道之间自然堤逐渐高出水面，九江主泓道和江北彭蠡泽即被分割开来。时间约在西汉后期，距今 2000 年。以后，每逢长江泛滥泥沙溢出，彭蠡古泽逐渐缩小，形成了几个由水流连通的湖泊，史称雷水和雷池，即今龙感湖、大官湖的前身。江北彭蠡泽之名逐渐消失。

自全新世开始本区第四次断块差异运动，在南昌—湖口一线有较大的相对下陷，尤以湖口断陷为强烈。西汉后期，湖口断陷的古赣江区已扩展成较大的水域，即今鄱阳北湖的前身。因为江北彭蠡泽之名出于经典《禹贡》，班固在《汉书·地理志》里就附会江南的鄱阳湖为古彭蠡泽。但在记载到湖汉水和豫章水（均指今赣江）时，却又说注入长江，而不是注入彭蠡泽。估计是当时江南新彭蠡泽枯洪水位变率大，枯水时束狭如江之故。

汉晋时代的新彭蠡泽（晋时又称宫亭湖）南界不超过今星子县南婴子口一线，而婴子口则是赣水入湖口，也称彭蠡湖口。江南彭蠡泽形成后，有一个相当长的时间比较稳定。其后随南昌—湖口断层下陷自北而南的发展，河网交错的平原逐渐向沼泽化发展。

2.5 长江口演变

12 万年时的海侵是海平面上升最大的时期，历时 3.5 万年，海平面比现在高 5～7m。2 万～1.4 万年前的末次冰期，是海平面 13 万年来下降最深的，东海下降 150m 左右，长江东进 600km。1000～8000 年前，东海海平面已经上升到 −20～−15m 水平，2000 年的时间海平面上升了 30～35m，主要是由于冰期衰退，全球气候变暖引起。

6000～5000 年前出现高海平面阶段，南方的杭嘉沪平原发生海侵，称镇江海侵，使江苏淮阴—镇江—丹阳—溧阳线以东皆为泽国。长江口退缩到镇江附近。随后，海平面又开始下降，到 2500 年前，达到现在的水平。

据钻孔资料，在距今 6000～5000 年的全新世中期高海面时期，长江河口在扬州、镇江一带。直到西汉（距今 2000 年左右），河口仍在扬州、镇江附近，当时河口附近的江面宽达 20 多 km。海潮可上溯至此，形成汹泄的涌潮，即历史上所称"广陵潮"。今扬州以南瓜洲古渡口的高岗上尚有观嘲阁。当时期波度影响范围可上溯到九江，在今潮区界大通的上游直线距离 200 多 km。当时，整个长江口是一个三角湾，形状大致与今杭州湾相似，近似喇叭形，喇叭的外口约在如东（掘港）与王盘山（杭州湾中）之间，直线距离达 180km。

这种形势直到唐代中期（8 世纪）还没有很大变化，当时长江中焦山北面的一个礁石被称为"海门山"，说明当时人们把这里作为长江的入海口，即表明长江三角洲的内口（缩口）当时仍在扬州、镇江附近。长江流域虽然也是我国古代文化发祥地之一，种植稻谷已有四五千年以上的历史，但唐代以前人口较少，农业发展不快，自然植被保存较好，水土流失较少，长江输沙量不多，故长江三角洲的内口向海推进很慢。唐代中期以后，由于大量人口从北方迁入，长江流域农垦范围日益扩大，长江泥沙增多，将三角洲逐渐淤填，于是长江口遂演变为目前的形状。现在长江口的河道三级分汊：即由崇明岛分为南支和北支，南支由长兴岛和横沙分为南港和北港，南港再由九段沙分为南槽和北槽。长江口的这些岛屿和沙滩都是长江带来的泥沙淤积而成的。崇明岛面积 1086km²，是我国第三大岛。它是 7 世纪初（唐初）才开始形成的，那时长江河口出现的东沙和西沙两个小沙岛，这便是崇明岛的前身。以后由于长江泥沙淤积和人工围垦，面积迅速增大，长江口河道的三级分汊格局也逐渐形成。到 1958 年，崇明岛面积已有 608km²。1958 年以后，由于有计划地大规模筑堤围垦，面积扩大得更快。长兴、横沙等沙岛则形成时间较晚，至今只有 100～200 年的历史。长兴岛是长江口第二大岛，是近年来经人工围垦、堵汊，合并若干小沙岛而成的，面积 87.8km²。该岛因四面环水，冬季温暖，最低气温比上海市其他郊县一般高出 2℃ 左右，现已发展成为上海市种植柑橘的基地（李平华，2005）。

18 世纪以前，长江径流大部分北支入海，18 世纪以来，长江径流改道主要由南支入海，但直到 20 世纪初，尚有 25% 的长江径流通过北支下泄。至 20 世纪中叶，长江口水动力条件发生明显变化，北支成为以涨潮流占优势的河槽，长江径流除汛期有少量进入北支外，一般已不进北支。使北支日益淤浅，渐趋衰亡，海轮早已不能通行。反之，涨潮时，潮水却带着泥沙、盐水通过北支向南支倒灌，不利于南支航道的整治，盐水还影响上海市的淡水水源地。

3

河流生态系统及其生态过程

河流是陆地生态系统和水生态系统间物质循环的主要通道。全球尺度上，河流输送的溶解态物质和颗粒态物质占陆地向边缘海洋传输量的90％。河流生源要素（C、N、P、Si等）输送对海洋及流域本身的水生生态系统都具有极为重要的意义（Meybeck M.，1982）。流域河流系统是由一系列不同级别的河流形成的完整系统，河流物理参数的连续变化梯度形成了系统的连贯结构和相应的功能；河道物理结构、水文循环和能量输入，在河流生物系统中会产生一系列响应即连续的生物学调整，以及沿河有机质、养分、悬浮物等的运动、运输、利用和储蓄。

3.1 河流生态系统的组成

河流生态系统指河流内生物群落与环境相互作用的统一体（栾建国等，2004），是一个复杂、开放、动态、非平衡和非线性系统（董哲仁，2009）。河流生态系统由生命系统和生命支持系统两大部分组成，两者之间相互影响、相互制约，形成了特殊的时间、空间和营养结构，具备了物种流动、能量流动、物质循环和信息流动等生态系统服务和功能（董哲仁等，2007）。

河流生态系统由生物和生境两部分组成。其中，生物是河流的生命系统，生境是河流生物的生命支持系统。

3.1.1 生物

按照生物在河流生态系统的作用和功能可以分为生产者（植物）、消费者（动物）和分解者（微生物）。

（1）生产者。指能利用简单的无机物制造有机物的自养生物，包括所有的绿色植物和能进行光能、化能自养的细菌。河流生态系统中的生产者有浮游植物、周丛藻类、大型水生植物等。浮游植物是指在水中营浮游生活的微小植物，通常浮游植物就是指浮游藻类。由于河流的速较大，河流中浮游植物种类和数量均比较少，仅在水流较缓慢的河湾和支流中，浮游植物有所增加。而河流中的微小植物主要为周丛藻类，即生长在基质上的微型植物。根据基质的不同，周丛藻类分为附泥、附石、附植和附砂藻类。大型水生植物指生理上依附于水环境、至少部分生殖周期发在水中和水表面的植物类群。河流中除小型藻类以外的水生植物类群均属于大型水生植物。按生活型一般分为湿生植物、挺水、浮叶和沉水植物（刘建康，2000）。

（2）消费者。指不能利用无机物制造有机物，只能直接和间接依赖生产者所制造的有机物的异养生物。河流生态系统中的消费者包括浮游动物、底栖动物、鱼类等。浮游动物为悬浮于水中的水生动物。与浮游植物类似，河流中浮游动物的种类和数量也非常少。底栖生物指生活史的全部和大部分时间生活在水体底部的水生动物群。底栖生物能对其生活环境的水质起良好的指示作用，同时也是鱼类等经济水生生物的天然食料。底栖生物群落的特征主要取决于流速和底质。根据生活底质的不同，底栖生物分为石底群落、草丛群落、黏土群落、砂底群落、淤泥群落。我国河流底栖动物的数量一般是下游高于上游，但黄河情况特殊，呈现上游高于下游。这主要与黄河上、中、下游的含沙量有关。黄河上游虽处于高寒地区，但水质较好、含沙量小，中游含沙量增加，而下游水流经常处于泥浆状态、含沙量很高，不利于底栖生物生存。鱼类是河流中主要的游泳生物，也是河流生态系统中的顶级群落。不同河流的鱼类组成有所不同，主要取决于河流所处的地理位置、流域特征、流量大小和水动力学条件等。一般急流河流多生长着带有吸盘和硬鳍的鱼类（如爬岩鳅），呈流线型、游速快、能抵抗急流的鱼类，或能隐藏在岩石缝隙中的鱼类；缓流河流鱼种类则更多些。总之，不同河流的鱼类差异较大，就我国河流鱼类而言，是以鲤形目鱼类为主，其次是鲇形目，还有鳜类、鰕虎鱼类、鲟科和鲑科鱼类等。此外，消费者还包括两栖类、爬行类、水禽、鸟类、哺乳动物等部分依赖于河流生态系统生存的生物。

（3）分解者。是把生产者和消费者的残肢进行分解，将复杂的有机物变成简单的无机物，并回归到河流生境中的异养生物。河流中的分解者包括细菌、真菌等。

3.1.2 生境

河流生境要素主要包括能量、气候、水文情势、水质、河流地貌和流态。

（1）能量。包括河流接收到的太阳辐射和河流所蕴藏的水能。太阳能是河流生物所有生命活动的能量来源；而水能是河流奔腾不息的主要动力。

（2）气候。包括光照、风、大气、降水等要素。光照的强度和周期变化，影响河流的透明度，同时也是水生物生命节律的重要信号。风是驱动河流表层水流运动的动力之一。大气的温度、湿度、风速等是影响河流水温的重要因素。降水是河流水量的重要补充，以降雨为主要给来源的河流，河流的流量与流域内的降雨量息息相关。

（3）水文情势。指河流量等水文要素在小时、日、月、年或更长的时间尺度上呈现的动态变化过程。年尺度上的水文情势一般由汛期的洪水脉冲过程、汛前及汛后的高流量过程和枯水期的低流量过程组成。水文情势的动态变化特征一般采用流量、频率、持续时间、发生时机和水文条件变化率这五种水文要素描述。水文情势是河流生态系统中非常重要的一种生境条件，亦是河流生物多样性和生态系统完整性的主要驱动力。水文情势的动态变化形成了主河道、河漫滩区、牛轭湖、浅滩、深潭、沙洲、沼泽、湿地等生境条件的异质性，同时孕育了水生生物的多样性。水生生物的生活史过程适应于水文情势的动态变化过程。比如在一些河流上，洪水脉冲事件给鸟类的迁徙、鱼类的洄游、草本植物种子的散播等生物行为提供了必不可少的生命节律信号。

（4）水质。是水环境质量的简称，采用温度、溶解氧浓度、营养盐含量、pH 值、透明度等指标来描述。河流水温作为一种重要的生境因子，其重要性以往常被忽视。直到筑坝导致部分河流的水温产生较大变化，并对整个河流生态系统产生广泛影响时，人们才逐渐认识到其重要性。自然河流的水温受到气温、风速、日照等气象和水文条件的影响，在年内呈现出高低变化的过程（图3.1-1）。水温影响水生生物的生长率、新陈代谢速率，进而影响生物个体的长度和重量、迁徙或繁殖的时间、种群的分布和数量、群落的多样性等（易伯鲁，1982）。水体的溶解氧是水生生物进行呼吸作用的必备条件。河流溶解氧浓度受水温和海拔的影响较大，自然河流中的溶解氧浓度一般相对较高，适宜水生生物生存。过低的溶解氧将导致部分生物死亡和河流生态系统急剧退化。营养盐指水体中硅酸盐、磷酸盐、硝酸盐、亚硝酸盐以及氨氮等无机盐，又称生源要素（冉祥滨等，2009）。水生植物通过光合作用将水体中的营养盐转化为可以被动物利用的营养物质，通过食物链和食物网输送到不同的营养阶层。河流的 pH 值主要与地质和水热条件有关。河源区 pH 值变化范围较大，一般为 7.3～9.5，长江水系的 pH 值一般在 6.7～9.0（刘建康，2000）。水体的 pH 值对水生动物的新陈代谢、营养、繁殖和发育有很大的影响。pH 值降低，鱼类的呼吸机能降低。许多鱼类在酸性环境中对食物的吸收率降低。受酸雨影响严重的水域，生物区系很贫乏（孙儒泳，2001）。透明度表示水的透光能力，受到太阳光强度、悬浮物浓度和浮游生物含量的影响。透明度直接影响水生植物的光合作用以及一些鱼类的胚胎发育。

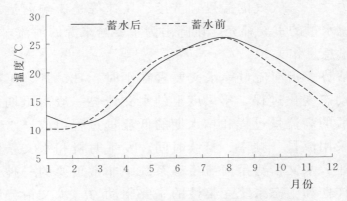

图 3.1-1　三峡水库蓄水前后宜昌年内水温变化

（5）河流地貌。指河流的主河道、河漫滩、边滩、心洲、湿地等的空间格局。河流地貌具有空间分布的复杂性和变异性，即空间异质性。观测资料表明：生物群落的多样性与生境的空间异质性之间存在正相关关系。河流地貌的空间异质性表现在纵向的蜿蜒、横断面几何形状的多样性、沿水深方向水体的透水性、河床底质分布的差异性、河流与洪泛滩区和湿地的连通性等。河流的地貌特征是决定自然栖息地的重要因子（董哲仁，2009）。

（6）流态。指河流的水动力学条件，可由流速、流速梯度、水深、湿周、含沙量、涡量、弗劳德数、雷诺数等水力学因子进行描述（杨宇等，2007）。河流态由水文情势和河流地貌共同决定，在时间上随着水文情的动态变化而变化，在空尺度上沿河流地貌特征不断变化，而呈现出空间异质性。流态亦是构成水生物栖息的重要因子之一。如果河流在纵向、横向和垂向都具有丰富的景观异质性，则就会形成子之一。如果河流在纵向、横向和垂向都具有丰富的景观异质性，则就会形成"浅滩、深潭交错，急流、缓流相间，植被落有致，水消长自如"的空格局，为水生物提供多样的栖息地（董哲仁，2009）。

河流中生物与境之间通过食关系建立联系，物种则存在捕食、竞争、寄生、抗生等消极关系，以及互利共生、初级合作、共栖等积极关系，从而形成复杂的河流生态系统的复合体。

3.2　河流生态系统的结构

河流生态系统的结构是其组成要素之间相互联系、相互作用的方式。正是依靠这种结构，河流生态系统能保持相对稳定性，在外界的干扰下产生恢复力，维持生态系统的可持续性（董哲仁等，2007）。具体而言，河流生态系统具有特定的营养结构、时间结构和空间结构。

3.2.1　营养结构

食物链是指生态系统的生物之间通过摄食关系形成一种单向的链状营养关系。"大鱼吃小鱼，小鱼吃虾米"，就反映了水域中的一条食物链。食物链是物质循环和能量交换的通道，在生态系统结构中具有非常重要作用。根据生物间的食物关系，食物链分为两种基本类型：①牧食物链（或称植食物链），是从活体植物开始，然后草食动物、一级肉食动物、二级肉食动物如水生植物→草食性鱼类→肉食性鱼类等；②碎屑食物链，是从动植物的残体开始，如河流中的有机碎屑→底栖小虾蟹→底栖小鱼等。

河流生态系统存在许多条食物链，一种生物往往有多种食物对象，同一种生物也可能被多种摄食者捕食，因此许多食物链纵横交错，形成网状营养结构，称为食物网。图3.2-1显示的是河流中的一个食物网。由图可见，水生态系统中的大型植物和藻类利用光合作用将无机物转化为自身可利用的营养物质；同时，它们作为生产者为无脊椎动中的撕食者和刮食者提供物；无脊椎动物中捕食者则以无脊椎动物的撕食者和刮食者为食；而水生态系统中的无脊椎动物又是脊椎动物中捕食者的捕食对象；所有无脊椎动物死亡以后，被分解为细颗粒的有机物；而生产者在生长过程中或者死亡以后转化为可溶解的有机物，这些可溶解的有机物在絮凝作用或者微生物作用下也变成细颗粒的有机物；所有细颗粒的有机物为无脊椎动物中的采集者提供食物。这个复杂的食物网说明了河流生物之间相互作用，密不可分。食物网更真实地反映了生态系统内各种生物之间的营养位置和相互关系。食物网结构对保持生态系统结构和功能的稳定性具有重要作用。

3.2.2　时间结构

河流生态系统始终处于动态变化的过程中。首先，河流的生境要素具有随

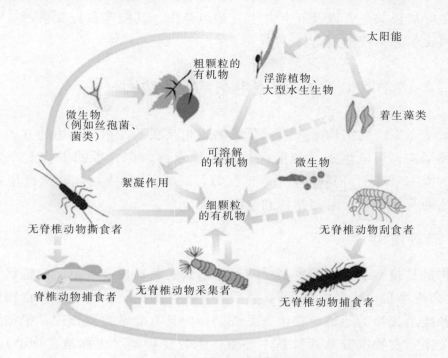

图 3.2-1　河流生态系统的食物网

（选自《stream corridor restoration：principle，processes，and practice》一书）

时间变化的特点。光照和水温具有昼夜变化季节性的特点。光照和水温具有昼夜变化季节性河流的水文情势反映正是流量在时间尺度上变化性。其他生境条件，如溶解氧、营养盐其他生境条件，如溶解氧、营养盐其他生境条件，如溶解氧、营养盐、pH 值等也都是一成不变的。而河流地貌则是在更长的时间尺度上逐步发生冲淤、裁弯等演变过程。

　　水生生物的生命活动及群落演替也会对生境条件的昼夜、季节、年际变化会作出动态的响应。比如，浮游动物受到光照、水温或饵料等生境条件昼夜变化的影响，表现出昼夜垂直迁移的现象：①大多数种类白天在水体深层，晚上上升到表层；②有的种类傍晚和拂晓在表层，其他时间在深水；③少数种类白天在表层，晚上在深水层（张武昌，2000）。浮游植物的季节演替现象也非常显著。以长江流域的沅江为例：浮游植物生物量和多样性指数冬季最高，夏季最少；种类组成和密度秋季最大，夏季最小。鱼类的生命活动也具有明显的季节性变化的特点（图 3.2-2），譬如长江中游的四大家鱼成鱼一年内的生命活动分为生殖洄游期、繁殖期、索饵洄游期和越冬期。河流生态系统如自然界的许多事物一样，具有发生、发展和消亡的过程，表现出特有的演化规律。

　　河流生态系统的时间结构既具有一定的周期性，还带有较大随机性。随着时间的推移，生境和生物的昼夜季节变化呈现出一定的规律性，但是不可预知

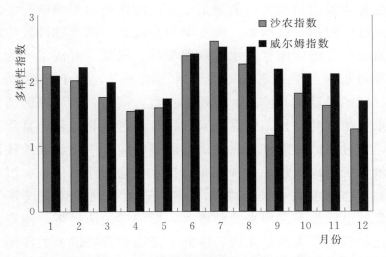

图 3.2-2 鄱阳湖湖口水域鱼类种类多样度的时间变化（胡茂林等，2011）

的干旱、洪涝、高温、寒冻等极端水文、气候事件又给生态系统结构的不断演变注入了新动力。

3.2.3 空间结构

河流生态系统在纵向、横向和垂向三个方向形成了连续、流动完整的结构。

（1）纵向。从源头到河口，河流的物理、化学、地貌和生物特征均发生一定的变化。

生物物种和群落随着上、中、下游河道生境条件的连续变化而不断进行调整和适应。纵向结构的典型特征是河流生境条件的异质性。表现在：①在河流廊道尺度上，河流大多发源于高山，流经丘陵，穿过平原，最终到达河口；上、中、下游所流经地区的气候、水文、地貌和地质条件等有很大差异（陈竹青，2005），从而形成上游河道较窄、坡度陡、流速快的急流生境，中下游河宽增加、河底坡度变缓、流速降低、河漫滩及岸边湿地发育较好的多样性生境，河口区域由于受到河流淡水和海洋咸水的双重影响而成为不同于上、中、下游的特殊生境条件；②在河段尺度上，由于河流纵向形态的蜿蜒性，导致了河道中浅滩和深潭交替出现，浅滩的水深较浅，流速较大，溶解氧含量充足，是很多水生动物的主要栖息地和觅食的场所；深潭的水深较深、流速较小，通常是鱼类良好的越冬场和避难所，同时还是缓慢释放到河流中的有机物的储存区。

（2）横向。大多数河流的横断面是由河道、河漫滩区、高地边缘过渡带组成（栾建国等，2004）。河道是河流的主体，是汇集和容纳地表和地下径流的主要场所，也是连通内陆和大海的通道。河漫滩区是河道两侧受洪水影响、周期性淹没的区域，包括一些滩地、浅水湖泊和湿地。洪水脉冲发生时，河道与河漫滩区连通，河漫滩区储存洪水、截留泥沙、降低洪峰流量，为一些鱼类提供繁育场所和避难所。洪水退去，洪泛区逐渐干涸，由于光照和土壤条件优越，是鸟类、两栖类动物和昆虫的重要栖息地。同时，河漫滩区适于各种湿生植物和大型水生植物的生长，可降低入河径流的污染物含量，富集或吸收径流中的有机物，起过滤或屏障作用。河道及附属的浅水湖泊和湿地按区域可划分为沿岸带、敞水带和深水带，分别分布有挺水植物、浮水植物、沉水植物、浮游植物、浮游动物及鱼类等（陈竹青，2005），河流高地边缘过渡带是河漫滩区和陆地景观的过渡带，常用来栽种树木，形成岸边防护带。河岸的植物美化了环境，并且起着调节水温、光线、渗漏、侵蚀和营养输入的作用。

（3）垂向。河流可分为表层、中层、底层和基底，在表层，由于河水与大气接触的面积大，水气交换良好，特别在急流和瀑布河段，曝气作用更为明显，因而河水表层溶解氧含量丰富，有利于喜氧性水生生物的生存和好氧性微生物的分解作用。表层光照充足，利于植物的光合作用，因而表层分布有丰富的浮游植物，是河流初级生产的最主要水层。在中层和下层，太阳光的辐射作用随着水深加大而减弱，溶解氧含量下降，浮游生物随着水深的增加而逐渐减少（栾建国等，2004）。河流中的鱼类，有营表层生活的、营底层生活的，还有大量生活在水体的中下层。对于许多生物来讲，基底起着支持、屏蔽、提供固着点和营养来源等作用。基底的结构、组成、稳定性、含有的营养物质性质和数量等，都直接影响着水生生物的分布。另外，大部分河流的河床由卵石、砾石、泥沙、黏土、淤泥等材质构成，具有透水性和多孔性，是连接地表水和地下水的通道，适合底栖生物和周丛生物的生存，又为一些鱼类提供了产卵场和孵化场。

3.3　河流生态系统的功能

3.3.1　物种流动

物种流动是指物种的群在生态系统内或之间时空变化状。物种流动是生态系统一个重要过程，它扩大和加强了生态系统一个重要过程，它扩大和加强了生态系统内部和不同生态系统之间的交流和联系，提高了生态系统的服务功能。

河流生态系统中的物种流动分为被动迁移和主动迁移。被动迁移指水体中的浮游生物、周丛生物、种子、鱼卵等自身运动能力较差的生物，借助水动力、风力、泥沙的运动进行扩散。而具有主动运动能力的动物则能够进行主动迁徙。比如鱼类的游动、浮游动物的昼夜垂直运动、底栖生物攀爬和游动等。

河流中众多物种在不同的生境中生长，通过物种流动汇集成一个个生物群落，赋予生态系统以新的面貌。每个生态系统都有各自的生物区系。流动、扩散是生物的自适应现象。物种流动扩展了生物的分布区域，提高了资源的利用效率，改变了营养结构，促进了种群间的基因和物质交流，形成异质种群（又称复合种群或超种群）。然而，种群在流动扩散中并不能保证每个个体都有好处，当环境极度恶化时，代价就会很大，但扩散作用增大了保留后代的概率。有时有些物种流动也会对河生态系统产生较为不利的影响，比如外来物种入侵。入侵生能够占据本地物种的生态位，使本地物种失去生存资源，影响本地物种生存；能形成大范围的优势群落，使依赖于当地物种多样性生存的其他物种丧失适宜的栖息地等。比如，黑鱼，学名黑鳢，俗称为乌鱼，是一种深受中国人喜爱的盘中佳肴。但是几年前它们"偷渡"美国后，已在大洋彼岸引起不小的恐慌，一些人称之为"地狱鱼"。美国内政部长盖尔·诺顿根据《莱西法案 1981 年修正案》，将美国境内的黑鱼定为有害物种，并建议有关部门采取措施禁止 28 种黑鱼入境，以保护本地生态环境不受侵害。

3.3.2 能量流动

河流生态系统的能量流动是指生产者将太阳能转化为化学能以后沿着食物链在生物之间的流动。河流生态系统中的能量流动是单向逐级递减的过程。能量流动中，一部分能量以热能耗散，另一部分则从较多的低质量能转化成较少的高质量能。在太阳能输入生态系统后的能量流动过程中，能的质量是逐步提高和浓缩的。一般来说，从绿色植物流入草食动物和从草食动物流入肉食动物的能量只有净生产量的 10% 左右，即营养水平每上升一级所得能量就只有原来的 10% 左右（陈阅增等，1997）。

河流生态系统具有一定的封闭性，物种迁入和迁出都较困难，但易受到人类活动的干扰。研究表明，河流生态系统中多数是高营养阶层的生物类群对起控制作用。高营养阶层的生物类群通过对低营养阶层的控制而对整个生态系统结构与功能产生主导性作用。水中的大型浮游动物、两栖类、爬行类、鱼类和哺乳动物等都是高营养阶层中的生物。其中，以鱼类的下行效应研究得最多。刘焕章等（1996）以武汉东湖为例，由于大量投放草鱼导致湖中水生植物群落严重破坏，也造成底栖动物和产卵于草上的鱼类等种类的减少，浮游植物过度繁殖，形成水华，污染水质和空气，环境量随之显著下降。

3.3.3 物质循环

生态系统除了需要能量外，还需要水和各种矿物元素。这首先是由于生态系统所需要的能量必须固定和保存在由这些无机物构成的有机物中，才能够沿着食物链从一个营养级传递到另一个营养级，供各类生物需要。否则，能量就会自由地散失掉。其次，水和各种矿质营养元素也是构成生物有机体的基本物质。因此，对生态系统来说，物质同能量一样重要。

在生活过程中，生物有机体大约需要 $30\sim40$ 种元素。其中如 C、O、H、N、P、K、Na、Ca、Mg、S 等元素的需要量很大，称为大量元素；另一些元素虽然需要量极少，但对生命是不可缺少的，如 B、Cl、Co、Cu、I、Fe、Mn、Mo、Se、Si、Zn 等，叫作微量元素。这些基本元素首先被植物从空气、水、土壤中吸收利用，然后以有机物的形式从一个营养级传递到下一个营养级。当动植物有机体死亡后被分解者生物分解时，它们又以无机形式的矿质元素归还到环境中，再次被植物重新吸收利用。这样，矿质养分不同于能量的单向流动，而是在生态系统内一次又一次地利用、再利用，即发生循环，这就是生态系统的物质循环或生物地球化学循环。

物质循环的特点是循环式，与能量流动的单方向性不同。

能量流动和物质循环都是借助于生物之间的取食过程进行的，在生态系统中，能量流动和物质循环是紧密地结合在一起同时进行的，它们把各个组分有机地联结成为一个整体，从而维持了生态系统的持续存在。在整个地球上，极其复杂的能量流和物质流网络系统把各种自然成分和自然地理单元联系起来，形成更大更复杂的整体——地理壳或生物圈。

物质循环，即生物地球化学循环指营养元素在生态系统之间的输入和输出，生物间的流动和交换以及它们在大气圈、水、岩石圈之间的流动（蔡晓明，2000）。物质循环的动力来自能量；物质是载体，保证从一种形式转变为另一种形式。因此，河流生态系统中的物质循环和能量流动是紧密相联的。

河流生态系统的物质循环主要包括水循环、碳循环、氮循环、磷循环。其中，水循环是物质循环的核心，是河流最重要的物质循环。因为水是物质循环和能量传递的介质，其他物质循环必须依托水的循环进行迁移和运动。河流生态系统中的水循环如图 3.3-1 所示。降水落在流域表面以后，一部分水体进入河流；另一部分通过下渗作用成为地下径流。河流流经上、中、下游、河口以及岸边的河漫滩区和湿地，最后汇入海洋；海洋表面的蒸发作用将海洋水转化成水蒸气进入大气层，部分输送至陆地表面，再次通过降水进入河流。在水文循环过程中，河流携带泥沙和营养物质在纵向、横向和垂向进行输移和扩散。

河流中的碳、氮、磷、硅等营养物质以水为介质，通过分解者、生产者和消费之间的复杂关系完成一系列循环过程。譬如，水体中氮的循环如图 3.3－2 所示。

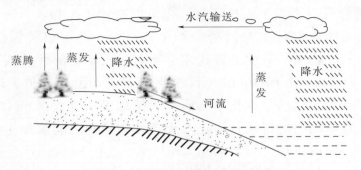

图 3.3－1 河流生态系统中的水循环

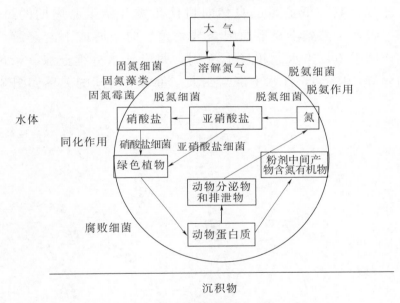

图 3.3－2 水中的氮循环（刘建康，2000）

生态系统的能量流动推动着各种物质在生物群落与无机环境间循环。这里的物质包括组成生物体的基础元素：碳、氮、硫、磷，以及以 DDT 为代表的能长时间稳定存在的有毒物质；这里的生态系统也并非家门口的一个小水池，而是整个生物圈，其原因是气态循环和水体循环具有全球性，比如 2008 年 5 月，科学家曾在南极企鹅的皮下脂肪内检测到了脂溶性的农药 DDT，这些 DDT 就是通过全球性的生物地球化学循环，从遥远的文明社会进入企鹅体内的。

3.3.4 信息流动

生态系统中信息的种类包括物理信息、化学信息和行为信息。

物理信息是指生态系统的光、声、温度、湿度、磁力等，通过物理过程传递的信息，称为物理信息。动物的眼、耳、皮肤，植物的叶、芽以及细胞中的特殊物质（光敏色素）等，可以感受到多样化的物理信息（physical information）。物理信息可以来源于无机环境，也可以来源于生物。

化学信息是指生物在生命活动过程中，产生一些可以传递信息的化学物质，诸如植物的生物碱、有机酸等代谢产物，以及动物的性外激素等，这就是化学信息（chemical information）。科学实验表明，昆虫、鱼类以及哺乳类等生物体中都存在着传递信息的化学物质——信息素（pheromone）。

行为信息是指动物的特殊行为，对于同种和异种也能够传递某种信息，即生物的行为特征可以体现为行为信息（behavior information）。

河流的光照、水文、水温、水动力等生境因子的变动都携带有生物生命节律的信息。比如，高或低流量的自然时机使鱼类开始生命周期的过渡，比如，产卵、孵卵、喂养、游到洪泛平原喂食或繁殖、向上游或下游洄游。长江的四大家鱼，在产卵季节，当水温超过18℃时，每逢江水持续上涨，亲鱼就会产卵排精（易伯鲁等，1964），江水上涨与四大家鱼繁殖时间的关系如图3.3-3。中

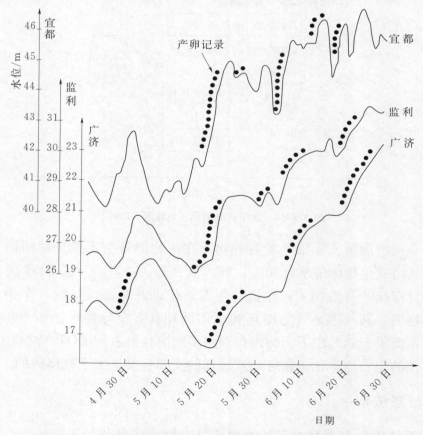

图 3.3 - 3　河流涨水与四大家鱼产卵之间的关系（易伯鲁等，1988）

华鲟的成鱼从海洋逆流而上到长江干流产卵，途径 2000km 不迷路，这与河流水温带来的信息关系密切，而河流的流速和脉动压力无疑是洄游鱼类长距离运动的导航信号。水生生物之间也存在着大量的信息。有的鱼会通过侧线或快速短距离的摆尾来通知同伴（这样的传达可能是非条件性的），附近的鱼就会闻讯而来。某些鱼类通过用鱼鳍扇动水流向异性传递求偶信息。这种鱼鳔的结构非常特殊，可以探测到极其细微的声音振动，然后再把这种振动由身体的骨骼传递到外耳，随后进入内耳，再由内耳中的特殊毛发将振动转化为声音并传递给鱼的大脑。

3.4 河流生态系统的关键生态过程

3.4.1 水文过程

河流的自然流动因时间尺度（如小时、天、季节、年等）的不同而各异。一般而言，需要多年径流量检测，才能描述出河流的流量、流量事件的出现时机、可变性，这就是河流的自然水文情势。通过对不同时间序列（如傅里叶序列和小波序列）、极端高流量或极端低流量，用日平均流量表示的整个流量范围进行概率分析，可以描述出自然水文情势组分特征。在缺乏长期径流量数据的流域，可以在统计上采用同一地理区域内已测河流的数据。通过对洪水过后遗留的片断古水文研究和现存树木遭遇的历史破坏研究，可以估计大洪水的频率。这些方法可以用来拓展现有的水文记录或推测那些未测量地区的洪水状况。水文情势显现出的区域特征，很大程度上是河流的规模以及气候、地质、地貌和植被的地理差异决定的。例如，在降雨四季变化不明显的地区，由于大量地下水输入，河流水位相对稳定，而其他河流则有可能在一年的任何时候发生大幅涨落。在有季节性降雨变化的区域，一些河流的水量主要来自冰雪融水，因此径流模式明确且具有可预见性，而其他没有积雪的河流，雨季的径流模式更为多变，在每次大暴雨后达到峰值流量。

水文情势的五个决定性要素控制着河流生态系统的生态过程：流量、频率、持续时间、出现时机和水文条件的变率，这些要素可以用来概括水流状况的整体特征和某个水文现象的特征，如洪水或低流量。这些特征对生态系统的完整性十分重要。此外，通过以上方式描述水文情势的特征，就可以明确人类改变一个或多个要素的特定活动所带来的生态后果。

所有河水的流动归根结底都来源于降雨，但在某个特定的时间和地点，河水的流动源于地表水、土壤水和地下水的混合。气候、地质、地貌、土壤和植被决定着汇入河流的水量以及汇流路径。因此，在不同环境中河流流动的动力机制和模式是不同的，几乎所有的河流里流量都是不断变化的。地表径流和浅层地下径流的路径共同作用，形成了流量峰值，这是河流对暴雨事件的响应。与此相对应的是，在较深层的地下水路径作用下，形成的是基流——这是少雨时期的汇流形式。

3.4.2　物理化学过程

河流是流域陆地生态系统和水生生态系统间物质循环的主要连接通道，也是氮磷等生源要素运移的主要通道。流域河流系统（源头溪流-小型河流-中型河流-大型河流）中物理参数具有连续变化梯度特性，河道物理结构、水文循环和能量输入在河流生物系统中产生连续的生物学调整，同时沿河养分、悬浮物等的运移、利用和存储，改变河流养分迁移状态、最终趋向，维持着河流生态系统的养分平衡。

河流系统是氮磷等生源要素滞留的主要区域和生物地球化学循环的热点区域，直接影响生源要素的输出形态和通量。

磷素作为水生态系统主要生源要素之一，对于维持河流生态系统结构和功能具有重要作用。磷素形态复杂，包括溶解态磷（DP）、颗粒态磷（PP），其中 DP 包括正磷酸盐（$H_2PO_4^-$，HPO_4^{2-}，PO_4^{3-}）、无机聚合磷（聚磷酸盐、金属磷酸盐晶体）和有机聚合磷（ATP），而溶解态速效磷（SRP）包括磷酸盐和部分溶解态有机磷（OP）、胶体态磷（CP）等；颗粒态磷（PP）包括矿物质磷。不同来源（自然源和人为源）磷素的浓度、形态和生物利用性等存在较大差异，呈现不同运移模式（连续或阶段性、溶解态或颗粒态等）。河流中自然型磷素主要来自风化成土母质和大气沉降、河岸植被、产卵洄游鱼类、河岸侵蚀等，但其总体贡献负荷较低，且以颗粒态（土壤、落叶、鱼类粪便等）为主，是山区、森林、沙漠等贫营养型溪流中的重要磷素来源。

3.4.3　地貌过程

河流在塑造地貌上的作用，完美地诠释了"日积月累、沧海桑田"。平日看似温顺、安静的河流，每时每刻都在发生着侵蚀、淤积的微观过程。这些微观过程的积累，短则数月、长则数年，就可以在河岸、洲滩的变化上为人所感知。更有甚者，还会以崩岸、决堤、裁弯等突变事件展现出来。

可见，河流地貌过程是一个时间尺度跨度非常大的过程，从分秒之间至亿万之年。对于本节所讨论的环境生态而言，主要还是关注在以月、年为纪的地貌过程。这些地貌过程也是一般河道演变研究的对象，包括河岸侵蚀、洲滩演变、湖泊淤积、江湖关系、河口形态等。

河流地貌过程不仅具有鲜明的时间特征，也呈现出显著的空间特征。在不考虑通常具有更长时间尺度的地壳运动过程，河流地貌过程的动力来源主要是河流（水流），物质来源主要是水流携带的泥沙。而河流的水沙条件，与天文气象、地理地貌关系密切，具有与生俱来的空间分布特征。我国的降雨具有东南向西北递减的趋势，地形也具有自东向西升高的特点。河流越往下游，汇集的水量、沙量越大，地形越平坦，河道越宽阔，河流的比降、流速、含沙量越小。这些因素，使得河流上下游的地貌特征及其演变过程也各有其特点。长江中游荆江河段，以弯曲河道的往复摆动为主要特点。以武汉为中心的江汉平原段，以及洞庭、鄱阳等通江湖泊，其地貌过程以通江湖泊的淤积、破碎为主要特征；长江下游湖口至镇江，河道呈藕节状，地貌特征较为稳定，主要变化为分汊和洲滩间的此消彼长。镇江以下的区域皆为河流填海造陆而来，地貌演变过程主要表现在河口的入海通道的变化以及河口岛、洲、沙的形态变化。

3.4.4　生物过程

生物过程指河流中的生物的基因、个体种群落等不同层次上的动态变化过程。目前，关于生物生活史过程，即生物的出生、生长发育、繁殖、死亡的研究较多，尤其是针对于生态补偿时，需要对典型生物的关键生活史时期的水文需求，进行的明确的目标值或者范围的研究，更是有着实践意义，从而提高生态恢复的成功率。河流生物的种类非常丰富，并且它们的生活史过程差别很大。比如，细菌的生命周期很短暂，生活史也很简单；而鱼类、鸟的生命周期大部分在 1 年以上，生活史比较复杂。以硬骨鱼类为例，其生活史可分胚胎期、仔鱼期、稚鱼期、幼鱼期、成鱼期、衰老期，比较复杂。有些鱼类成期一年内的生活又分为生殖洄游、繁殖期、繁索饵洄游期和越冬期。在种群层次上，生物的多样性、完整性、优势物种、物种组成的变化趋势是当前河流生态学研究中的重要方面。

3.5　水文过程对其他生态过程的影响

自然淡水生态系统在很大程度上受到自然水文变化的某些特定方面的影响，尤其是季节性高流量和低流量，以及偶发的洪水和干旱。河流的水文情势被公认为是直接或间接推动河流生态系统中很多其他成分变化的"主变量"，如，鱼类数量、洪泛平原的森林林分、营养物循环等。淡水生态系统中特殊物种的丰富性及其生产力特征，在很大程度上取决于且归因于其水文环境的自然变化。

当水流的自然节律被改变过大时，会导致自然淡水生态系统物理环境、化学环境、生态环境及其功能的显著变化。当水文情势过度变化，引起河流生态系统特征改变、系统退化时，生物多样性和社会都将为此付出惨重代价。转变到一种新的、改变后的生态系统状态，需要几十年甚至几百年的时间，并引发生态系统内第二和第三级的连锁反应（图 3.5-1）。

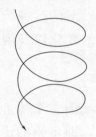

淡水生态系统的自然状态
（自然的水文情势）
- 当地物种的最大丰富程度
- 生物物理栖息地的高度复杂性

生物系统退化的症状：

- 商业用途或休闲用途的重要物种数量下降
- 某些树木的生产力下降
- 入侵性物种增加
- 稀释污染所需的水用尽
- 植被侵占河道
- 洪泛平原农业营养物质耗尽

- 加速侵蚀和沉积
- 水温和休闲吸引力的改变
- 水化学以及人类使用或工业用水适宜性的改变
- 天然过程对水净化能力减弱

淡水生态环境改变后的状态
（人为管理的水文情势）
- 当地物种丰富度降低
- 物种数量和分布的改变
- 河道和洪泛平原的物理结构简化
- 水温和水化学成分的改变

图 3.5-1　河流自然水文情势变化的连锁反应

3.5.1　水文过程对栖息的影响

河流的自然环境和栖息地的物理结构，很大程度上是由物理过程决定的，尤其是由水流运动、河道内以及河道和洪泛平原之间的泥沙运动来决定的。要了解河流生态系统的生物多样性、生产状况和可持续性，必须重视动态变化的物理环境所发挥的核心组织作用。一条河流的栖息地物理特征包括泥沙粒径和不均匀性，河道和洪泛平原的形态，及其他地貌特征。随着泥沙、木质碎片和其他可输移物质被流水冲走或沉积下来，栖息地的物理特征得以形成。因此，河道和洪泛平原栖息地环境，因水流特征和可输移物质类型的不同而各不相同。在一条河流里，水流条件促成并维持了不同的栖息地特征。例如：河道和洪泛平原的特征，如沙滩和连续的浅滩池，由占主导地位的流量或齐岸流量促成和维持。这些流量事件能够输移大量的河床或河滨泥沙，发生频繁（譬如：每隔几年发生一次），足以不断改变河道。在很多发生小规模洪水的溪流和河流中，齐岸水流可以通过水流迁移形成并维持活跃的洪泛平原。但是，"主导流量"的概念或许并不适用于所有的水文情势。另外，在一些水文情势中，形成河道的水流，可能和形成洪泛平原的水流不同。例如：在发生多种洪水事件的河流里，洪泛平原的主要特征可能是堆积的沙滩；其他特征如岸边的大石头，是由很少发生的大洪水留下的。一条河流在几年或几十年间，可以始终如一地提供短暂、季节性、持久稳定的栖息地类型，包括自由流动、停滞不动、没有水等。这种河道内和洪泛平原栖息地类型可预见的多样性促进了物种的演化，物种的演化形成了丰富的栖息地类型，而这些不同的栖息类型是由水文变化产生和维持的。对很多河流生物来说，完成生命循环需要一系列不同的栖息地类型，而这些栖息地类型受控于随时间变化的水文情势。一旦适应了这种环境变化，水生和洪泛平原生物就能够在如洪涝、干旱等被定期毁坏和重建，在看似恶劣的栖息环境里存活。从进化的角度看，栖息地的时空变化规律影响着生物能否在某特定环境下较成功地存活下去。这种主要由水文情势决定的栖息地模式，促成了物种自然进化微妙而深刻的差异。栖息地模式还影响物种的分布和丰度、生态系统的功能（Poff，1997）。人类改变水文情势，也就改变了自然的水文变化和水文扰动，因而也改变了栖息地的动态变化，创造了新的栖息地环境，而本地生物群落可能很难适应这种变化。

　　人类改变了自然水文过程，从而扰乱了水流和泥沙运动之间的动态平衡。这种扰动改变了泥沙粒径的组成，而正是这些特征构成了水生和河滨生物栖息地的地貌。受到扰动后，河道和洪泛平原可能需要几百年的时间调整以适应新的水文情势，以达到新的动态平衡；有些情况下，河道从未达到新的平衡，一直处于从连续的洪水事件中修复的状态。因为这些河道和洪泛平原的调整会与气候变化带来的长期反应混在一起，所以这些扰动有时被忽视了。认识到人类引起的物理变化和生物效应可能需要多年的时间，河流生态系统的物理修复可能需要采取大规模的行动。大坝是对河水流动最明显、最直接的改变。它控制着高低两种流量，用于防洪、发电、灌溉和市政供水、维持游憩水库的水位、航运。大坝截住所有沿着河流向下输移的、除最细小的泥沙以外的所有沉积物，在下游产生了很多严重的后果。例如：从大坝下泄的泥沙含量低的水流，会侵蚀下游河道的细粒泥沙。反过来，河床的粗化会相应降低很多栖息在缝隙里的水生生物获得栖息地的可能性。此外，河道可能会被侵蚀或下切，使得支流恢复侵蚀能力，开始上溯。大坝下游的支流带来的细粒泥沙可能沉积在河床的粗颗粒之间。在没有高速、湍急的水流时，对泥沙敏感的物种死亡率很高，

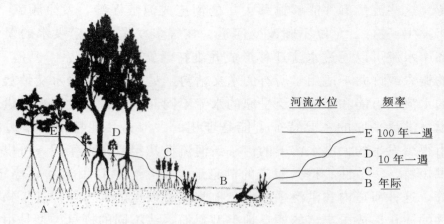

图 3.5 - 2　不同水位的水流形成的地貌

如很多无脊椎动物的卵和幼虫。

如图 3.5 - 2 所示，维持河滨植被和河道内基流栖息地的地下水位，通过地下水和洪水的补充得以维持（A）。需要不同规模、时间的洪水来维持河滨植物和水生栖息地的多样性。小洪水时常发生并运送细小颗粒泥沙，从而保持了底栖生物的高繁殖力，并为鱼类创造了产卵的场所（B）。中等大小的洪水淹没地势低的洪泛平原，并堆积泥沙，为先锋物种的生存创造了条件（C）。这些洪水还把积累的有机物带到河道里，维持河床的特有形式。稍大规模的洪水按照年代（几十年）的顺序再次暴发，淹没升高的洪泛平原阶地，之后有生物相继在此生存（D）。罕见的大洪水能够将成熟的河滨树木连根拔起并将其冲到河道里，为很多水生生物创造高质量的栖息地（E）。

自然变化的水文情势，形成并维持了河道内和洪泛平原的动态状态和栖息地。实际上，它们互动控制地貌和生态过程的方式很复杂，但是为了便于阐释，我们分别来看水文情势的各个构成要素。在描述与水文情势的构成要素有关的生态功能时，我们尤其注意高流量和低流量，因为他们通常是生态上的"瓶颈"，给大量的水生生物带来关键性的压力和机遇。

高低两种流量的流量大小和频率控制着很多的生态过程。频发、适度的高流量事件，有效地通过河道输送泥沙。这种泥沙的输移、水流的作用力、夹带的碎石和附带的海藻等有机资源，使生物界重现生机，很多生命周期循环快、繁殖能力强的生物再生。所以，溪流或河流中物种的组成和相对丰度，通常反映了高流量的频率和强度。高流量通过保持生态系统的生产力和多样性，进一步产生生态效益。例如：高流量带走并运移细小颗粒泥沙，否则这些泥沙将填满用于繁殖的砂砾栖息地中的间隙。洪水将木质碎片冲到河道中，在那里创造新的、高质量的栖息地。漫过河岸的高流量，把河道和洪泛平原连通起来，同样维持了较高的生产力和生物多样性。洪泛平原湿地为鱼类提供重要的繁育后代的场所，把有机物和生物体运回主河道。洪泛平原的土壤侵蚀，使仅在没有竞争、贫瘠、湿润的地表发芽的植物，或需要依靠浅地下水位生存植物的栖息地恢复活力。具有防洪功能并且适应扰动的河滨生物群落，通过河岸带洪水得以维持，即使在河岸陡峭、没有洪泛平原的河流区，也是如此。低流量同样带来生态效益。不同周期的低流量，会给洪泛平原经常淹没地区的河滨植物繁衍提供机会。一般在干旱地区，短期干涸溪流里的水生和河滨生物有着特殊的行为和生理适应性，使它们适应上述艰难的环境。

3.5.2　水文情势改变的生态效应

自然水文情势的改变对全世界河流中的水生和河滨生物影响都很大。某个特定的溪流或河流中水文情势变化产生的生态反应，取决于水流的组成要素相对于它的自然水文情势所发生的改变度，以及特定的地貌和生态过程如何应对这种改变。由于河流中和河流间的水文情势存在差异，同样的人类活动在不同地方可能导致相对于不变环境的不同程度的变化，由此造成不同的生态后果。一般来说，水流的人为改变包括：高流量和低流量的流量值和频率，流量的变化程度降低，变得相对稳定，但有时变化的范围会扩大。例如：由于水力发电而产生的极端日变化，与淡水系统没有任何天然类似之处，而且，从进化的角度来说，这种极端的日变化代表着一种极端恶劣、频发等不可预测的干扰。由于高流量时被淘汰，流量迅速减小时被搁浅的生理压力，很多水生生物在上述环境中的死亡率都很高。尤其是在岸线浅滩或浅水处的栖息地，如果经常处于干涸状况而暴露在空气中，那么，即便这种暴露是短期的，也足以导致底栖生物的大量死亡和生物生产力的锐减。此外，在很多小型鱼类和大型鱼类幼鱼生活的岸线浅滩或回水区，育苗和避难功能遭到频繁变化水位的严重破坏。在这些人为改变的河流环境里，特有物种常常被适应水流频繁剧烈变化的全能物种所取代。不仅如此，很多物种的生命周期被扰乱，生态系统的能量流动发生了巨大的变化。显然，短期的水流改变就以导致很多本土鱼类和无脊椎动物的多样性减少和数量下降。

与造成频繁剧烈变化的水文极端现象相反，某些大坝下游的流量稳定，如供水水库大坝，造成了缺乏自然极端现象的人工恒定环境。虽然少数物种的繁殖能力会大幅提高，但这通常以其他本地物种和整个系统生物多样性的减少为代价。很多湖泊鱼类已经成功入侵（或者被放养）了流量稳定的河流。这些外来物种通常是顶端捕食者，它们能够毁灭当地鱼类物种并威胁有商业价值的生物。美国的西南部，几乎全部的本地鱼类都被《濒危物种法案》列为濒危物种，主要原因是抽水、流量趋于稳定和外来物种的繁殖。本地鱼类仅存的最后"据点"，都是动态、自由流动的河流，在那里外来鱼类的数量因自然暴发的洪水而定期减少。稳定的流量使河漫滩地带流量减小、淹没频率降低，影响河滨植物和生物群落。在狭窄的峡谷段或有多段浅河道的河流中，由于没有高流量事件发生，导致本来可以被洪水冲走的植物生存下来，导致河道植被覆盖面变大。不仅如此，人类对水流的控制还会产生包括水分盐度升高、外来植被物种占据主寻地位（如美国西部半干旱地区的柽柳）在内的其他相关影响。在冲积河谷中，如果没有河滩流，就会发生植物干燥、生长受抑制、竞争性排斥、无效的种子散播，或者秧苗无法生根等现象，河滨生物群落就会发生很大变化。流量稳定使洪水消失，而洪水的消失还可能影响陆生动物。例如，美国大平原上流量稳定的普拉特河，由于在沙洲上种植植物，河道在几十年里急剧变窄（变窄幅度高达85％）。而沙洲以前是濒危的鸣笛珩科鸟和小燕鸥的栖息地。令普拉特河声名远扬的向枕鹤，已经离开了变窄现象最为严重的河段（Krapu，1984）。

4

长江中下游的水环境

4.1 概　　述

4.1.1 地表水概况

水环境是指自然界中水的形成、分布和转化所处空间的环境。围绕人群空间及可直接或间接影响人类生活和发展的水体，其正常功能的各种自然因素和有关的社会因素的总体。在地球表面，水体面积约占地球表面积的70.89%。水是由海洋水和陆地水两部分组成，分别为总水量的97.28%和2.72%。后者所占总量比例很小，但所处空间环境十分复杂。水在地球上处于不断循环的动态平衡状态。天然水的基本化学成分和含量，反映了它在不同自然环境循环过程中的原始物理化学性质，是研究水环境中元素存在、迁移和转化和环境质量与水质评价的基本依据。水环境主要由地表水环境和地下水环境两部分组成。地表水包括海洋、江河、湖泊、水库、池塘、沼泽、冰川等；地下水环境包括深层泉水、浅层地下水、深层地下水等。水环境是构成环境的基本要素之一，是人类社会赖以生存和发展的重要场所，也是受人类干扰和破坏最严重的领域。

（1）水环境质量标准：是控制和消除污染物对水体的污染，根据水环境长期和近期目标而提出的、在一定时期内要达到的水环境的指标，是水体水质管理的标准之一。一般按水域的用途分类分级制定出相应的水环境质量标准。除制定全国水环境质量标准外，各地区还可参照实际水体的特点、水污染现状、经济和治理水平，按水域主要用途，会同有关单位共同制定地区水环境质量标准。

（2）水环境质量评价：根据水的用途，按照一定的评价标准、评价参数和评价方法，对水域的水质或水域综合体的质量进行定性或定量的评定。水质评价始于20世纪初，60年代以后，水质指数得到了广泛的应用和发展。水质评价按水体分为海洋质量评价、河水质量评价、湖泊质量评价、水库质量评价、地下水质量评价等；按评价目的分为饮用水、渔业用水、工业用水、农业用水、游泳用水、风景及游览用水质量评价等。水质的评价工作内容包括选定评价参数（包括一般评价参数、氧平衡参数、重金属参数、有机污染物参数、无机污染物参数、生物参数等）、水体监测和监测值处理、选择评价标准、建立评价方法等。

水质评价方法分为两类，一是以生物种群与水质的关系进行评价的生物学评价方法；另一种是以水质的化学监测值为主的监测指标评价方法。后者又分为单一参数评价法和多项参数评价法。

（3）水环境质量评价因子：进行环境质量评价时所采用的对表征环境质量有代表性的主要污染元素。选择原则：评价目的、水体功能、环境污染状况（污染源排放的污染因子）、评价标准系列和检测水平等。

一般河流湖泊水质评价因子包括：①感官性因子——如味、臭、颜色、透明度、浑浊度、悬浮物、总固体等；②氧平衡因子——如溶解氧、化学耗氧量、生化需氧量、有机碳总量、氧总消耗量等；③营养盐因子——如总氮、氨氮、硝氮、总磷等；④重金属因子——汞、铬、砷、镉、铅等；⑤持续性有机污染物——有机氯等；⑥微生物因子——大肠杆菌等。

（4）水环境承载能力：指的是在一定的水域，其水体能够被继续使用并保持良好生态系统时，所能容纳污水及污染物的最大能力。在一些发达国家，要求城市和工业做到零排放，一方面节水，用水量零增长；另一方面对污水处理做到零排放。有的国家提出水体自净能力的概念，即水环境承载能力等于水体自净能力。

水环境容量是指在不影响水的正常用途的情况下，水体所能容纳的污染物的量或自身调节净化并保持生态平衡的能力。水环境容量是制定地方性、专业性水域排放标准的依据之一，环境管理部门利用水环境容量确定在固定水域允许排入污染物的限量。一水环境容量与水环境承载能力意义相似。

（5）水环境功能区：又称水质功能区，是全面管理水污染控制系统，是维护和改善水环境的使用功能而专门划定和设计的区域。通常由水域和排污控制系统两部分构成。建立水质功能区的目的在于使特定的水污染控制系统在管理控制上具有可操作性，以便使水环境质量及各种影响因素的信息得到有效的科学管理。因此、一个水质功能区应具备以下的内容和要求：①对水域及其排污系统（包括产污、排污、治理到水体的各水质控制断面）的结构及其空间位置给以系统地确定和定量化；②建立起水污染控制系统的污染物流及其信息流的监控手段；③建立起系统内各过程的关联关系以及各种关键信息间加工转换的定量模型和软件。这样，既能满足全面管理水质的需要，又能满足高效率加工转换水质管理信息的要求，以便用尽可能少的基础数据，获得有关水质监测、模拟、评价、预测、控制、规划等信息。

4.1.2 地下水概况

长江流域地层条件水文地质比较复杂，有多种类型地下水（种）类，据地下水产状含水层介质性质、赋存状态条件，大致分布有孔隙水、岩溶水、裂隙水、孔隙裂隙水、冻结层水。历史上，长江流域地下水开采取用便利，水量稳定，通过岩层过滤水质优良，成为重要水源。

2000 年对长江流域的地下水水质现状进行了评价，该评价是全江第一次以流域平原浅层地下水为评价对象。

其主要评价内容是：地下水水化学分类，水质现状评价，水质变化趋势分析及污染分析，划分水文地球化学异常区。

地下水水质质量是指地下水由于自然演变和人类活动引起水的物理化学生物特性的改变，使其质量变化的现象。

该评价选取有代表性平原浅层地下水分布井 144 沿。

评价水平年 2000 年，评价标准 GB/T 14848—1993《地下水质量标准》。

评价方法：采用舒卡列夫分类方法和单指标评价法。

评价结果：

（1）地下水水化学特征分析。水体中优势阳离子为 Ca^{2+}，优势阴离子为 HO_3^-，矿化度小于 1000mg/L 以下，总硬度小于 450mg/L，pH 值平均 7.34，显示长江流域地下水水化学组分中碳酸盐的溶解和平衡仍是控制地下水化学稳定性的主导因素，pH 值、总硬度、矿化度水化学类型适中。并首次在长江流域（片）中应用舒卡列夫和矿化作用过程四阶段进程的水化学的分类方法。

地下水的化学分类及组合类型统计：

1 - A 型有 74 片区占总类片型 50% 以上；

2 - A 型有 131 个片区占评价总片区 20.9%；

4-A型水181片区占总类片区8.2%；

22-A型水有6片区占总类型片4.5%。

大部分地下水化学类型水质较好，由于原生环境演变加上人类活动共同作用下，地下水局部区域出现复杂类型，即按大于25%毫克当量阴离子组分出现2～3个离子组合方式，使水化学类型日趋复杂的发展方向，其按水资源三级区主分布在唐白河（南阳市、驻马店市）、鄱阳湖环湖区（南昌市）、巢滁皖及沿江（马鞍山市）、通南及崇明岛诸河，地下水矿化过程仍处第一阶段。

（2）地下水水质现状评价评价。必选项目：pH值、矿化度、总硬度、氨氮、挥发酚、高锰酸盐指数。

选评项目：氟化物、氰化物、砷。

按水资源三级分区，地下水评价单元总面积134250km²（含297km²不透水层面积），按水质类别分类统计，符合和优于Ⅲ类水面积占总评价单元面积53.7%，Ⅴ类水占总评价面积21.89%，即是有53.7%面积的水可供直接饮用。

按不同质的资源量分类统计：符合和优于Ⅲ类水以上水资源占评价总面积的53.03%；Ⅴ类水占23.32%，Ⅴ类水主分布在宜昌—武汉左岸、南通及崇明岛沿江，洞庭湖环湖区、鄱阳环湖区，丹江口以下干流、唐白河，青弋江水阳江及沿江一带。

（3）地下水污染分析（万咸涛，2005）。地下水总评价面积10.4273万km²，地下水污染面积3.3875万km²，占总评价面积的32.48%；轻污染面积占总评价面积的18.8%，占污染区面积的58.1%；重污染区面积占总评价面积的13.6%，占污染总面积的41.8%；重污染区主要分布在沱江、湖口以下干流，宜昌—湖口、汉江、鄱阳湖水系、洞庭湖水系，主污染物是高锰酸盐指数，氨氮、亚硝态氮、硝态氮、挥发酸等。

（4）地下水质综合评价（万咸涛，2005）：

Ⅰ类水＋Ⅱ类水＋Ⅲ类水占总评价区总水资源量的53.1%；

Ⅳ类水＋Ⅴ类水占总评价区总水资源量的46.9%；

Ⅴ类水占总评价水资源量的20.8%；

Ⅳ类水主要分布在，岷沱江湖口以下干流、鄱阳湖水系、汉江；

Ⅴ类水主要分布在岷沱江湖口以下干流，宜昌—湖口、汉江、洞庭湖水系、鄱阳湖水系。

长江流域地下水总体质量尚好，多数城市地下水受一定程度污染，50%以上地下水受污染，约40%不适于饮用，53%以上的地下水可直接饮用。

地下水总体污染状况有点状向面状污染扩散趋势，有城市向农村蔓延之势。

主要地下水污染区在岷沱江、唐白河、湖北长江干流、鄱阳湖湖滨平原、巢滁皖及沿江、青弋江、水阳江、通南崇明岛一带。

地表水污染分布区域与地下水污染分布叠加，交叉污染成为长江流域水资源利用和保护的一大忧患。

长江流域地下水质量总趋势仍是稳定的，局部呈下降态势。

2002—2006 年，国家对长江流域地下水资源量的浅层地下水进行了全面评价。浅层地下水是指与当地降水和地表水体有直接水力联系且具有自由水面的潜水和与潜水有密切水力联系的弱承压水。由于评价的地下水资源量是指浅层地下水中参与水循环且可以逐年更新的动态水量，故可用多年平均年补给量（不包括井灌回归补给）表示。为了反映长江流域各地水资源形成与转化条件的差别，根据地形、地貌、水文地质条件并结合水资源流域（水系）分区。长江流域共划分有 640 个地下水均衡计算区，其中，山丘区 339 个，平原区301 个。对以 1980—2000 年为代表的近期下垫面条件下的多年平均年地下水资源量进行评价，在各均衡计算区地下水资源量评价成果的基础上，确定各水资源分区的地下水资源量（长江流域共分有 12 个二级区，45 个三级区）。除特别说明外，本节计算分区均指二级区，地下水均指矿化度 $M \leqslant 2g/L$ 的浅层地下水。

地下水资源量的分布受水文地质、气候、水文和水资源开发利用等因素的影响。长江流域近期下垫面条件下地下水资源量模数的一般分布特点是：长江南岸大于长江北岸；中下游大于上游；三大湖区水系大于非湖区水系；平原区大于山丘区。长江南岸支流水系的平均地下水资源量模数为 19.84 万 m^3/km^2，北岸支流水系的平均地下水资源量模数为 12.01 万 m^3/km^2；上游地区平均地下水资源量模数为 11.66 万 m^3/km^2，中游地区平均地下水资源量模数为 18.15 万 m^3/km^2，下游地区平均地下水资源量模数为 15.63 万 m^3/km^2；洞庭湖、鄱阳湖、太湖三大湖区水系平均地下水资源量模数为 20.73 万 m^3/km^2，非湖区水系平均地下水资源量模数为 12.14 万 m^3/km^2。

4.2　长江中下游水环境特征

4.2.1　长江中下游的水功能区

水功能区划是依据国民经济和社会发展对水资源需求，结合区域水资源状况，将区划范围内的河流、湖库水域划分为不同的特定功能区，是水资源保护规划的基础。

水功能区划分采用两级区划，水功能一级区划分为保护区、缓冲区、开发利用区、保留区四类；水功能二级区划分在一级开发利用区内进行，分为饮用水源区、工业用水区、农业用水区、渔业用水区、景观娱乐用水区、过渡区、排污控制区七类。一级区划主要协调地区间用水关系，二级区划主要协调用水部门之间的关系。保护区是指对水资源保护、自然生态系统及珍稀濒危物种的保护具有重要意义的需划定进行保护的水域；缓冲区是指为协调省际间、用水矛盾突出的地区间用水关系而划定的水域；开发利用区是指为满足工农业生产、城镇生活、渔业、游乐等功能需求而划定的水域；保留区是指目前水资源开发利用程度不高、为今后水资源可持续利用而保留的水域。

饮用水源区是指为城镇提供综合生活用水而划定的水域；工业用水区是指为满足工业用水需求而划定的水域；农业用水区是指为满足农业灌溉用水而划定的水域；渔业用水区是指为满足鱼、虾、蟹等水生生物养殖需求而划定的水域；景观娱乐用水区是指以满足景观、疗养、度假和娱乐需要而划定的水域；过渡区是指为满足水质目标有较大差异的相邻水功能区间水质状况过渡衔接而划定的水域；排污控制区是指生产、生活废污水排污口比较集中的水域，且所接纳的废污水对水环境不产生重大不利影响。

水功能区划范围为长江干流自源头至河口；通天河流域面积大于 20000km² 支流，其他水资源分区流域面积大于 1000km² 支流，及其他具有重要意义的支流；上述干、支流上容积大于 10 亿 m³ 的湖（库），以及具有重要供水功能的湖（库）（不含太湖流域）。

长江流域水功能一级区 1723 个，其中保护区 415 个，缓冲区 105 个，开发利用区 427 个，保留区 776 个。河流型水功能一级区 1634 个，区划总河长 85584km（三峡水库属河流型）；湖库型水功能一级区 89 个，区划湖库总面积 11178km²。在 427 个（河流型 385 个，湖库型 42 个）开发利用区中，共划分水功能二级区 993 个（河流型 943 个，湖库型 50 个），其中饮用水源区 318 个（以主导功能统计），工业用水区 282 个，农业用水区 81 个，渔业用水区 14 个，景观娱乐用水区 90 个，过渡区 124 个，排污控制区 84 个。

4.2.2　长江中下游的水质概况

长江中下游流域是我国人口密度最高、经济活动强度最大、环境压力最严重的流域之一。长江中下游干支流的大中城市所在江段，特别是在排污严重的工矿企业集中的水域附近常年存在Ⅲ类甚至Ⅳ类、Ⅴ类以下的岸边污染带。

长江中下游水资源与水环境面临的主要问题是水污染、洪涝灾害和水生态系统功能退化等，其中水环境突出问题表现为：长江干流近岸水域污染趋势未能得到有效控制，部分支流污染严重，湖库富营养化仍在发展，农村水环境恶化，地下水污染严重，突发性水污染事故不断和风险增大等，导致城市和农村饮用水源频繁受到威胁和损坏。

（1）干流污染未得到有效控制。目前长江干流水质总体尚好，但由于节约用水和清洁生产措施不到位，水污染治理滞后，废污水排放总量逐年递增，沿岸城市及附近地区用水越来越依赖长江干流水源，饮用水源地安全受到日益严重的威胁。

（2）中下游湖库富营养化仍在发展。长期以来，由于排入湖库的氮、磷等营养物质不断增加，长江流域湖泊和一些水库，水质逐年下降，水体富营养化呈加重趋势。滇池、巢湖都曾暴发过大面积蓝藻水华；滇池总体水质均为劣Ⅴ类，湖体总体处于中度富营养状态；巢湖总体水质为Ⅴ类，处于中度富营养状态；鄱阳湖和洞庭湖的整体水质基本良好，但局部污染仍比较严重。

（3）三峡库区水资源保护压力增加。监测结果表明，2003年三峡水库初次蓄水以来，库区干流各断面水质虽然大多符合Ⅱ类、Ⅲ类水质标准，但城市附近江段水质普遍较差，库湾及部分支流水质出现富营养化及水华现象，持续时间延长。入库主要支流水质下降趋势明显，Ⅱ类水质断面日趋减少，Ⅳ类水质断面明显增加，局部水域甚至出现Ⅴ类和劣Ⅴ类，库区正在建设的一些大型化工企业和工业园区，水污染事故风险加大，库区水资源保护压力增加。

（4）农村水环境污染严重。由于一些转移到乡镇和农村地区的污染企业长期超标向农村湖库、塘堰排放废污水，再加上农业面源污染扩大和畜禽养殖业增加等，长江流域广大农村地区的河流、渠系和池塘等地表水和地下水污染日益严重，水环境状况不断恶化。

（5）重大水污染事件频发。近些年来，由于流域经济发展较快，化工等高污染企业和危险物品运输量增加，突发重大污染事故时有发生。

地下水污染以城市较为普遍，80年代监测，中度污染城市有南京、上海、武汉、长沙、成都、常州、镇江等，轻度污染城市有昆明、贵阳、苏州、杭州，污染程度不明的有扬州、无锡、南通等，总的情况还有所发展和加剧（见表4.2-1）。

由表4.2-1看出，2010—2015年，长江中游宜昌—湖口河段符合或优于Ⅲ类水体的河段比例分布于69％～77％之间；长江下游湖口以下河段符合或优于Ⅲ类水体的河段比例分布于49.7％～50.3％之间。长江下游水质达标情况劣于中游，综上所述，长江中下游干流水质总体稳定。

表 4.2-1　　　　　　　　　中下游干流水质达标河段变化趋势

年份	河段	符合或优于三类水体/%	河段	符合或优于三类水体/%	备注
2015	宜昌—湖口	77.0	湖口以下干流	50.3	主要超标氨氮、总磷、化学需氧量、五日生化需氧量、高锰酸盐指数和粪大肠菌群等
2014	宜昌—湖口	75.4	湖口以下干流	49.5	
2013	宜昌—湖口	72.5	湖口以下干流	44.2	
2012	宜昌—湖口	79.1	湖口以下干流	42.9	
2011	宜昌—湖口	67.7	湖口以下干流	36.2	
2010	宜昌—湖口	69	湖口以下干流	49.7	主要超标项目为氨氮、总磷、五日生化需氧量、化学需氧量、高锰酸盐指数和粪大肠菌群等

注　引自长江流域水资源公报2010—2015。

4.3　两湖区域水环境特征

4.3.1　概述

　　鄱阳湖和洞庭湖作为长江中游的两大湖泊，在维系区域水量平衡与生态安全方面发挥着重要作用，有防洪、调节气候、涵养水源、净化水质和维持生物多样性等功能。

　　鄱阳湖是长江中游典型的通江湖泊，是中国第一大淡水湖，也是国际重要湿地，近年来，由于社会经济的发展，鄱阳湖水质发生较大的变化。流域富营养化程度增加，枯水期一般大于丰水期污染物的浓度，富营养物质的输入主要来自五大河流，其次为湖区地表径流。鄱阳湖流域水环境中重金属污染在水生植物及水生生物都有不同程度的富集现象。鄱阳湖流域有机氯农药污染存在一定的生态风险。

　　鄱阳湖流域温度增长趋势将愈加明显，预计鄱阳湖水位将持续走低（胡春华，2010），水环境将逐步恶化鄱阳湖区生活污水和工业废水排放量将面临快速增加的压力，且农业面源污染逐步加重，将造成湖泊水质恶化，水生生态系统结构遭到破坏，湖泊的净化和综合功能减退，进而导致一系列环境问题。处在降雨充沛、工业落后、农业发达地区的季节过水性湖泊，其水环境中富营养化问题最为突出，其所引起的生态风险较高，人文驱动因素中水利设施建设、城市发展和经济发展对其水环境的影响最为突出。

洞庭湖位于长江中游荆江段南岸，居处湖南省东北隅，毗邻湖北省，洞庭湖是我国第二大淡水湖，属典型的过水性吞吐型湖泊，根据 1995 年实测的 1:10000 地形图（85 黄海高程）量算，最大面积为 2625km^2，湖容 167 亿 m^3，换水周期为 18.2 天（周文斌，2011；秦迪岚，2012）。洞庭湖接纳湘、资、沅、澧"四水"，吞吐长江，素有"长江之肾"的美誉，是长江流域极为重要的调蓄滞洪区、国际重要湿地、我国重要的淡水资源储备地以及著名的"鱼米之乡"。近年来，由于洞庭湖流域社会经济的飞速发展，以及长江三口水系河道淤塞和三峡调蓄的影响，洞庭湖出现了湖泊萎缩、水沙失衡和调蓄功能下降等问题，湖泊生态环境日益遭受破坏。特别是随着流域内工业化、城镇化和农业产业化的推进，污染排放量越来越大，尤其造纸、纺织与农业面源的污染，给洞庭湖水环境带来了巨大的负荷，加剧了对湖泊生态环境的破坏。

为改善两湖水质现状，永保两湖一湖清水，建议采取措施加强湖区节水意识，降低污水鄱阳湖排放量。调整产业结构，保护湖泊生态系统。

4.3.2 洞庭湖区域水环境特征

洞庭湖是中国五大淡水湖之一，长江中游重要吞吐湖泊。湖区位于荆江南岸，跨湘、鄂两省，介于北纬 28°30′～30°20′、东经 110°40′～113°10′之间。湖区面积 1.878 万 km^2，天然湖面 2625km^2，另有内湖 1200km^2。北有松滋、太平、藕池、调弦四口（1958 年堵塞调弦口）引江水来汇，南和西面有湘江、资水、沅江、澧水注入。湖水经城陵矶排入长江。通常年份四口与四水入湖洪峰彼此错开。因而有"容纳四水""吞吐长江"的调节作用，减轻了长江中游的洪水压力。若出现"江湖并涨"，就易泛滥成灾。由于四水和四口携带大量泥沙，每年约有 1.28 亿 t 泥沙淤积湖底。1825 年时湖水面积约 6000km^2，1890 年为 5400km^2，1932 年为 4700km^2，1960 年已减为 3141km^2。现在以湖面高程 34.50m 计，湖水面积为 2820km^2。昔日号称"八百里洞庭"，由于泥沙淤塞、围垦造田，洞庭湖现已分割为东洞庭湖、南洞庭湖、西洞庭湖三部分。水位变幅达 13.6m，有"霜落洞庭乾"之称。1952 年兴建荆江分洪工程和蓄洪垦殖区，使部分洪水泄入分洪区，并整修了湖区堤垸水道，减轻了洪水对洞庭湖区的威胁。

湖区年均温 16.4～17℃，1 月 3.8～4.5℃，绝对最低温－18.1℃（临湘

1969年1月31日）。7月29℃左右，绝对最高温43.6℃（益阳）。无霜期258～275天。年降水量1100～1400mm，由外围山丘向内部平原减少。4—6月降雨占年总降水量50％以上，多为大雨和暴雨；若遇各水洪峰齐集，易成洪、涝、渍灾。洞庭湖北有分泄长江水流的松滋、太平、藕池、调弦（1958年堵口）四口；东、南、西三面有湘、资、沅、澧等水直接灌注入湖，形成不对称的向心水系，水量充沛，年径流变幅大，年内径流分配不均，汛期长而洪涝频繁。城陵矶多年平均径流量3126亿m³，最大年径流量（1945年）5268亿m³，最小年径流量（1978年）1990亿m³。汛期（5—10月）径流量占年均径流量的75％；其中四口1164亿m³，占汛期径流总量48.5％。洞庭湖水位始涨于4月，7—8月最高，11月至翌年3月为枯水期。多年最大水位变幅，岳阳达17.76m。素有"洪水一大片，枯水几条线""霜落洞庭干"之说。1954年长江中游出现特大洪水，洞庭湖尚能削减洪峰，显示湖泊调蓄功能。然而，众水汇聚湖中，仅有城陵矶一口流出，洪水停蓄时间长，泥沙大量沉积，多年平均入湖泥沙1.335亿m³，其中来自长江的达1.18亿m³，占82.0％，来自四水的0.241亿m³，占18％，而城陵矶输出量只占入湖泥沙量的25.1％，淤积在洞庭湖的泥沙占入湖泥沙总量的73.4％，达0.984亿m³。年均淤积量较鄱阳湖大十几倍。20世纪70年代以来，三口口门淤高，入湖水量减少，但沅、澧洪道自然洲土增长殊巨，目平、七里湖淤高各达2～4m，南洞庭湖北部淤高2m，东洞庭湖注滋河口东伸，飘尾延伸至君山。因此，西洞庭湖蓄洪能力基本消失，南洞庭湖南移，东洞庭湖东蚀，调蓄功能趋向衰减。

4.3.2.1　湖区水质状况

湖内城陵矶（七里山）站汛期、非汛期、全年水质类别均为Ⅴ类及劣Ⅴ类；南嘴、小河嘴站2000—2002年基本为Ⅲ类，2003年为Ⅳ类，2004—2009年则均为Ⅴ类、劣Ⅴ类。超标项目均为总磷、总氮及石油类（张硕辅，2007）。

洞庭湖水体总氮和叶绿素a的空间分布特征相似，均为东洞庭湖大于南洞庭湖大于西洞庭湖。而总磷浓度较高的区域主要分布在南洞庭湖和西洞庭湖。

总氮（TN）总体上呈现显著上升的趋势。2004年到2008年的浓度相对平稳，约为1.5mg/L，从2009年起，浓度逐年提高，截止到2011年上升到2.0mg/L；总磷（TP）浓度从2004的0.13mg/L开始缓慢下降，2007年后又急速上升，到2008年到达峰值0.15mg/L；之后开始缓慢下降，到2011年下降到0.08mg/L；叶绿素a（Chl-a）则呈现显著上升的趋势（特别是东洞庭湖），水华风险增大。

监测数据显示，2013 年 9 月东洞庭湖高锰酸盐指数含量在 1.77～2.69mg/L 之间、氨氮含量在 0.33～0.151mg/L 之间、总氮含量在 0.49～2.29mg/L 之间、总磷含量在 0.01～0.024mg/L 之间、叶绿素 a 浓度较高，含量在 8.19～410.75mg/m³ 之间。分析显示，东洞庭湖水质类别为Ⅱ～劣Ⅴ类，以Ⅲ～Ⅳ类水为主。

　　洞庭湖区水体中的重金属含量均较低，铜的最大值为 0.043mg/L、铅为 0.050mg/L、锌为 0.103mg/L、镉为 0.0033mg/L，表明湖水受重金属的污染比较小。水体中砷、挥发酚、氰化物和六价铬的含量均很低，检出率也很低。

　　长江"三口"黄山头闸站 2000—2005 年均基本为Ⅳ类，2006—2007 年基本为Ⅲ类，2008—2009 年为Ⅳ类及Ⅴ类；藕池口站 2000—2009 年为Ⅳ类及Ⅴ类；杨家档站 2002 年、2005 年为Ⅱ类，2003 年、2004 年基本为劣Ⅴ类，2006—2007 年为Ⅴ类。主要超标项目为石油类、汞。

　　资水、沅江、澧水入湖桃江、桃源、石门站 1998—2009 年基本为Ⅲ类，湘江入湖湘潭站，不同水期水质在Ⅲ～劣Ⅴ类之间，超标项目主要为总磷。

　　对于高锰酸盐指数和氨氮两项指标，按全年、汛期、非汛期评价，洞庭湖区各功能区均处于地表水Ⅱ类水平，均可达标；而总磷、总氮则多在Ⅳ类或Ⅳ类以上，其他评价项目一般在Ⅱ～Ⅲ类之间。表明洞庭湖区多数水域已经受到总氮、总磷的污染，营养盐浓度相当高，洞庭湖区的水污染治理应着重控制氮、磷等污染物。

4.3.2.2　湖区水体富营养化状况

　　1. 富营养化评价指标

　　选取富营养化主要特征指标透明度（SD）、叶绿素 a（Chl－a）、总磷（TP）、总氮（TN）、高锰酸盐指数（COD$_{Mn}$）进行评价。

　　2. 富营养化评价方法

　　（1）综合营养状态指数计算公式为：

$$TLI(\Sigma) = \sum_{j=1}^{m} w_j TLI(j) \qquad (4.3-1)$$

式中　TLI（Σ）——综合营养状态指数；

　　　　w_j——第 j 种参数的营养状态指数的相关权重；

　　　　TLI（j）——代表第 j 种参数的营养状态指数。

　　以 Chl－a 作为基准参数，则第 j 种参数的归一化的相关权重计算公式为

$$w_j = \frac{r_{ij}^2}{\sum_{j=1}^{m} r_{ij}^2} \qquad (4.3-2)$$

式中　r_{ij}——第 j 种参数与基准参数 Chl-a 的相关系数；

　　　　m——评价参数的个数。

中国湖泊（水库）的 Chl-a 与其他参数之间的相关关系 r_{ij} 及 r_{ij}^2 见表4.3-1。

表4.3-1　　　　　　　　　　　　　湖　泊　参　数　表

参数	Chl-a	TP	TN	SD	COD_Mn
r_{ij}	1	0.84	0.82	-0.83	0.83
r_{ij}^2	1	0.7056	0.6724	0.6889	0.6889

注　引自金相灿等著《中国湖泊环境》。

（2）营养状态指数计算公式为

TLI（Chl-a）＝10（2.5＋1.086 ln Chl-a）

TLI（TP）＝10（9.436＋1.624 ln TP）

TLI（TN）＝10（5.453＋1.694 ln TN）

TLI（SD）＝10（5.118－1.94 ln SD）

TLI（COD_Mn）＝10（0.109＋2.661 ln COD）

以上式中：叶绿素 Chl-a 单位为 mg/m³；透明度 SD 单位为 m；其他指标单位均为 mg/L。

3. 湖泊（水库）营养状态分级

采用0～100的一系列连续数字对湖泊（水库）营养状态进行分级：

TLI（∑）＜30　　　　　　贫营养（Oligotropher）

30≤TLI（∑）≤50　　　　中营养（Mesotropher）

TLI（∑）＞50　　　　　　富营养（Eutropher）

50＜TLI（∑）≤60　　　　轻度富营养（light eutropher）

60＜TLI（∑）≤70　　　　中度富营养（Middle eutropher）

TLI（∑）＞70　　　　　　重度富营养（Hyper eutropher）

在同一营养状态下，指数值越高，其营养程度越重。

（1）洞庭湖的氮磷比。根据多年对洞庭湖的监测结果来看，其 N/P 比为16.9，大于7，则洞庭湖为磷限制因子。洞庭湖 N/P 比值，随湖水中年 N、P 的季节变化而呈季节变化，冬季的 N/P 比春、夏季大的多；全年南洞庭湖的 N/P 最大，东洞庭、南洞庭相差无几（杨诗君，2006）。

（2）洞庭湖富营养化评价。由于监测资料中缺少叶绿素，所以选用高锰酸盐指数、总氮、总磷、透明度作为评价项目。洞庭湖水体中浮游藻类、浮游动物等与长江中下游的其他湖泊相比较都少得多，受泥沙含量高的影响而透明度也很低，虽然 TN、TP 含量高，但没有发生"水华"现象，都是由于洞庭湖特殊的水文环境条件所决定，即水体动荡、滞留时间短、水位变幅大、泥沙含量高、来水中 TN、TP 含量高等特点直接影响湖泊水质。

从 2003 年开始，湖体的营养水平持续上升，尤其是 2008 年之后，基本维持在 50 上下，较往年提高了一个级别，并直接导致夏季东洞庭湖的水华暴发。一方面 2003 年以来，湖区社会经济的迅速发展，各种点源与面源污染源向湖内排放的工业废水和生活污水也不断增加，致使洞庭湖水质受到一定程度的污染；另一方面，近年来洞庭湖来水来沙减少，湖水合沙量降低，水位变幅缩小，换水周期延长，水环境相对稳定，总磷、总氮等营养物质滞留系数增大，浓度相对增高；加之湖水透明度增大，藻类光合作用增强，有利于藻类的生长与繁殖，从而导致富营养化进程加快。洞庭湖综合营养指数年际变化趋势如图 4.3-1 所示。

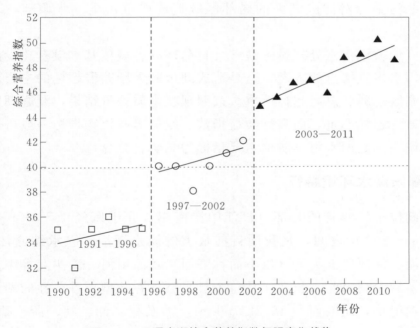

图 4.3-1 洞庭湖综合营养指数年际变化趋势

4.3.2.3 主要水环境问题

洞庭湖的工业污水排放口和生活污水排放口量多，根据 2006 年不完全的调查统计，与洞庭湖水体污染关系密切，排污量相对突出的主要生活、工业污染源有 106 个，其中工业排污口 57 个，混合排污口 8 个，生活排污口 41 个，污水排放总量为 19017.24 万 t/a，其中工业污水 9990.75 万 t/a，生活污水 9026.49t/a。

洞庭湖区的企业种类众多，排入洞庭湖区的污染物种类也很多，根据调查和监测资料，采用等标污染负荷法对污染物进行评价，等标污染负荷比排前五位的排入洞庭湖区的主要污染物为 COD、氨氮、总氮、总磷、硫化物、挥发酚，其中 COD 入河量为 105032t，氨氮为 15791t。总氮入湖量为 17084t，总磷为 2426t（仅统计湖区东洞庭湖自然保护区、南洞庭湖保留区、目平湖湿地保护区）。

（1）工业污染源排放量相对集中，局部区域污染严重。57 个主要工业污染源遍布东、西、南洞庭湖及其入湖水系，但东洞庭湖区的纺织化工业，排污量占东洞庭湖直接污水量的 77.7%，西、南洞庭湖区的造纸业，排污量分别占西、南洞庭湖直接排污水量的 45% 和 95%，且污染源废水排放以直接排入洞庭湖为主，直接排入洞庭湖的污染源有 25 个，污水排放总量为 7181.45 万 t/a，占湖区年工业废水排放总量的 71.9%，其他 32 个污染源通过河道排入洞庭湖。这些污染源对洞庭湖区的局部区域造成严重污染（张硕辅，2007；张季，2011）。

（2）区域城镇污水处理设施缺乏。目前环湖各城镇基本没有建设污水处理厂，生活污水多直接排放入湖，这是造成湖区粪大肠菌群超标的主要原因。

（3）湖区总磷、总氮超标严重。按照现状水质评价结果，洞庭湖区各站点总磷、总氮均超标严重，而高锰酸盐指数、氨氮等有机物指标一般可达到地表水Ⅱ类，说明洞庭湖水污染防治主要指标为总磷、总氮。

4.3.3   鄱阳湖水环境特征

鄱阳湖位于江西省的北部、长江中游南岸，介于东经 115°49′~116°46′、北纬 28°24′~29°46′ 之间，是我国目前最大的淡水湖泊。它承纳赣江、抚河、信江、饶河、修河等五大河（以下简称五河）及漳田河、潼津河等小支流之来水，经调蓄后由湖口注入长江，是一个过水型、吞吐型、季节性的湖泊。鄱阳湖水系呈辐射状，流域面积 16.22 万 km²，涉及赣、湘、闽、浙、皖等 5 省，其中：江西省境内面积 15.67 万 km²，占全流域的 96.6%。

鄱阳湖略似葫芦形，以松门山为界，分为南北两部分。南部宽广、较浅，为主湖区；北部狭长、较深，为入长江水道区。全湖最大长度（南北向）173km，东西平均宽度 16.9km，最宽处约 74km，入江水道最窄处的屏峰卡口宽约 2.8km，湖岸线总长约 1200km。湖盆自东向西、由南向北倾斜，高程一般由 12.00m 降至湖口约 1.00m。鄱阳湖湖底平坦，最低处在蛤蟆石附近，高程为－10.00m 以下；滩地高程多在 12.00~18.00m 之间。

鄱阳湖地貌由水道、洲滩、岛屿、内湖、汊港组成。鄱阳湖水道分为东水道、西水道和入江水道。赣江在南昌市以下分为四支，主支在吴城与修河汇合，为西水道，向北至蚌湖，有博阳河注入；赣江南、中、北支与抚河、信江、饶河先后汇入主湖区，为东水道；东、西水道在渚溪口汇合为入江水道，至湖口注入长江。洲滩有沙滩、泥滩、草滩等三种类型，共3130km²。其中沙滩数量较少，高程较低，分布在主航道两侧；泥滩多于沙滩，高程在沙滩、草滩之间；草滩为长草的泥滩，高程多在14.00～17.00m，主要分布在东、南、西部各河入湖的三角洲。全湖有岛屿41个，面积约103km²，岛屿率为3.5%，其中莲湖山面积最大，达41.6km²，而最小的印山、落星墩的面积均不足0.01km²。湖区主要汊港约有20处。

鄱阳湖具有"高水是湖，低水是河"的特点。进入汛期，五河洪水入湖，湖水漫滩，湖面扩大，碧波荡漾，茫茫无际；冬春枯水季节，湖水落槽，湖滩显露，湖面缩小，蜿蜒一线，比降增大，流速加快，与河道无异。洪、枯水期的湖泊面积、容积相差极大：湖口站历年实测最高水位22.59m（1998年7月31日），相应通江水体（湖泊区＋青岚湖＋五河尾闾河道）面积3708km²，湖体容积303.63亿m³；历年实测最低水位5.90m（1963年2月6日），相应通江水体面积约28.7km²，湖体容积0.63亿m³。

4.3.3.1 鄱阳湖区水体物理性质

1. pH 值与电导率

鄱阳湖流域pH值变化范围为6.33～8.82，属微酸性至弱碱性，具有较大的缓冲能力。不同区域的pH值差异很大。在空间分布特征上，鄱阳湖流域水体的pH值年平均值从大到小排序为：修水、信江、赣江、湖区、饶河、抚河、乐安江（见表4.3-2）；湖区从入湖口至出湖口的路线上pH值总体上出现逐渐降低的趋势（胡春华，2010）。时间变化上，丰水期pH值最大，枯水期pH值最小，枯、平、丰水期pH值平均值分别为7.20、7.45、8.06。而pH值是天然水质酸碱性的标志，又是影响水体中元素赋存状态、浓度及分配的主要因素，是水体水化学特征的综合反映。水体呈酸性，说明该水体中具有溶蚀性；呈碱性时则表明不利于水体中元素的迁移。较高的pH值表明可能存在碳酸盐岩和白云岩的风化作用。

表 4.3-2　　　　　　　　各水系 pH 值年平均值

区域	昌江	抚河	赣江	湖区	乐安江	饶河	信江	修水
pH 值	6.84	6.8	6.98	6.85	6.61	6.74	7.71	7.72

鄱阳湖电导率空间分布变化较为明显，主要规律是从河流到出湖口电导率呈上升趋势。时间变化上，枯水期时出现最低，其平均值为82.50μS/cm；平

水期时电导率最高，为 $238.20\mu S/cm$；丰水期时为 $103.60\mu S/cm$。鄱阳湖流域电导率（E_C）的全年平均值范围为 $82.10\sim235.00\mu S/cm$，平均值为 $139.21\mu S/cm$，低于世界河流 E_C 平均值。电导率值越低说明鄱阳湖流域水体纯度越高，水溶性离子组分种类不多，因此化学风化速率相对较低。

2. 矿化度与硬度

鄱阳湖湖区矿化度值在 $35.00\sim200.00mg/L$ 之间，平均值为 $75.50mg/L$，其中，最大值出现在长江交汇处。在空间分布特点上，蚌湖及湖中偏低，湖区西南及东北位置偏高，且矿化度大于 $80mg/L$ 的大多集中在各河流入湖口；五大河流中，矿化度最高的是信江，其次是赣江，最低的是抚河。在时间分布上，丰水期矿化度为 $52.70mg/L$，平水期为 $135.80mg/L$，明显高于其他季节。流域内矿化度偏低，这主要是由于鄱阳湖盆地年均降雨量较大，属亚热带湿润季风型气候，水系发达，水量丰富，且流域内的风化作用较低（表 4.3-3）。

表 4.3-3　　　　　　　　　湖区及各河流矿化度表　　　　　　　　单位：mg/L

区域	昌江	抚河	赣江	乐安江	蚌湖	信江	修水	湖区
平均矿化度	48.84	42.76	63.97	53.32	77.73	68.46	56.74	75.68

鄱阳湖湖区水体总硬度范围是 $31.00\sim140.00mg/L$，属于软水。在空间上，湖中总硬度较低，各入湖口总硬度较高，整体变化趋势呈从东到西逐渐减小，从南到北逐渐增大；五大河流中总硬度从大到小的顺序为：乐安江、信江、赣江、修水、昌江、抚河（表 4.3-4）。在时间分布上，平水期鄱阳湖流域总硬度明显高于其他季节，为 $127.80mg/L$，而枯水期最低，丰水期次之。

表 4.3-4　　　　　　　　　五大河流总硬度表　　　　　　　　　单位：mg/L

水系	昌江	抚河	赣江	乐安江	信江	修水
平均硬度	70.76	35.71	72.62	71.62	78.12	64.16

3. 主要离子与水化学类型

天然水中主要离子呈离子态的有 Ca^{2+}、Mg^{2+}、Na^+、K^+、Cl^-、SO_4^{2-}、HCO_3^- 和 CO_3^{2-} 这八种离子总量可占水中溶解固体总量的 $95\%\sim99\%$ 以上。天然水的化学组成及其时空分布与所处的地形、气候、水文、生物条件和人类活动等有密切的联系，是表征地球化学过程中的一个因素。

鄱阳湖流域水体阳离子主要以 Ca^{2+} 为主，占总阳离子总当量浓度的 55% 以上，部分样点的 K^+/Na^+ 的浓度高。Ca^{2+} 主要来源于石灰岩、铝硅酸盐、石膏的溶解；Na^+、K^+ 主要来自陆地沉积中的钠盐和钾盐矿床、铝硅酸盐中的各种长石的风化。这些矿物岩石经风化淋溶进入水体，随水体的运动进行迁移转化。

阴离子以 SO_4^{2-}、HCO_3^- 为主，而天然水中 CO_3^{2-} 来源于含有石膏的沉积岩，自然硫和硫化物的氧化作用，以及火山喷发的硫化物；HCO_3^- 主要由天然水（含 CO_2）对碳酸盐岩石的溶解作用产生。这表明鄱阳湖流域受碳酸盐岩和石膏溶解作用的影响较大。此外，一部分样点的 HCO_3^- 浓度显著偏高，说明这些点可能主要受石灰岩溶解作用的影响。其中有两个样点的 SO_4^{2-} 的含量特别高，可能存在外来源；个别样点出现 Cl^- 浓度比较高，可能受人类影响严重。整体上，江西水域属于重碳酸盐类 Ca、Na 组水，占总数 80% 以上，其次是硫酸盐类水。这是因为鄱阳湖汇聚赣江、抚河、信江、修水和饶河五河来水，经调蓄后注入长江，形成完整水系；其次，鄱阳湖多年入江径流量占长江多年平均径流量的 15.6%，较大的径流量充分稀释了溶解物质的浓度。一些地方出现某些离子浓度偏高，使得化学类型发生变化。

4.3.3.2 鄱阳湖区水质状况

鄱阳湖湖区水质分布情况（图 4.3-2～图 4.3-4），TN 的高浓度主要在赣江入湖口区域，TP 呈现出康山区域（信江输入）较高的特征，COD 以赣江、抚河、信江尾闾及中部湖区为突出，同时庐山姑塘和湖口由于工业污染相对呈现较高水平。

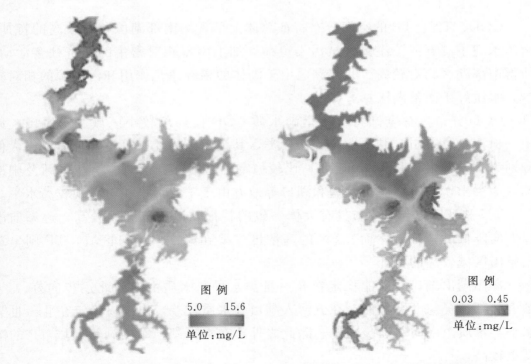

图 例
5.0   15.6
单位：mg/L

图 例
0.03   0.45
单位：mg/L

图 4.3-2　COD 浓度分布情况　　　图 4.3-3　TP 浓度分布情况

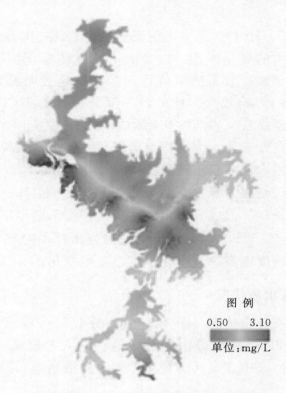

图 例

0.50　　3.10

单位：mg/L

图 4.3 - 4　TN 浓度分布情况

COD、TN、TP 的空间分布特征总体上呈现出南部湖区相对较高的特征，由于承载了"五河"流域大量污染负荷，加上南岸相对密集的经济社会活动，使得南部湖区相对较高。北部湖区由于湖体的稀释净化作用和污染源的相对较少，水质好于南部湖区。

COD 分布具有全湖特征，全湖水质 COD 仅局部较小区域（南矶山、康山、梅溪嘴、三山、鞋山南）等为Ⅳ类，其余大部为Ⅱ～Ⅲ类，且监测极大值分别为 19.0mg/L 和 18.0mg/L，比较稳定。以赣江、抚河、信江尾闾及中部湖区为突出，同时在庐山姑塘和湖口等地方由于工业污染相对呈现较高水平。

TN 和 TP 的空间分布具有大体一致的特征，以南部湖区较高，逐渐向湖口方向降低的特征。然而，TN 的高浓度主要在赣江入湖口区域，TP 则呈现出康山区域较高的特征。

鄱阳湖出湖口 TN 能稳定在Ⅱ～Ⅲ类水平，水质由南向北逐步向好。TP 浓度分部情况与 TN 类似，在五河入湖口处水质较差，出湖口稳定在Ⅱ～Ⅲ类水平，水质由南向北逐步向好。除此之外，在青岚湖、军山湖等区域 TP 的浓度也较高。

通过对近 30 年的鄱阳湖区及入湖河口水质监测资料的综合分析评价得知，

鄱阳湖水质总体呈下降趋势。20世纪80年代鄱阳湖水质以Ⅰ类、Ⅱ类水质为主，平均占85％，Ⅲ类水占15％，呈缓慢下降趋势；90年代仍以Ⅰ类、Ⅱ类水为主，平均占70％，Ⅲ类水占30％，下降趋势加快；进入21世纪，特别是2003年以后，Ⅰ类、Ⅱ类水仅占50％，Ⅲ类水占32％，劣Ⅲ类水占18％，水质下降趋势明显。鄱阳湖水质污染特点有：①非汛期水质明显差于汛期，汛期Ⅱ类水多年平均所占比例比非汛期高15％；②五河入湖口水质最差的是赣江南支，其次是乐安河口；③2002年之前，主要超标项目为氨氮、挥发性酚等，污染区域主要分布于入湖口水域。2002年之后，主要超标项目为总磷、总氮和氨氮。1985—2008年类别变化趋势见图4.3-5～图4.3-7。

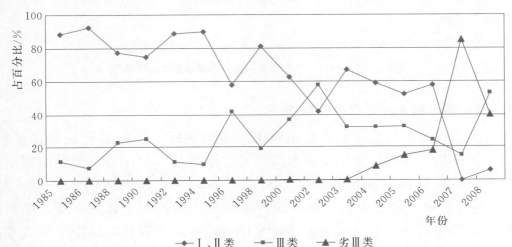

图 4.3-5　1985—2008年鄱阳湖全年水质变化趋势图

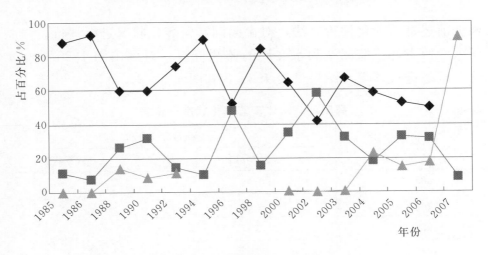

图 4.3-6　1985—2007年鄱阳湖枯水期水质变化趋势图

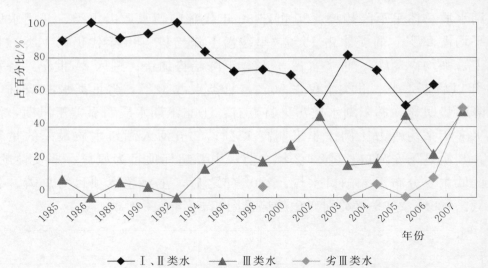

4.3.3.3　鄱阳湖水体富营养化状况

　　三峡工程运用后总体上对鄱阳湖水环境影响较小。5—6 月三峡预泄期，湖口水位升高，长江对鄱阳湖出水的顶托作用增强，但这一时期鄱阳湖出湖水量大，长江对湖口的顶托作用不会明显影响到鄱阳湖区的水环境质量。9—11 月，三峡工程进入蓄水期，湖口水位较天然情况下有所下降，鄱阳湖区的水位提前消落，水量减少，总体水环境容量略有降低，但由于湖区水体流速增大，湖岸水体的稀释扩散能力会有所增强，有利于改善近岸水域水质。

　　根据前述富营养化评价方法，对鄱阳湖富营养化状况进行评价。

　　根据江西省环境监测站和水文局的监测资料，对鄱阳湖 1985—2009 年间湖库营养状态进行计算，结果见表 4.3－5 和图 4.3－8。

表 4.3－5　　　　　　　　　鄱阳湖区水体富营养化状态一览表

年份	营养化评价	
	评分值	营养状态
1985	35	
1986	37	
1988	47	
1990	45	中营养
1992	46	
1994	42	

续表

年份	营养化评价	
	评分值	营养状态
1996	41	
1998	40	
2000	39	
2002	42	
2003	46	
2004	48	中营养
2005	44	
2006	46	
2007	44	
2008	48	
2009	49	

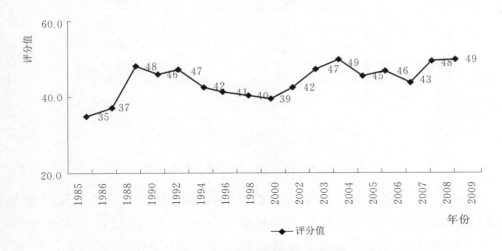

图 4.3-8　1985—2009 年间鄱阳湖营养状态评分值变化趋势

　　评价结果表明，受水文条件及入湖污染负荷的影响，自 20 世纪 80 年代初，鄱阳湖总氮总磷浓度较低水平，达到Ⅱ类水标准；20 世纪 80 代中期，湖区总氮总磷浓度剧增，属于Ⅴ类水；至 2005 年，总氮总磷污染状况有所缓解，但近几年又有恶化趋势（图 4.3-9、图 4.3-10）。近几年来，鄱阳湖总氮、总磷污染水平总体较太湖、巢湖轻，但已有部分湖区（如莲湖、康山断面）的总氮浓度接近巢湖 2007 年平均水平，总磷浓度接近太湖 2007 年平均水平。

　　由图4.3-9、图4.3-10可以看出，新中国成立初至改革开放前，鄱阳湖区总磷、总氮浓度水平较低；1984—1987年期间，湖区水体中总磷、总氮浓度剧增，这可能与这几年鄱阳湖水量少有关（多为枯水年）；1998年（特大洪水）后至2004年，由于五河入湖水量逐年锐减，湖区水量随之减少，其水体总氮、总磷浓度也相应升高。

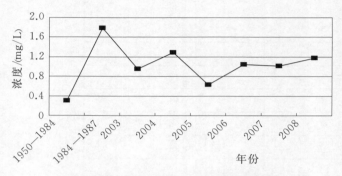

图4.3-9　鄱阳湖区TN浓度变化趋势图

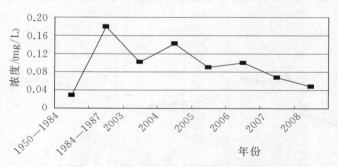

图4.3-10　鄱阳湖区TP浓度变化趋势图

　　由图表可知，鄱阳湖水环境质量总体呈现下降趋势，富营养化趋势加重。鄱阳湖水体富营养化水平呈逐年上升趋势，营养盐总体维持在中营养水平，且上升速度在加快，已经十分接近富营养化水平。湖区局部水域偶有"水华"发生。2007年8月中旬，鄱阳湖中心地带、省监测国控断面——余干县康山乡袁家村附近湖区水域出现局部水华。调查发现，沿康山堤坝宽200m左右，延伸约1.5km地带（约0.4km²）呈现一片绿色水华带，持续时间约一周，如图4.3-11所示。

　　根据2008年8月15日此地补充监测数据，其主要富营养化指标与2007年8月和2006年8月例行监测中康山断面数据相比，水质明显变差，富营养化指数TLI（Σ）为55.7479。由此可判断该湖区已经处于轻度富营养化。

　　鄱阳湖各监测点位在不同的监测期间进行的鄱阳湖水体富营养化状态评价

图 4.3-11 2007 年 8 月，康山水域局部富营养化

处在中营养—轻度富营养状态。按区域分靠近入湖河口的湖区各点位（主要点位为康山和莲湖）主要处在轻度富营养状态，靠近出湖区域（都昌和蛤蟆石）的水域呈现中营养状态。湖水中总磷、总氮的含量较高，已达富营养型湖泊的标准，但 DO、BOD_5、COD_{Mn}、SD 等指标多属贫、中营养水平，同时由于水生生物消耗水中的氮磷，不利于湖区大面积产生富营养化。湖区尚未出现大面积富营养化。

4.4 水资源开发对环境的影响

4.4.1 对水环境演化的关键过程影响

大规模河流拦截显著破坏了河流连续和洪水脉动规律。一个重要的特征是河流水体出现"陈化现象"。全球现有大型水库所储存的水使自然河流的常年水储量增加了 700%。由于设计功能的区别，各水库蓄水的滞留时间可以从小于一天到数年。这使得河流的平均滞留时间增长。一般地，自然状态下的大陆径流的平均滞留时间为 16～26 天。而根据调蓄河流的统计表明，经过人为拦截河流的平均滞留时间达到 60 天（毛战坡，2005）。

水坝拦截的物理阻隔作用，是对天然河流水环境影响的最剧烈、最广泛的人为扰动事件之一。水坝拦截不但阻断了河流地理空间上的连续和水流过程的连续，也包括由此驱动的水环境变迁的生物地球化学过程及生态系统中生物学过程的连续水库湖沼化反应大坝拦截逐渐形成类似于湖泊的环境条件，但是人为的水量调蓄则使"人工湖泊"具有自身的特性。水库中水文情势的改变，使水库水环境性质和作用过程逐渐表现为自然湖泊的特征，发生水体分层等所谓

"湖沼学反应"。但由于水库还具有水量人为调节等特点，因此有研究者提出了流域水环境研究的"水库湖沼学"概念。"湖沼学反应"是"蓄水河流"不同于天然河流水环境过程的最大区别。湖沼学理论认为，季节性的水体温度分层是深水湖泊中诸多化学、生物过程的最直接的控制因素。水体垂直剖面上不同水团的物理、化学特性的差异，进而影响水库环境中水化学过程（沉淀与溶解/絮凝、吸附与解吸、氧化还原等）的作用方式和强度，也控制了水体中藻类等水生生物的繁衍和分布。水体溶解氧分布将控制水库水体中氧化/还原界面的垂直迁移，进而影响元素循环迁移的诸多化学反应过程，包括溶解无机碳的化学平衡、有机碳的矿化降解和埋藏保存、有机氮矿化降解的氨化作用、硝化作用、反硝化作用、固态颗粒物对氨态氮的吸附、沉积物颗粒对溶解磷酸盐的吸附/解吸、磷酸盐矿物的沉淀溶解等。从这个意义上讲，水库可能是河流输送物质的"转换器"。水库效应对下游水体的影响不仅表现在物质通量，还可能表现在形态组成的变化上。因沉积作用大量滞留库底的颗粒态物质在早期成岩改造中可能以溶解态活化释放，使底层水体生态活性（如溶解无机磷）或毒性风险更高（如甲基汞和低价态重金属元素）的物质输入通量大为提高，并通过下层泄水而影响下游水环境。这样的物质循环方式，对具有物质继承关系的梯级水库的水环境演化和安全具有至关重要的意义。

4.4.2　对水库不同界面反应的影响

水库发育分层、水体滞留时间增长是水库区别于河流的最显著特征。河流蓄水后，水库往往形成一个以水温为主导的季节性物理分层结构的水体环境。由于水深的增加，光透深度有限，水柱剖面上逐渐形成生物分层（上层以光合作用为主，下层以呼吸作用为主）。在生物作用叠加热力学平衡的作用下，一些元素在水柱中也产生化学分层（刘丛强，2009）。

发生在不同层位界面上（如水-气界面、沉积物-水界面、真光层和底层水体分界、氧化-还原界面）的水化学和生物地球化学作用主导了水环境的状态变化。我国水库淹没区通常有机质含量较低，库底与上覆水体的相互作用则可能表现出不同的机制。随着水库运用年代的增加，流域或水库自生过程产生的有机质逐渐在水库库底累积，这些有机质的降解驱动了库底物质的活化释放。显而易见，水库库底沉积物与水体的相互作用及其对水环境的影响是随水库运行年龄增加、水生生态系统演化、初级生产力水平提高而逐步加强的。

4.4.3　生态系统影响

河流蓄水形成水库后，生物群落随生境变化经过自然选择、演替，形成一种新平衡。水库形成后，水动力减弱、透明度增加等因素，使水生生态体系由以底栖附着生物为主的"河流型"异养体系向以浮游生物为主的"湖沼型"自养体系演化。大坝蓄水主要改变或者影响浮游生物的生长环境条件，动水生境迅速转变为静水生境，导致微生物群落种群数量急剧增加，同时淹没的有机质分解释放营养物，进一步增加浮游植物数量。改变上游补给的外来浮游生物数量，富营养化水库不断改变浮游植物种群构成，使静水浮游植物生长不断延续（毛战坡，2004）。

浮游动物和浮游植物的生长均要求一个允许繁殖的最小滞留时间，而水流滞留时间将决定有机、无机悬浮物在水库内的沉积程度，使其成为控制水库、下游河道中浮游生物类型的主要影响因素。水库不同的泄流方式，向下游输送不同数量的浮游生物量。表层泄流一般向下游输送大量浮游生物，而底部泄流却相反。

河流生态系统的存在和发展依赖碳、氮、磷等生源要素的生物可获得性，而生物作用过程又是控制或影响河流/水库系统内生源物质循环更新的重要环节。水库生态系统内存在两类基本食物链：植食性食物链和碎屑食物链（含腐食食物链）。两类食物链相互交错，水生生物群落按营养层次构成复杂、动态变化的食物网，物质和能量经过食物链（网）的各个环节进行转换与流动，形成了水库生态体系中生源要素循环和流动的基本框架。水库体系中微生物活动、浮游植物生长过程对生源要素的同化吸收和分解过程的离子释放，对水体中生源要素的化学形态和输送通量造成很大影响。水库生态食物网结构演化过程伴随生源物质的吸收消耗、多级利用以及再生循环，显著改变相关元素在河流水环境中的迁移命运。植食性食物链在逐级产生和传递有机质的同时，食物链上各生物群落（浮游植物、浮游动物和鱼类）经分泌、排泄和分解向水体提供大量的溶解有机质和无机营养盐，成为内循环中重要的营养盐来源。但是，碎屑食物链和异营养微生物的作用并不亚于植食性食物链，在湖泊（水库）下层的细菌呼吸作用要超过藻类净生产量。水库生态系统中生物作用对生源要素的"改造"，涉及整个食物链（网）上不同营养层次生物生产力的形成和转化，包括生源要素同化固定和生源物质活化更新（毛战坡，2005）。

大坝通过改变下游水流、泥沙和生源要素等的流动、运移模式，影响生物地球循环以及河流缓冲区域生态系统的结构和动态平衡；改变水流温度模式，影响河流生态系统中的生物能量和关键速率；对河流上下游的生物体和养分的运移产生障碍，阻止物质交换，上述生态效应具有明显的区域性（时间、空间尺度）。研究表明，大坝蓄水引起下游河流水文、泥沙运移模式变化，河流生态系统随之调整；大坝降低径流峰值，分割下游河流主河道与冲积平原的物质联系，导致冲积平原生态系统中部分物种退化、消失。水库长期蓄水和非季节性的泄流，严重影响下游河流生态系统的食物链。Collier 等发现筑坝导致河流日流量急剧变化，降低下游栖息地和水生态系统的生产力和加剧河道冲刷。大量颗粒泥沙在河道中大量沉降，改变下游河床基质，降低下游附卵栖息地的生态环境质量，从而影响鱼类、底栖生物等的生存。梯级水库进一步促进河流生态系统的破碎化，影响鱼类等迁移，阻止陆地物种扩散和连续性，导致河流缓冲区域内物种多样性降低。同时，大坝蓄水和泥沙沉积在区域、全球尺度上改变地球物质流动梯变过程、改变海洋水位、产生温室气体（N_2O）、干扰海洋水文循环。梯级水库对河岸带生态系统结构、功能具有显著影响，导致河岸带生态功能退化。研究表明河岸带具有滞留、过滤污染物，保护侵蚀河岸，改进邻近区域气候，促进地表水、地下水的循环，产生、保持水陆交错带植被群落，维持无脊椎动物丰富性和多样性，从而维持河流内部生境结构及其食物链等功能（毛战坡，2004）。洪泛平原生态系统适应洪水的季节性变化，而洪水脉动是维持洪泛平原生态系统平衡的关键因素，筑坝人为调节洪水脉动幅度和频率，从而降低洪泛平原生态系统生产力，导致洪泛平原生态系统结构、功能失稳，进而影响河流和流域的生态系统。

4.4.4　水电开发现状

由于长江东西部经济社会发展的差异性，水资源开发和利用的程度呈现出下游比中游高，中游比上游高，上海、江苏所在的太湖地区，当地水资源开发利用程度已经超过 80%，而上中游（除汉江外）水资源开发利用程度不到15%；水能开发程度，中下游已经超过 50%，而上游不到 20%，其中金沙江河段不到 5%。目前和未来长江水资源开发主要地区在上游及中游，水能开发主要在上游地区，而下游地区也越来越依靠上游来的"客水"，所以，未来全流域都面临着生态与环境的压力。

4.4.5　洞庭湖

水是湖泊湿地的重要环境因子，对湿地生态系统的物质循环、能量交换以及信息传递都具有至关重要的作用。水位的变化对湿地特别是湖泊湿地的生态环境具有巨大的影响。湖泊湿地水位具有周期性的涨落变化规律，"涨水为湖，退水为洲"是湖泊湿地的重要特征之一，这种过程中给湿地的水陆交错地带带来丰富的营养物质以及孕育着多种多样的生物种类，形成了湖泊湿地优良的生态环境和丰富的生物多样性。

2008 年三峡工程运行后，至 2016 年共经历了 7 年调蓄，调蓄规律和时间已基本趋于稳定。研究表明，三峡工程对长江的调蓄作用，对长江中下游造成一定的影响。Guo Hua 等依据 2003—2008 年的水位、流量等数据，研究了三峡大坝对长江流量和鄱阳湖水环境的影响，结果表明鄱阳湖水环境季节性变化的最重要影响因素是鄱阳湖入流与出流水量比例的变化和长江季节性的流量变化大小。洞庭湖湿地处于长江中游，在鄱阳湖上游地段距离三峡工程更近，而且长江分流来水是其水量的重要来源，三峡工程对长江的调蓄对洞庭湖的影响会更加明显。研究表明：三峡工程的蓄水使长江的水量年内分配较均匀，从而使洞庭湖的水位年内波动减小；三峡工程库区的泥沙淤积和阻挡作用，使进入洞庭湖并淤积在湖内的泥沙量会明显减少；三峡工程造成的清水下泄对水库坝下的河道冲刷，长江三峡下游段水位有降低过程因而长江三口分流进入洞庭湖的水量将有一定的减少。基于各种变化，三峡工程蓄水在一定程度上打乱了洞庭湖湿地原有的水文规律，水涨、水落的时空变化规律被打破，洞庭湖湿地原有斑块形状及板块分布格局发生变化，湿地植被原有演替规律、生境类型与面积的原有季相波动随之发生一定改变。

三峡工程的调蓄作用，下泄水量的规律性变化通过三口的分流影响到洞庭湖，洞庭湖的水量因而产生一定的变化。郭小虎（2014）等利用数学模型进行模拟，得出三峡水库蓄水年均减小三口径流量约 50 亿 m³。三峡大坝蓄水初期，长江从三口对洞庭湖的分流会有一定的增加，洞庭湖水位较自然状况下略会有升高；三峡大坝蓄水后期，水位下降，长江对洞庭湖的补水量减小，少于天然情况，城陵矶水位有一定的下降。研究表明，洞庭湖枯水期将比天然状况下提前约 1 个月左右，这对洞庭湖生态环境会有较大的影响。

同时，水位变化与径流量变化密切相关，长江入湖三口的径流量减小在一定程度上直接造成洞庭湖水位的降低。研究表明，对于西、南洞庭湖，由于三峡工程对长江径流的调蓄功能，同期的松滋口与太平口流量将减小 800m³/s 左右，约占南嘴监测站流量的 40%。根据南嘴监测站枯期水位流量关系，其水位将下降 0.8m 左右。河道淤积、断流时间延长，洲滩、泥滩面积扩大，泥沙沉积与河道切割使得斑块增多。又如 2006 年的大干旱，最大的东洞庭湖区 5 月底水域面积仅 43.5km²，其余 85% 变成了交错的陆地地面。

洞庭湖湿地植被的演替规律受到泥沙淤积的影响，洲滩面积的大小、高程的高低及泥沙淤积导致洲滩的形成快慢等变化对植被的生长与繁殖都具有重要作用。湖南省植被调查研究队调查表明，洞庭湖湿地有水生和洲滩两种演替系列（赖旭，2014）。三峡工程建成后，水位的波动变化使洞庭湖入湖泥沙量减少，总体上呈现淤积减缓的状况。使洞庭湖湿地区域的斑块性加强，植被的洲滩演替过程加剧，对植被群落覆盖变化的影响有增大效应。据研究表明，受长江上游流域大量建坝的影响，洞庭湖土壤微生物数量和种群结构都发生显著的变化。三峡工程建成后，一方面虽然有助于减缓湖泊萎缩趋势；另一方面由于水量的变小，丰枯水期水量不平衡，使污染物滞留时间变长，导致洞庭湖水体污染及富营养化有增强的趋势。

4.4.5.1　对湖区水质的影响

三峡建坝后，洞庭湖蓄水量会减少，水流速度减慢，湖泊换水周期就相应延长，致使洞庭湖水体交换能力与自净能力减弱，水环境质量下降，严重会出现富营养化，影响鱼类资源的生产；特别是非汛期对洞庭湖水体环境有较大影响，使洞庭湖提前退出汛期，由于目平湖和南洞庭湖湖底高程超过 26.00m，长江来水在枯水期将无法进入该湖区，水量的减少将对这一水域的污染形势变得更加严峻，水质也将呈恶化趋势。李景保等认为在三峡运行期 2003—2008 年间，东、南、西洞庭湖区水体平均综合指数达 1.021（枯水期），相比 1981—1995 年的综合指数 0.49，上升幅度很大（胡光伟，2013），表明洞庭湖水环境质量呈显著下降趋势，对洞庭湖湿地环境的影响，洞庭湖区水质下降除了排污企业多、污染物排放量大等因素外，还有严重干旱、入湖水量减少等原因，使局部湖水交换不畅，削弱了湖泊对污染的自净能力，特别是占湖区面积 25% 的内湖，是洞庭湖区的水产养殖区域，水体富营养化问题突出。总体来看，洞庭湖区水体污染存在局部改善与恶化相并存的情况，但总体趋势向恶化方向发展。

通过分析 1997—2014 年的历史数据趋势分析（图 4.4-1，图 4.4-2），探究近 18 年来洞庭湖水质变化趋势及其驱动因素。结果显示，在过去 18 年内，洞庭湖各湖区总氮浓度增加约 43.97%～108.14%；总磷浓度维持平稳，2008 年以后降低趋势明显，高浓度污染区域由西洞庭湖逐渐向东洞庭湖湖区迁移。分析显示，流域内农业生产、大型水利工程建设（三峡大坝）等人类活动是洞庭湖营养盐发生改变的主要驱动因素。但对于氮磷的作用机制有所不同，过量施用的农田化肥逐渐成为洞庭湖水体污染和富营养化的主要来源，单位面积化肥农药施用量较高（2013 年为 286.92kg/hm²），过量施用化肥、施用方式不合理、利用率不高（农作物产量仅增加 6.2%，而化肥施用量增加 31.09%），是湖泊水体中总氮的增加最直接的影响因素。随着三峡水库及洞庭湖上游大坝的建设运行，拦蓄了大量泥沙，相较于三峡水库建设前 1996—2002 年均值，2003—2013 年长江三口、洞庭湖四水入湖沙量分别减少 83.8% 和 46.7%，致使 2003—2014 年悬浮物浓度降低 47.91%，入湖沙量的减少是引起总磷降低的重要影响因素。如果湖区悬浮颗粒物浓度持续降低，可能会引起湖区可被浮游植物利用的溶解态总磷的增加，继而增加湖区富营养化风险。

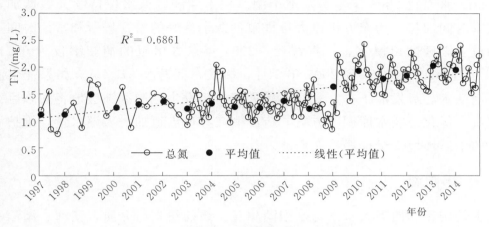

图 4.4-1 1997—2014 年洞庭湖 TN 浓度变化

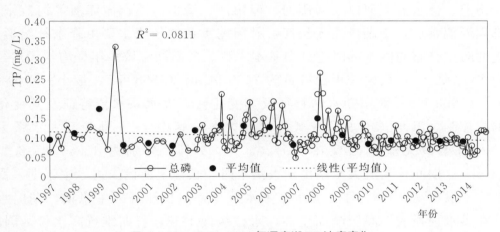

图 4.4-2 1997—2014 年洞庭湖 TP 浓度变化

4.4.5.2 对湖区湿地环境的影响

受三峡蓄水和连年降水偏少的影响，洞庭湖洲滩显露时间提前，使生长在草洲滩上的苔原严重缺水而枯萎，导致候鸟因无食源而无法在洞庭湖区越冬。枯水期三峡水库对洞庭湖进行补水调度，使洞庭湖枯水期水位有所抬高，将导致洲滩湿地减少，影响了珍稀候鸟越冬的栖息和生存的湿地环境。

针对三峡工程运行对洞庭湖湿地的影响做了进一步的探讨，认为三峡水库运行后，导致洞庭湖水沙发生变化，特别是在枯水期入湖水量的变化，将使水-鱼-鸟生态链的破坏加剧。根据湖南水鸟调查组的调查，2004 年湖区共发现水鸟 13.4 万余只，2005 年统计水鸟 11.01 万只，而在三峡工程运行前的2002 年有近 30 万只，受枯水期三峡水库蓄水的影响，湖区洲滩裸露时间显著提前，洲滩水面的减少影响了鸟类越冬栖息的天堂，南洞庭湖原有的横岭湖近

4 万 hm² 水面在 2003 年冬季基本干涸。枯水期湖区低水位持续天数增加，洲滩裸露时间加长，为东方田鼠大量繁殖创造了良好的繁育场所和富余时间，因此加重了湖区的田鼠灾害。据统计，2004 年东方田鼠的捕获率仅为 0.11%，2005 年升至 11.56%，到 2007 年 5 月，捕获率猛升至 67.7%。如果任由洞庭湖湿地缺水趋势发展下去，夏秋连旱灾害年年发生，洞庭湖湿地将面临巨大毁灭灾难，优化三峡水库调度方案，疏浚荆江三口洪道加大入湖水量，维护洞庭湖区的生态环境安全已经迫在眉睫。

4.4.6　鄱阳湖

水是构建江西五大水系与鄱阳湖相互关系的纽带与介质，江河、湖泊水情关系密切，是两者水文联系的直接反映。鄱阳湖汇纳江西省赣江、抚河、信江、饶河、修水五大河以及博阳河、漳田河、清丰山溪、潼津河等河流来水，经鄱阳湖调蓄后，于湖口注入长江，鄱阳湖水系的径流主要由降水补给形成，径流的时空分布与降水的时空分布基本一致。鄱阳湖流域多年平均年天然径流量为 1513 亿 m³，最大一年径流量为 2448 亿 m³（1998 年），最小一年为 632 亿 m³（1963 年）。鄱阳湖水情特征及其变化受五大水系水情特征及其变化的影响与控制。汛期（4—9 月）长达半年之久，其中 4—6 月为五大水系主汛期，入湖年最大流量出现在 4 月、5 月、6 月，分别占 13.5%、18.4%、52.6%。这期间，当五大水系出现大洪水时，长江上游尚未进入主汛期，鄱阳湖水位一般不高；7—9 月五大水系来水减少，但长江进入主汛期，湖区水位受长江洪水顶托或倒灌影响而壅高，水位缓慢上升，长期维持高水位。因此，湖区的年最高水位多出现在 7—9 月；进入 10 月，长江水位下降，湖口河段比降增大，出湖流量增大，湖区水位下降，湖区各站最低水位一般出现在 1—2 月。

4.4.6.1　水质现状

根据鄱阳湖形态、水文特征，在湖区选取五个有代表性的水域，分别为：蛤蟆石水域、都昌水域、信饶尾闾及莲湖、赣抚信尾闾及康山水域、赣修尾闾及蚌湖水域。

分别采用 2008 年"全国重点湖库生态安全调查与评估"项目 6 期水质监测数据，以及 2010 年 3 月、4 月开展湖区水环境现状监测数据进行现状评价。通过对鄱阳湖历年来水质监测数据的分析，选择主要评价因子为 COD_{Cr}、总氮、总磷和氨氮。各监测点的数据见表 4.4-1。从表中监测结果统计值得出，湖区超标项目主要是总氮、总磷两项，其他监测结果均符合《地表水环境质量标准》（GB 3838—2002）表 1 中Ⅲ类标准要求。

表 4.4－1　鄱阳湖典型湖区水质监测结果（平均值）（2008—2010）

年份	点位名称	氨氮	总氮	总磷	化学需氧量
2008	都昌	0.38	0.80	0.04	12.50
	蛤蟆石	0.20	0.85	0.04	10.75
	康山	0.25	1.26	0.10	10.47
	莲湖	0.79	1.68	0.10	9.15
	蚌湖	0.20	1.28	0.10	13.98
2009	都昌	0.28	0.85	0.05	8.82
	蛤蟆石	0.27	0.88	0.05	8.95
	康山	0.52	1.05	0.15	12.17
	莲湖	0.87	1.49	0.15	13.67
2010	都昌	0.26	0.95	0.05	11.00
	蛤蟆石	0.38	0.95	0.04	10.00
	康山	0.17	1.56	0.33	19.00
	莲湖	0.23	1.92	0.12	8.00
	蚌湖	0.35	0.96	0.04	10.00
评价标准（Ⅲ类）		1.0	1.0	0.05	20

从表 4.4－1 可以看出，鄱阳湖湖区 TN 和 TP 浓度较高的点主要集中在南部湖区康山、莲湖两个点，以及鄱阳湖自然保护区内的蚌湖区域，对照《地表水环境质量标准》（GB 3838—2002）表 1 中Ⅲ类标准值，该三个点位均有不同程度的超标现象，TN 超标最高达 1.9 倍，TP 超标最高达 6.6 倍。

总体上讲，2008 年以来，鄱阳湖水质总体稳定，除 TN、TP 外均能维持在Ⅲ类水质，蚌湖水质出现好转，但全湖仍呈现出南部湖区水质劣差于北部湖区的状况。

4.4.6.2　水质的季节变化特征

多年来，鄱阳湖流域 4 月进入汛期，"五河"入湖水量主要集中于 4—6 月，致使湖水水位上涨。7—9 月，"五河"来水减少，长江进入主汛期，此时鄱阳湖水位又主要受长江洪水顶托或倒灌影响而壅高，水位过程变化缓慢，长期维持在高水位，10 月以后才稳定退水。随水量变化，鄱阳湖水位升降幅度较大。

汛期水位上升，湖面陡增，水面辽阔；枯期水位下降，洲滩裸露，水流归槽，湖面仅剩几条蜿蜒曲折的水道。具有"枯水一线，洪水一片"的特点。由于非汛期和汛期湖面形态有着较大差异，其水环境容量也差别较大，汛期湖泊水环境容量远大于非汛期。但汛期内由于雨水冲刷，入湖的面源总量也大大增加。因此，有些年份的一些时段，会出现丰水期水质比枯水期差的情况。但总体来说，由于受到水量的影响，丰水期水质一般优于枯水期。

2003—2009 年间化学需氧量年均值呈波动趋势，丰水期、平水期和枯水期水质波动趋势较一致。2004—2006 年水质呈下降趋势，2006—2007 年水质呈上升趋势，2007—2009 年水质又有下降趋势，但总体水质在 Ⅱ～Ⅲ 类之间波动。

1983—2009 年间总磷水质呈波动趋势，2004 年达到最高值，呈劣 Ⅴ 类水质。丰水期、平水期和枯水期水质波动趋势较一致，2005—2007 年水质呈下降趋势，2007—2009 年水质在 Ⅲ～Ⅴ 类标准之间呈波动趋势。

2003—2009 年间水质总氮浓度呈上下较大幅度波动趋势。丰水期、平水期和枯水期水质波动趋势较一致，1993—2009 年水质在 Ⅲ～Ⅳ 类标准之间呈波动趋势。

4.4.7　长江口

河口位于河水径流和海水潮流交互作用区，既是河流流域的归宿，又是海洋过程的开始。它是对流域内自然条件变化和人类活动响应最为直接、与近岸环境变化关系最为密切的海域。河口，是指"潮汐与河流汇合的且受潮汐影响的大河出入口"。根据不同的分类标准，河口的定义多达 40 余种（Dyer，1997）。但从广义与狭义的角度来看，可简单归纳为两种：广义上的河口是指"潮汐上涨所能到达的河流上界到口外海滨冲淡水有显著影响的范围"；狭义上的河口是指"河流入海处的半封闭水体，其盐度因陆地径流掺入而显著淡化"（Pritchard，1967），也就是此区域海水可以被内陆排出的淡水所稀释。

将河口分类应用于长江口，也可将其分为两类。广义上的长江口又可分为三个区段：

（1）近口段。所辖区为安徽大通至江苏江阴约 440km 的范围，基本受长江单向径流控制，该区域也属于河口营养状况评价里的感潮淡水区（$S<0.5$）；

（2）河流河口段。所辖区域为江阴至口门（拦门沙滩顶），长约 210km，该区域以长江径流、潮流相互作用为基本特征，属于混合区（$S=0.5\sim25$）；

（3）口外海滨段。由口门至 $30\sim50$m 等深线附近海域，主要以潮流作用为主，但亦受长江冲淡水的显著影响，该区域属于海水区（$S>25$）（徐双全，

2008)。

狭义上的河口指从徐六泾至口门拦门沙外缘的范围，全长约 160km（张梅彩等，2009）。徐六泾以下，河槽出现分汊，先被崇明岛分为南支和北支，南支在浏河口以下又被长兴岛和横沙岛分为南港和北港，南港在九段沙以下被九段沙分为南槽和北槽，从而形成三级分汊、四口入海的地理形势。

4.4.7.1 河口水质影响因素分析

河口水环境是一个多因素作用的混合系统。它主要受上游径流的大小、来水的水质和江段所接纳的排污负荷、长江口特殊的地理地形以及潮汐作用等因素的影响。径流是污水稀释降解的原动力，而上游来水的水质好坏直接影响所研究江段的本底水质。本江段所接纳的排污量、污水的排放方式和排放分布直接影响江段水质的分布。潮汐作用改变了河道水流的单一流向，一日内两涨两落，水流往返运动，下游排放的污染物随潮上溯会影响上游水体的水质。

长江流域水环境监测中心上海分中心在河口江段徐六泾、吴淞口下 3km（北港和南港）和 23km 设置了 3 个常规水质监测断面共 14 条垂线。每条垂线上取上层和下层 2 个水样。每年在非汛期（3 月及 11 月）和汛期（7 月）进行监测，每次监测在潮汐涨平和落平时进行。本次河口水质现状评价，采用 3 个断面 1994—1999 年水质资料系列。

根据长江口水体质量特征，本次评价主要侧重于有机指标，选择了溶解氧（DO）、高锰酸盐指数（COD_{Mn}），五日生化需氧量（BOD_5）、氨氮（$NH_3 - N$）、亚硝酸盐氮（$NO_2 - N$）、硝酸盐氮（$NO_3 - N$）和总磷（TP），另外还选择了盐度指标氯化物（Cl^-）进行分析。评价标准为《地面水环境标准》（GB 3838—88）的 II 类水标准。$NH_3 - N$ 采用国家环境保护部推荐的 II 类水评价标准。

4.4.7.2 长江河口江段断面水质状况

长江口南岸沿江地区经济极为发达，也是污染物排放较为集中的地区。据不完全统计，自徐六泾至吴淞口江段，就有常熟电厂、常熟造纸厂、石洞口电厂、宝钢总厂等大型直接入江排污口。此外，还有七浦塘、杨林塘、浏河、小川沙、练祁河、黄浦江等污染较严重的支流入江。黄浦江以下有 1993 年底投入运行的上海市合流污水集中排放一期工程的排污口，即竹园排放口（位于吴淞口下 10km，设计日排放量 140 万 t）；吴淞口下 27km 处有南区排污口，1999 年底该排污口并入上海市合流污水集中排放二期工程——白龙港排放口，目前该排污口日设计排放能力为 170 万 t，远期将达到 500 万 t。排污口排放的污水进入长江口水体后，通过稀释、降解、扩散，并随潮流上下回荡，在一定时段和范围内对长江口水环境造成影响。本节所要分析的两个断面位于黄浦江出口、竹园排污口和白龙港排污口之间，分别是吴淞口下 3km 南、北港断面和吴淞口下 23km 断面，所监测的水质资料能基本反映入江排污口对长江水体水环境的影响，其中吴淞口下 3km 断面按南港和北港两个断面分别进行分析。结果表明：

（1）吴淞口下 3km 北港断面。总体上看，除 TP 达Ⅳ类水外，其他水质因子都达到Ⅱ类水。非汛期水质好于汛期水质，所有指标均值符合Ⅱ类水标准。

（2）吴淞口下 3km 南港断面。黄浦江排泄的污水对该断面水质影响较大。近岸各水质因子劣于中测线；该断面无论是汛期、非汛期，除 Cl^- 外，各水质因子平均值都明显大于北港断面。大部分水质因子非汛期好于汛期。从年均值来看，TP，NH_3-N 及 COD_{Mn} 超过Ⅲ类水标准，其他水质因子都达到Ⅱ类水标准。

（3）吴淞口下 23km 断面。在距该断面上游 13km 处有竹园排污口，下游 4km 处有白龙港排污口（原为南区排污口），上下游的排污对该断面水质造成了一定影响。从各水期和年均值来看，评价结果与北港断面相近，TP 和 NH_3-N 为Ⅳ类水体，其他水质因子为Ⅱ类水体。汛期 NH_3-N 和 NO_2-N 平均值大于北港断面，达到北港断面的 2～4 倍，非汛期北港断面的 Cl^- 较南港断面有大幅度的上升，浓度超过 250mg/L，劣于Ⅴ类水。

对于重金属和挥发酚项目，采用检出率加以分析。各断面水质因子检出率汇总成果见表 4.4-2。由表可知，长江口江段重金属项目检出率较低。镉在各个断面历史系列中仅有个别样本检出，未检出率达 99.4%～100%，其次是铅和挥发酚。铜的检出率在重金属项目中最高，基本上在 60%～70% 左右。对于 Cl^- 从上游断面到下游断面，检出率由 33.9% 逐步上升到 75.5%，说明长江口上游断面受盐水入侵影响的概率比下游断面小。

表 4.4-2　　　　　　　　　部分水质因子检出率

项目	徐六泾断面	吴淞口下 3km 南港断面	吴淞口下 3km 北港断面	吴淞口下 23km 断面	水质因子检出限
挥发酚	15.6	15.3	20.1	16.8	0.002
Cl^-	33.9	50.7	61.4	75.5	10.0
砷	21.6	28.3	25.0	38.6	0.007
汞	18.3	19.5	37.2	31.1	0.0001
镉	0.6	0	0	0	0.003
铅	7.1	9.2	15.5	13.2	0.006

4.5 水环境监测与管理

长江流域水环境监测工作始于 20 世纪 50 年代中期，监测项目主要是常规水化学项目。70 年代流域内成立了专职水质监测机构，监测能力不断加强，监测断面不断增加，监测项目逐步增加了汞、铬、酚、氰化物、砷等有毒污染物。至 1992 年，流域水质监测站已达到 551 个，监测断面 680 个，基本覆盖了全流域地表水体，初步形成了现有常规监测站网规模。监测项目也由 50 年代的几项增加到 30 多项。1993 年以后，流域水环境监测能力又得到了较大发展，逐步形成了一套较完善的流域水环境监测体系，监测项目由原来的无机污染物逐步向有机、生物方向发展，并开展了省界水体、供水水源地、主要排污口等水质监测工作，已能对各种类型的水、水生生物和底质等水环境要素进行监测，监测项目已达百余项。

随着社会与经济的不断发展，进入水体的污染物基体更加复杂（目前进入水环境的化学物质已达 10 万种）、流动变异性更大、时空分布及变化更加不均。为满足社会、经济、环境可持续协调发展，必然要不断扩大监测手段和监测范围，对分析灵敏度、准确度、分辨率和分析速度等应有更高的要求。为适应水环境监测的需要，必须大力做好如下工作：

（1）水质、水量同步监测。水质、水量是水资源状况的两个重要特征参数，两者是相互联系、相互依存、密不可分的。一个没有质的量和一个没有量的质都不可能有任何实际意义。只有将两者有机地结合起来，才能客观全面地反映出水资源状况。只有实现水质、水量同步监测，才能为流域水资源管理及保护和合理开发利用水资源提供准确可靠的依据，为国民经济的可持续发展提供水资源（质、量）支撑。

（2）优化站网。由于长江流域幅员广阔，水系纵横，水环境监测线长面广、任务繁重，流域内污染物来源的时空分布仍处于一种相对随机状态。随着流域经济建设和污染的发展，现有监测站网需不断优化和补充完善。同时，结合省界水体、供水水源地、排污口等水质监测的开展，进一步强化站网功能，由单一站网向多用途站网方向发展，以充分发挥有限的人力、物力资源的作用。

（3）加强能力建设。随着流域经济建设的发展，进入水体的污染物种类日益庞杂，目前开展的常规监测项目难以满足要求，必须逐步向有机、生物监测项目发展，同时由于水质监测成果具有较强的时效性，监测手段必须向快速、自动化方向发展，并应建立快速可靠的监测信息传输系统。建设移动分析室，以有效开展突发性污染事故及动态监测。

（4）水质预测预报。水质的预测预报是水环境发展的必然要求。为了更好地为三峡、南水北调等大型水利工程及流域水资源管理服务，评价方式也应从现状评价向预测、预报方面发展，全面、客观、准确地揭示成果资料的内涵，以利于有关部门作出正确判断和提前制定对策。

5

典型区域的水文变化及其生态影响

5.1 概　　述

20世纪80年代以来，长江流域日益加剧的人类活动及其资源开发，使得江源区、重要湖泊、河口地区等生态环境发生了一些显著变化。其中，由于上、中游地区水资源开发日趋加重，流入两湖及下游的水量大幅减少。导致相关区域的水环境及水生态发生了较大的变化，冰川融化，水环境恶化，雾霾频发，土壤重金属污染严重，湖泊水质恶化，生态环境的恶化导致水生态系统紊乱，珍稀物种濒危。

5.2　三峡水库运行对库区的影响

5.2.1　三峡水库调度方式及运行过程

长江三峡水利枢纽初步设计报告确定三峡工程建设采用"一级开发，一次建成，分期蓄水，连续移民"的方案。分期蓄水按三期蓄水，逐步抬高至175m正常蓄水位。

初步设计确定的建设工期为：工程开工第11年（2003年），水库水位蓄至135m，工程开始发挥发电、通航效益；至第15年（2007年）水库开始按初期蓄水位 156m 运行；初期蓄水若干年后，水库再抬高至最终正常蓄水位 175m 运行。初期蓄水位运用的历时，可根据水库移民安置进展情况、库尾泥沙淤积实际观测成果以及重庆港泥沙淤积影响处理方案等，届时相机确定，初步设计暂定安排 6 年，即第 21 年（2013 年）水库可蓄至 175m 正常蓄水位运行。

根据 2003 年三峡水库蓄水以来的库区泥沙观测成果以及库区移民安置总体上已完成，水库库尾泥沙淤积和水库移民安置已不成为制约蓄水 175m 的因素。枢纽工程、移民安置、库区地质灾害治理等方面已具备 2008 年汛后蓄水至 175m 的基本条件。2008 年 8 月，国务院三峡工程建设委员会第十六次全体会议批准实施三峡工程 175m 试验性蓄水。三峡水库 2008 年汛末开始 175m 试验性蓄水。5 年来，按照"安全、科学、稳妥、渐进"的原则有序推进试验性蓄水工作。2008 年和 2009 年最高蓄水位分别为 172.80m 和 171.43m，2010—2012 年连续三年蓄水至 175m 水位，实现了 175m 试验性蓄水目标。

三峡工程正常蓄水位 175m，按"蓄清排浑"方式运用。初步设计阶段确定的调度原则是汛期 6—9 月为满足防洪及排沙的需要，坝前水位维持在防洪限制水位 145m 运行，仅当枝城流量超过安全泄量 $56700 \text{m}^3/\text{s}$ 时，水库拦蓄洪水，消减洪峰，坝前水位抬高，洪峰过后，仍将库水位降至 145m；汛末 10 月水库蓄水，库水位逐步升高至正常蓄水位 175m；11 月至次年 4 月为满足发电和航运需要，水库补偿泄水，但 4 月底库水位不得低于枯季消落低水位 155m；此后库水位逐步降低，至 6 月中旬降至防洪限制水位。

三峡工程运用后，根据历年实际情况和需求对库水位运用过程进行了适当调整。2003 年 6 月三峡工程进入围堰蓄水期，坝前水位按汛期 135m、枯季 139m 运行 4 年。

2006 年汛后进入初期蓄水期，坝前水位按汛期 144m、枯季 156m 运行 2 年。2008 年汛末开始进入 175m 试验性蓄水期，2008 年 9 月 28 日开始蓄水，起蓄水位 145.27m，至 11 月 4 日达到最高水位 172.80m，之后水位基本稳定在 170m 左右运行。

2009 年 1 月 1 日至 6 月 20 日，坝前水位由 169.17m 逐渐消落至 145.31m，汛期坝前水位基本控制在 144.9—146.5m 之间；9 月 15 日开始蓄水，起蓄水位 145.87m，至 11 月 24 日坝前水位达到 171.43m，为 2009 年试验性蓄水最高蓄水位；汛期 8 月初水库进行了一次防洪运用，坝前水位达到 153.53m（8 月 9 日），拦蓄洪量 42.7 亿 m^3。

2010 年 1 月 1 日至 6 月 10 日，坝前水位由 169.39m 消落至 146.5m 以下；汛期（6 月 10 日—9 月 9 日）水库进行了 7 次防洪调度，最高库水位

161.02m，累计拦蓄洪量 264.3 亿 m³，汛期平均库水位为 151.54m；9 月 10 日水库开始蓄水，起蓄水位 160.2m，至 10 月 26 日坝前水位首次蓄水至 175m，之后库水位维持在 174.5～175m 之间。

2011 年 1 月 1 日至 6 月 14 日，坝前水位从 174.66m 逐步消落至 145.66m，汛期水库实施了 4 次中小洪水调度，拦蓄洪量 247.16 亿 m³，最高运行水位为 153.84m；9 月 10 日水库开始蓄水，起蓄水位 152.24m，至 10 月 31 日库水位蓄至 175m。

2012 年 1 月坝前水位即开始从 174.67m 逐步消落，至 6 月 14 日坝前水位下降至最低 145.39m，汛期水库实施了 4 次洪水调度，拦蓄洪量 200 亿 m³，最高运行水位为 163.11m，其中 7 月 24 日三峡水库迎来蓄水成库以来的最大洪峰 71200m³/s，经水库削峰拦洪，最大下泄流量 44100m³/s；9 月 10 日，三峡水库开始蓄水，起蓄水位 158.92m，至 10 月 30 日蓄水位达到 175m。

2008—2012 年三峡工程试验性蓄水期间，长江上游发生多次较大洪水，据长江中下游地方防汛部门的要求，利用实时水雨情预测预报，在确保防洪安全、风险可控、泥沙淤积许可的前提下，进行水库滞洪调度。通过滞洪调度使洪水流量较大的 2009 年、2010 年和 2012 年汛期荆江河段沙市水位控制在警戒水位以下，有效缓解了长江中下游地区的防洪压力。

图 5.2－1 为三峡工程蓄水运用以来坝前水位过程图。可以看出，蓄水后三峡水库实际运行方式与初步设计确定的运行方式有所不同：一是初期蓄水期较短；二是试验性蓄水期的汛期实施了中小洪水调度，坝前水位抬高较多；三是试验性蓄水期汛后蓄水时间提前。

此外，试验性蓄水期间，三峡水库 2011 年开始还开展了生态调度和水库减淤调度试验。还实施了库尾减淤调度试验，重庆主城区河段冲刷 101.1 万 m³，达到了预期效果。并开展了生态调度试验，对四大家鱼的自然繁殖发生了促进作用。

5.2.2 三峡库区概况

三峡库区位于湖北省西部和重庆市中部，东南、东北与鄂西交界，西南与川黔接壤，西北与川陕相邻，地跨东经 105°44′～111°39′、北纬 28°32′～31°44′，面积约 5.8 万 km²。

三峡库区地处我国地势第二级阶梯的东缘，总体地势西高东低。主要地貌类型有中山、低山、丘陵、台地、平坝，山地、丘陵分别占库区总面积的 74.0% 和 21.7%，河谷平原占库区总面积的 4.3%。东西部海拔高程一般为 500～900m 之间，中部海拔高程一般为 1000～2500m 之间。

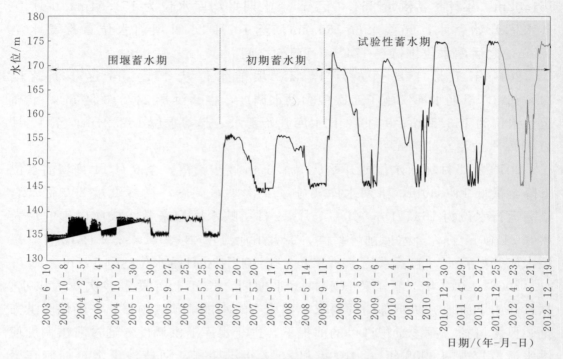

图 5.2 - 1　三峡工程蓄水运用以来坝前水位变化过程

三峡库区属亚热带季风湿润气候，年平均温度 18～19℃，多年平均年降水量约 1200mm，降水量主要集中在 6—9 月，占年降水量的 50%～65%，汛期 5—10 月降水一般占年降水量的 70%～75%。多年平均径流量 401.8 亿 m³，汛期 6—10 月径流量占年径流总量的 74.8%～81.7%。

5.2.3　库区河道特征

三峡水库正常蓄水位为 175m，相应的库区范围从坝址至上游 660～760km（江津—朱沱之间），库区面积 1084km²。三峡水库穿行于川东低山丘陵和川鄂中低山峡谷区，干流库面宽一般为 700～1700m，大部分库段河宽不超过 1000m，河宽大于 1300m 的库段仅分布在万州至丰都约 150km 库段；支流库面宽一般为 300～600m，为典型的河道型水库（图 5.2 - 2）。

其中朱沱至江津油溪段，长约 50km，两岸为起伏平缓的丘陵，地质构造为宽广的复向斜，没有峡谷，地形平缓，河床开阔，枯水河宽 300～500m，洪水河宽 600～1000m，河床组成多为卵石，部分滩口的江底层为岩盘。

江津油溪至涪陵段，长 222km，沿江地势起伏较大。长江自西向东依次横切 6 个背斜山脉，形成华龙峡、猫儿峡、铜锣峡、明月峡、黄草峡、剪刀峡等著名峡谷。当经过向斜谷地后河谷宽广，故本河段峡谷与宽谷交替出现，江

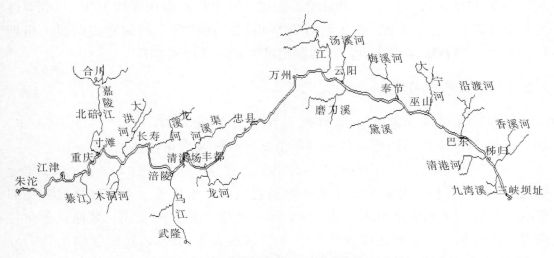

图 5.2 - 2   长江上游朱沱至坝址段的河道示意图

面宽窄悬殊，最宽处达 1500m，最窄处仅 250m。峡谷一般不长，江面狭窄，谷坡陡峭，基岩裸露，两岸山峰矗立，高出江面 300～400m；宽谷段江面开阔、岸坡缓坦，水道弯曲，两岸山峰距江较远，阶地发育，河漫滩宽，江心常有石岛，岸边则多碛坝。峡谷水急，宽谷多滩，大水阻于峡，小水阻于滩，无论大水小水，航行都不便，唯中水较佳。

　　涪陵至奉节段，长约 323km，其中上段长江流向东北方向，至万州急转向东，到白帝城入三峡。河段内河谷基本沿向斜层发育，流向与构造线一致。谷地宽阔，江面最宽处达 1500～2000m，谷坡平缓，河道弯曲，碛坝很多，两岸丘陵起伏，支沟稠密。万州以下的巴阳峡，系长江下切石质河漫滩造成，江面窄，水流急，奉节稍上是关刀峡，宽仅 150～200m，至奉节河谷又放宽。

　　奉节至坝址长 167 余 km，为著名的三峡河段，由瞿塘峡、巫峡、西陵峡三个主要峡谷段组成。峡谷为中、高山峡谷，峡谷间为低山丘陵宽谷，白帝城至庙河为碳酸盐岩夹碎屑岩中山峡谷库段，庙河至坝址为结晶岩低山丘陵宽谷段。峡谷段江面狭窄，岸壁陡峭，基岩裸露，河宽一般为 200～300m，最窄处仅 100 余 m；宽谷段江面比较开阔，岸壁平缓，汛期河宽一般达 600～800m，个别达 1000～1500m。峡谷上游的开阔段，往往形成峡口滩，呈汛期淤积、汛后冲刷的周期性冲淤变化。两岸溪流入汇，且来沙颗粒较粗，停于溪口，形成溪口滩。

　　蓄水前库区河道水面比降大，水流湍急。江津至长寿河段为 2.29‰～1.79‰，随着流量增大而减小；长寿至丰都河段为 2.15‰～1.65‰，随流量增大而增大；丰都至奉节河段为 1.9‰～0.98‰，随流量增大而减小；奉节至坝址为 3.17‰～2.07‰，随流量增大而增大。平均水面比降约为 2‰。急流滩处水面比降达 10‰以上。由于河谷宽窄相间，在峡谷上游的宽阔河段，汛期峡谷壅水，卵石输移率减小，而枯期则增大；峡谷段则相反。

5.2.4　库区气候变化

据《长江三峡工程生态与环境监测公报》2004 年、2007 年、2008 年、2014 年资料，水库不同蓄水位典型年份库区气候及变化特征如下：

（1）2003 年，库区平均气温为 18.1℃，比常年偏高 0.6℃，比 2002 年度偏高 0.2℃，气温变化幅度属正常年际变化范围，水库蓄水对库区气温变化的影响不明显。平均年度降水量为 1184mm，比常年偏多近一成，其地域分布特点为：西部偏少中东部正常或偏多。平均风速为 1.1m/s，比常年偏小 0.2m/s。平均相对湿度为 77%，接近常年。平均蒸发量为 981mm，比常年偏少二成多，地域分布特点为东部大西部小。2003 年三峡库区各站气象要素监测结果见表 5.2-1。

（2）2006 年，库区平均气温达 18.8℃，较常年偏高 1.0℃，为 1961 年以来最暖年份。平均降水量为 877.6mm，较常年偏少 244.6mm，属偏少年份。风力不大，平均风速为 1.2m/s，接近常年。平均雾日为 24 天，比常年偏少 14.2 天，是 1976 年以来雾日最少的年份。平均相对湿度为 71%，比常年偏小 7%。平均蒸发量为 1428.5mm，较常年偏多近 200mm。2006 年三峡库区各站气象要素监测结果见表 5.2-2。

（3）2007 年，库区平均气温达 18.3℃，较常年偏高 0.5℃。从气温的空间分布来看，除云阳较常年偏低外，其余地区普遍偏高。平均降水量为 1254.4mm，比常年偏多 128.3mm，属降水偏多年份。从降水的空间分布来看，各地区年降水量在 1079.9～1479.0mm 之间。风力不大，平均风速为 1.1m/s，较常年偏小 0.2m/s。平均雾日为 26 天，比常年偏少 12 天。平均相对湿度为 77%，平均蒸发量为 1236.3mm，均接近常年。2007 年三峡库区各站气象要素监测结果见表 5.2-3。

（4）2014 年，库区平均气温达 17.8℃，接近常年（17.9℃）。从气温的空间分布来看，呈现西高东低的特点。平均降水量为 1213.3mm，比常年偏多（1114.9mm）偏多 9%。从降水的空间分布来看，西多东少。巫山及其以西的地区降水量一般在 1200mm 以上，重庆、长寿等地超过 1300mm。平均风速为 1.4m/s，各月风力总体变化不大，接近常年（1.3m/s）。忠县和涪陵雾日最多，达 182 天，库区各月平均雾日数以 1 月、6 月最多，3 月、7 月最少。平均相对湿度为 77%，平均蒸发量为 878.2mm，较常年（1299.7mm）明显偏少。2014 年三峡库区各站气象要素监测结果见表 5.2-4。

表 5.2-1　　　　　　2003 年三峡库区各站气象要素监测结果

站名	平均气温 /℃	相对湿度 /%	降水量 /mm	蒸发量 /mm	平均风速 /(m/s)	日照时数 /h	雾日数 /d
重庆	18.9	80	1033.2	563.4	1.7	878.5	25
长寿	18.0	81	1078.6	1140.7	1.4	1128.0	40
涪陵	18.7	79	1168.1	706.9	0.3	1144.4	79
万州	18.7	80	1461.2	627.4	0.6	1272.5	19
奉节	18.1	74	1366.0	718.9	1.5	1356.4	5
巫山	18.5	73	1179.5	1085.1	1.0	1358.3	5
巴东	17.1	73	1113.5	1463.0	1.8	1239.8	69
秭归	17.9	78	1014.8	1306.6	0.8	1429.2	0
坝河口	16.6	81	1220.7	1135.3	1.5	1025.8	0
宜昌	16.8	79	1240.6	1219.7	1.3	1078.7	19

表 5.2-2　　　　　　2006 年三峡库区各站气象要素监测结果

站名	平均气温 /℃	相对湿度 /%	降水量 /mm	蒸发量 /mm	平均风速 /(m/s)	日照时数 /h	雾日数 /d
重庆	19.1	74	842.8	1356.4	1.4	1095.2	25
长寿	18.6	75	872.8	1354.9	1.0	1278.1	45
涪陵	19.2	72	840.3	1279.1	0.8	1287.5	55
丰都	19.4	70	857.6	1606.4	1.2	1288.2	29
忠县	18.7	74	882.7	1297.9	1.2	1241.9	45
万州	19.3	74	893.2	1416.8	0.7	1310.4	20
云阳	18.9	72	924.9	1407.1	1.2	1658.3	17
奉节	19.3	65	763.5	1481.8	1.6	1552.9	2
巫山	19.6	63	767.7	1634.4	0.6	1508.8	1
巴东	18.2	68	873.7	1698.7	2.0	1517.7	35
秭归	17.2	74	1083.8	1211.9	1.0	1625.2	3
坝河口	17.6	73	987.1	1227.7	1.4	1356.2	2
宜昌	18.0	72	927.6	1396.3	1.3	1476.9	12

表 5.2-3 　　　　　　2007 年三峡库区各站气象要素监测结果

站名	平均气温 /℃	相对湿度 /%	降水量 /mm	蒸发量 /mm	平均风速 /(m/s)	日照时数 /h	雾日数 /d
重庆	19.0	81	1439.2	1165.3	1.3	856.2	23
长寿	18.4	80	1268.1	1003.7	1.0	1165.5	37
涪陵	18.6	80	1082.2	1194.0	0.7	1203.7	61
丰都	18.9	79	1112.9	1241.7	1.2	1369.6	39
忠县	18.2	81	1266.8	1113.4	1.1	1093.0	60
万州	18.7	80	1179.0	1248.8	0.7	1174.2	17
云阳	18.4	76	1276.0	1177.4	1.0	1300.2	9
奉节	18.7	75	1079.9	1308.1	1.4	1471.1	4
巫山	19.1	68	1164.8	1347.0	0.5	1422.2	2
巴东	17.7	73	1424.6	1528.5	1.7	1275.9	30
秭归	16.9	78	1479.0	1113.3	0.9	1463.6	5
坝河口	17.2	73	1363.6	1236.5	1.5	931.5	0
宜昌	17.9	71	1171.6	1393.7	1.3	1122.8	26

表 5.2-4 　　　　　　2014 年三峡库区各站气象要素监测结果

站名	平均气温 /℃	相对湿度 /%	降水量 /mm	蒸发量 /mm	平均风速 /(m/s)	日照时数 /h	雾日数 /d
重庆	18.6	79	1437.0	908.2	1.3	—	69
长寿	17.8	80	1366.2	658.4	1.4	1019.9	66
涪陵	17.5	87	1186.8	—	1.5	1012.7	182
丰都	18.4	76	1198.4	614.1	1.4	943.0	38
忠县	17.9	82	1223.0	—	1.4	1010.3	182
万州	18.5	79	1285.6	935.8	1.0	924	43
云阳	18.2	79	1288.4	—	1.6	1135.2	85
奉节	18.3	71	1092.1	1018.7	1.8	1037.9	21
巫山	18.5	64	1158.7	—	0.5	1240.1	3
巴东	17.2	72	1178.0	1263.3	1.8	1431.9	21
秭归	16.7	76	1122.4	699.1	1.2	1323.1	1
坝河口	17.1	78	—	—	1.4	—	0
宜昌	16.5	75	1023	928.0	1.8	—	68

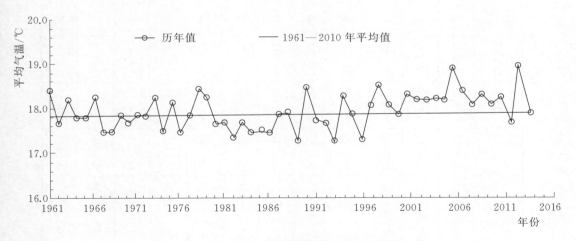

图 5.2-3 1961—2014 年三峡库区年平均气温变化
(引自《长江三峡工程生态与环境监测公报 2015》)

由图 5.2-3 可以看出，2003 年蓄水以后，库区气温较 1981—2010 年平均气温略有偏高，平均增高 0.2℃左右，但总体稳定。

5.2.5 蓄水前后水质情况

5.2.5.1 干流

2007 年 11 月（汛后）、2008 年 6—7 月（汛期）库区干流水质常规监测结果见表 5.2-5、表 5.2-6。汛后干流氨氮水平在 11 个监测断面均处于较低水平（0.0284～0.2464mg/L），平均 0.0986mg/L；总磷浓度为 0.0264mg/L（坝前）～0.1652mg/L（重庆），平均 0.646mg/L，各断面差别较大，重庆、云阳、忠县断面达到Ⅲ类水标准，其余各断面为Ⅱ类水标准。综合各断面氨氮、总磷水平，汛后干流水质总体达到Ⅱ类水标准；汛期在库区干流的 14 个监测断面氨氮水平较高（0.1457～0.3784mg/L），平均 0.2385mg/L，属Ⅱ类水标准，但汛期氨氮水平几乎是汛后的一倍；汛期干流总磷水平 0.0610～0.2845mg/L（重庆），平均 0.1339mg/L，各断面差别较大，重庆—万州段含量较高，达到Ⅲ～Ⅳ类水标准，云阳—坝前含量较低，为Ⅱ类水标准。综合各断面氨氮、总磷水平，汛期干流水质总体达到Ⅲ类水标准。

从汛期、汛后氨氮及总磷含量水平看，库区汛后水质好于汛期，干流水质全年期达到Ⅲ类水标准。汛期水质下降与地表径流输入大量的营养物质入库有关。与三峡库区水功能区划及其水质控制目标相比，大部分监测断面的现状水质基本达到水功能区划设定的水质目标，涪陵以上江段汛期水质状况相对较差。

表 5.2 - 5　2007 年三峡库区长江干流汛后水质监测结果

单位：mg/L

样点/断面	透明度/m	浊度	电导率/(mS/cm)	TDS	盐度	pH	DO	硅酸盐	TC	TN	TIN	NH₃-N	NO₃-N	NO₂-N	TP	PO₄-P	水质分类
坝前	1.10	11.2	0.48	346	0.26	7.90	8.92	8.95	13.86	0.8391	0.5633	0.1584	0.4396	0.0027	0.0264	0.0424	II
秭归	1.21	9.7	0.50	366	0.27	7.84	8.97	8.51	15.95	0.7850	0.6099	0.0342	0.5435	0.0019	0.0315	0.0087	II
巴东	1.28	9.1	0.49	364	0.27	7.91	8.59	8.27	15.29	0.8369	0.5446	0.0344	0.5283	0.0018	0.0355	0.0193	II
巫山	1.33	11.9	0.48	355	0.26	7.91	8.77	8.52	16.12	0.7648	0.4618	0.0343	0.4246	0.0033	0.0589	0.0320	II
奉节	1.28	11.9	0.46	347	0.26	7.95	8.57	8.57	14.27	0.5217	0.4646	0.0699	0.3490	0.0019	0.0359	0.0206	II
云阳	1.20	12.5	0.46	349	0.26	7.91	8.57	8.05	12.08	0.7305	0.4646	0.1084	0.4317	0.0097	0.1210	0.0217	III
万州	1.34	11.8	0.47	362	0.27	7.92	8.84	7.94	13.05	0.7204	0.7251	0.0647	0.4214	0.0017	0.0269	0.0470	II
忠县	0.80	16.2	0.47	366	0.27	7.97	9.16	6.98	20.66	0.8296	0.5955	0.0750	0.4109	0.0083	0.1097	0.0607	III
丰都	0.70	17.0	0.48	371	0.28	7.96	9.89	8.24	18.93	0.9140	0.7370	0.0574	0.5755	0.0426	0.0580	0.0288	II
涪陵	0.75	—	0.47	—	—	—	—	7.69	17.69	1.3295	0.7147	0.1844	0.4203	0.0117	0.0977	0.0502	II
长寿	0.75	63.1	0.47	368	0.28	8.00	9.88	7.98	18.91	0.7671	0.6504	0.2464	0.3064	0.0010	0.0493	0.0152	II
重庆	0.80	75.7	0.45	358	0.27	8.12	10.5	6.91	17.73	0.7525	0.5991	0.1924	0.3810	0.0049	0.1652	0.0950	III

表 5.2－6　　2008 年三峡库区长江干流汛期水质监测结果

单位：mg/L

样点/断面	透明度/m	电导率/(mS/cm)	TDS	pH	DO	硅酸盐	TC	TN	NH₃－N	NO₃－N	NO₂－N	TP	PO₄－P	水质分类
坝前	0.55	585	292	8.18	7.21	6.02	17.12	1.6093	0.2970	0.9253	0.002	0.0638	0.0328	Ⅱ
秭归	0.33	591	296	7.85	7.45	6.52	16.69	2.2087	0.2170	1.5933	0.048	0.0634	0.0266	Ⅱ
巴东	0.30	578	288	7.52	7.26	6.86	16.94	2.3990	0.1575	1.3747	0.047	0.0640	0.0298	Ⅱ
巫山	0.33	609	304	7.81	7.21	6.70	17.98	0.9123	0.1457	0.3593	0.069	0.0628	0.0359	Ⅱ
奉节	0.25	610	303	7.97	7.81	6.91	18.10	2.3457	0.2342	1.6683	0.042	0.0676	0.0407	Ⅱ
云阳	0.30	591	296	7.90	7.77	5.61	18.05	1.9437	0.1687	1.2847	0.023	0.0610	0.0367	Ⅱ
万州	0.21	530	264	7.94	7.16	5.17	18.00	1.6770	0.1824	1.0783	0.024	0.1120	0.0295	Ⅲ
忠县	0.40	554	277	7.97	7.52	5.42	15.70	1.5940	0.2397	0.9223	0.025	0.1790	0.0322	Ⅲ
涪陵	0.03	577	288	7.82	8.38	2.97	21.59	2.2680	0.2390	1.6320	0.009	0.2466	0.0379	Ⅳ
长寿	0.05	579	272	7.83	8.36	5.41	30.91	2.0690	0.3784	1.1340	0.009	0.2687	0.0441	Ⅳ
重庆	0.03	536	268	7.91	8.15	4.57	31.39	1.1930	0.3634	0.4500	0.032	0.2845	0.0277	Ⅳ

表 5.2－7　2008 年三峡水库重金属及有机物监测结果

样点/断面	Cu	Cr	Zn	Pb	Cd	Ni	As	Hg	挥发性酚	总大肠菌群	石油类
坝前	Nd	0.014	Nd	Nd	Nd	—	0.0018	0.0001	Nd	—	Nd
巴东	0.006	0.000	0.017	0.010	0.002	0.008	0.008	0.0004	0.006	>16000	0.23
高阳	0.003	0.005	0.009	0.016	0.003	0.012	0.010	0.000	0.005	16000	0.363
云阳	0.020	0.034	0.036	0.026	0.002	0.011	0.003	0.0004	0.009	>16000	0.36
忠县	0.031	0.027	0.070	0.046	0.003	0.019	0.070	0.0004	0.008	>16000	0.31
涪陵	0.060	0.140	0.105	0.069	0.005	0.029	0.010	0.0004	0.006	>16000	0.39
重庆	0.100	0.113	0.161	0.096	0.006	0.052	0.010	0.0005	0.006	>16000	0.48
标准	≤0.01	≤0.1	≤0.1	≤0.05	≤0.005	≤0.05	≤0.05	≤0.0005	≤0.005	≤5000	≤0.05

注　Nd 表示未检出；"—"表示未检测；下划线的数据表示超过《渔业水质标准》（GB 11067—1989）的要求。

2008年6月在库区干流6个样点和支流1个样点（高阳）采集水样见图5.2-4。干流6个样点的重金属及有机物监测结果见表5.2-7。按照《渔业水质标准》（GB 11067—1989），除坝前水域外，其他站点均存在超标项目，尤以重庆、涪陵断超标项目较多。检测指标中，挥发性酚、总大肠菌群和石油类为主要超标项目，说明水体的有机污染和船舶污染严重。重金属污染物中，除汞外，其他重金属均有超标现象，其中铜的含量在云阳、忠县、涪陵和重庆等站点均超标。

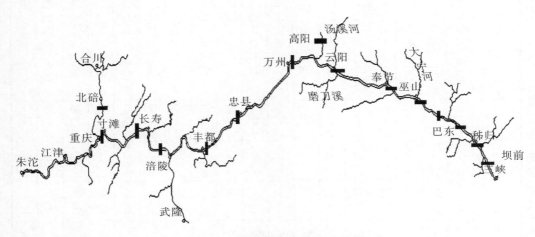

图5.2-4　库区水质采样断石分布图

5.2.5.2　主要支流

2007年11月（汛后）、2008年6—7月（汛期）库区支流水质常规监测结果见表5.2-8、表5.2-9。汛后所有支流库湾总氮水平都较高，总氮含量0.6089mg/L（桃花溪）～1.1337mg/L（黄金河），平均0.7567mg/L，按湖库标准，黄金河、童庄河达到Ⅳ类标准，其余多数为Ⅲ类水标准；支流库湾总磷水平0.0102mg/L（吒溪河）～0.5724mg/L（苎溪河），平均0.0778mg/L，各断面差别较大，按湖库标准，苎溪河为劣Ⅴ类水，朱依河、汤溪河、黄金河属Ⅴ类水，其余多数为为Ⅲ～Ⅳ类水。经综合分析各断面汛后氮、磷含量，确定苎溪河、黄金河为Ⅴ类水，龙溪河、桃花溪Ⅱ属类水，其余21条支流库湾为Ⅲ类水；汛期支流库湾总氮含量0.3920mg/L（梅溪河）～4.8370mg/L（龙溪河），平均1.8989mg/L，较汛后含量水平成倍增加，按湖库标准，梅溪河、乌江、嘉陵江、桃花溪属Ⅱ类水，草堂河Ⅲ类水，童庄河、黄金河、东溪河属Ⅳ类水标准，其余17条支流库湾为Ⅴ～劣Ⅴ类水；支流库湾总磷水平0.0160mg/L（汤溪河）～0.1912mg/L（苎溪河），平均0.0581mg/L，含量低于汛后水平，按湖库标准，苎溪河为Ⅴ类水，梅溪河、汤溪河、乌江、嘉陵

表 5.2－8　三峡库区支流库湾汛后水质监测（2007 年 11 月）

单位：mg/L

样点/断面	透明度/m	浊度	电导率/(mS/cm)	TDS	盐度	pH	DO	硅酸盐	TC	TN	TIN	NH₃-N	NO₃-N	NO₂-N	TP	PO₄-P	水质分类
曲溪库湾	2.50	7.5	0.453	352	0.26	8.00	9.53	8.05	17.04	0.7671	0.7124	0.0870	0.5387	0.0026	0.0439	0.0330	Ⅲ
松树坳	2.80	7.5	0.454	353	0.26	7.96	9.60	7.71	17.00	0.7443	0.6519	0.3114	0.3152	0.0044	0.0236	0.0184	Ⅲ
香溪河	2.00	7.7	0.459	582	0.26	8.05	9.92	7.55	18.91	0.7953	0.6456	0.1814	0.4450	0.0123	0.0582	0.0281	Ⅲ
童庄河	1.45	8.7	0.492	356	0.27	7.84	8.95	8.32	15.67	1.0479	0.8037	0.0440	0.7747	0.0018	0.0123	0.0117	Ⅲ
吒溪河	1.35	9.5	0.490	356	0.27	7.89	8.89	8.85	15.42	0.7220	0.4923	0.0485	0.4442	0.0006	0.0102	0.0089	Ⅲ
神农溪	1.20	7.2	0.485	360	0.27	7.95	8.84	7.93	14.97	0.7566	0.5290	0.0385	0.2719	0.0030	0.0190	0.0140	Ⅲ
大宁河	3.95	4.0	0.482	353	0.26	7.93	8.11	7.47	13.71	0.6893	0.5815	0.0893	0.4783	0.0020	0.0346	0.0169	Ⅲ
大　溪	1.60	9.2	0.490	365	0.27	8.05	8.90	8.30	15.44	0.6496	0.4208	0.0352	0.3784	0.0019	0.0133	0.0093	Ⅲ
草堂河	1.52	9.8	0.491	365	0.27	7.93	8.63	8.16	15.99	0.6657	0.4538	0.0161	0.4628	0.0062	0.0303	0.0299	Ⅲ
梅溪河	1.88	8.2	0.480	353	0.27	7.88	8.53	8.05	14.96	0.6880	0.4792	0.0433	0.3804	0.0039	0.0262	0.0139	Ⅲ
朱依河	1.39	10.2	0.497	371	0.28	7.92	8.25	8.33	15.07	0.6995	0.4911	0.0722	0.3888	0.0034	0.1233	0.0365	Ⅲ
磨刀溪	1.61	8.8	0.490	365	0.27	7.85	8.56	8.34	14.10	0.6487	0.5236	0.0791	0.3827	0.0042	0.0514	0.0375	Ⅲ
汤溪河	1.25	10.4	0.477	358	0.27	7.89	8.44	8.24	15.20	0.7073	0.5283	0.1316	0.3787	0.0020	0.1250	0.0554	Ⅲ
小　江	3.01	7.2	0.557	413	0.31	7.82	7.36	7.48	15.19	0.6702	0.5795	0.1095	0.4512	0.0061	0.0531	0.0326	Ⅲ
大周库湾	1.41	12.8	0.468	356	0.27	7.93	8.52	8.82	16.48	0.6444	0.4093	0.0248	0.3239	0.0032	0.0356	0.0286	Ⅲ
苎溪河	1.00	13.3	0.765	576	0.44	7.47	1.60	13.85	29.02	0.8481	0.6674	0.1335	0.5762	0.0027	0.5724	0.0543	Ⅴ
澎渡河	1.40	11.0	0.467	357	0.27	7.83	8.18	8.07	18.18	0.7641	0.6152	0.1187	0.5137	0.0022	0.0275	0.0136	Ⅲ
汝溪河	1.30	11.4	0.472	363	0.27	7.90	8.58	7.85	17.00	0.7568	0.5607	0.0472	0.4830	0.0013	0.0386	0.0324	Ⅲ

续表

样点/断面	透明度/m	浊度	电导率/(mS/cm)	TDS	盐度	pH	DO	硅酸盐	TC	TN	TIN	NH$_3$-N	NO$_3$-N	NO$_2$-N	TP	PO$_4$-P	水质分类
沿溪河	1.30	12.5	0.483	371	0.28	7.86	8.51	8.52	16.65	0.9257	0.4398	0.0264	0.3721	0.0021	0.0529	0.0458	Ⅲ
东溪河	1.16	12.6	0.521	399	0.30	7.86	8.32	7.94	17.03	0.7880	0.6976	0.0401	0.5835	0.0013	0.0278	0.0155	Ⅲ
黄金河	1.20	12.1	0.481	369	0.28	7.89	8.50	8.28	17.30	1.1337	0.7713	0.2837	0.5148	0.0052	0.1263	0.0346	Ⅴ
乌江	1.85	9.1	0.439	346	0.26	8.18	10.15	4.53	18.69	0.8832	0.6689	0.0395	0.4783	0.0492	0.1656	0.0559	Ⅲ
龙溪河	1.65	63.1	0.456	359	0.27	8.23	10.48	8.34	16.24	0.6478	0.5463	0.0965	0.2620	0.0028	0.0884	0.0295	Ⅱ
桃花溪	1.40	64.4	0.482	376	0.28	7.92	9.92	8.26	18.77	0.6089	0.5574	0.1501	0.3654	0.0016	0.0665	0.0344	Ⅱ
嘉陵江	1.60	14.2	0.514	410	0.31	7.43	9.70	8.23	20.08	0.6652	0.6282	0.3111	0.2899	0.0028	0.1186	0.0472	Ⅲ

表 5.2-9　三峡库区支流库湾汛期水质监测（2008 年 6—7 月）

单位：mg/L

样点/断面	透明度/m	电导率/(mS/cm)	TDS	pH	DO	硅酸盐	TC	TN	NH$_3$-N	NO$_3$-N	NO$_2$-N	TP	PO$_4$-P	水质分类
曲溪库湾	0.45	0.592	295	8.20	7.37	7.18	16.83	1.563	0.2117	1.134	0.005	0.0451	0.0374	Ⅲ
松树坳	0.55	0.591	295	8.05	7.97	4.21	17.24	1.627	0.1558	0.863	0.042	0.0651	0.0106	Ⅳ
香溪河	1.25	0.595	298	8.19	7.72	5.26	17.91	1.827	0.2424	1.004	0.005	0.0563	0.0239	Ⅳ
童庄河	1.30	0.556	273	8.01	10.28	6.26	14.87	1.332	0.2860	0.988	0.002	0.0385	0.0266	Ⅲ
吧溪河	1.15	0.530	264	8.52	8.79	2.73	15.31	1.522	0.2476	1.056	0.007	0.0383	0.0075	Ⅲ
神农溪	1.20	0.580	290	7.51	7.59	5.96	15.12	1.595	0.3481	1.030	0.006	0.0335	0.0113	Ⅲ
大宁河	1.15	0.579	291	8.16	7.70	5.59	21.29	1.834	0.3082	1.096	0.008	0.0514	0.0071	Ⅳ

续表

样点/断面	透明度/m	电导率/(mS/cm)	TDS	pH	DO	硅酸盐	TC	TN	NH_3-N	NO_3-N	NO_2-N	TP	PO_4-P	水质分类
大溪	0.70	0.579	282	8.75	8.16	6.37	14.75	2.187	0.3343	1.108	0.012	0.0422	0.0154	III
草堂河	1.10	0.574	287	8.48	8.48	6.02	13.63	0.699	0.2619	0.233	0.008	0.0452	0.0121	III
梅溪河	1.30	0.505	254	8.48	7.26	6.39	13.56	0.392	0.2313	0.011	0.024	0.0175	0.0032	II
朱依河	0.55	0.701	350	8.13	8.41	8.07	18.68	2.469	0.2305	1.988	0.043	0.0219	0.0043	III
磨刀溪	1.35	0.595	297	8.19	7.70	7.10	16.20	2.283	0.2363	1.523	0.121	0.0380	0.0173	III
汤溪河	1.30	0.555	276	8.26	9.16	3.93	15.29	2.070	0.1828	1.456	0.007	0.0160	0.0043	III
小江	2.30	0.676	337	7.97	7.88	6.65	13.76	1.748	0.2869	1.062	0.017	0.0370	0.0141	III
大周库湾	0.35	0.614	307	8.06	6.90	5.89	16.37	1.680	0.2891	0.814	0.021	0.0719	0.0371	IV
苎溪河	0.50	0.842	421	8.68	9.18	6.29	23.50	4.377	0.2615	2.865	0.013	0.1912	0.1375	V
瀼渡河	0.40	0.575	287	7.85	7.79	4.81	18.08	2.182	0.3289	1.221	0.010	0.0622	0.0310	IV
汝溪河	0.26	0.553	275	8.02	7.79	5.14	16.60	1.334	0.1434	0.713	0.039	0.0582	0.0212	IV
沿溪河	0.60	0.518	259	8.07	8.45	4.98	17.60	1.660	0.219	1.112	0.004	0.0588	0.0168	IV
东溪河	0.70	0.558	279	8.43	9.02	4.98	16.64	1.149	0.2040	0.520	0.013	0.0572	0.0112	IV
黄金河	0.35	0.575	288	8.50	9.27	4.14	19.27	1.287	0.2332	0.636	0.005	0.0442	0.0057	IV
乌江	1.05	0.692	346	8.07	8.72	4.59	19.99	2.234	0.2839	1.532	0.082	0.0870	0.0587	II
龙溪河	0.40	1.042	521	7.25	6.20	5.01	27.23	4.837	2.2798	1.112	0.080	0.0648	0.0097	III
桃花溪	0.50	0.692	346	7.64	7.97	5.21	23.64	2.182	0.3895	1.483	0.022	0.1136	0.0268	II
嘉陵江	0.80	0.669	334	7.82	8.13	5.08	20.72	1.402	0.3190	0.699	0.022	0.0963	0.0473	II

江、龙溪河、桃花溪为Ⅱ类水，其余 18 条支流库湾属Ⅲ～Ⅳ类水。经综合分析各断面汛后氮、磷含量，确定苎溪河为Ⅴ类水，梅溪河、乌江、嘉陵江、桃花溪为Ⅱ类水，其余 20 条支流库湾均为属Ⅲ～Ⅳ类水。

从库区 25 条支流库湾汛期、汛后氮、磷含量水平看，汛后水质好于汛期，显示支流库湾汛期有较强的外源营养物输入。综合全年水质分类情况，除梅溪河、乌江、嘉陵江、桃花溪为Ⅱ类水，多数只能达到Ⅲ～Ⅳ类水标准，苎溪河、黄金河等少数支流为Ⅴ类水。与三峡库区水功能区划及其水质控制目标相比，部分支流库湾现状水质未达到水功能区划设定的水质目标，支流库湾水质状况较差。

2008 年 6 月仅对支流小江高阳段的重金属及有机物进行监测，结果表明，总大肠菌群和石油类超标。

5.2.5.3　水质变化情况

流入水库的水主要来自河流的径流，入库水流从上游携带大量的泥沙，随着入库后水流流速逐渐减缓，悬浮的泥沙、营养物质和污染物质逐渐沉降，随着时间的推移，污染物不断积累，从而可能导致库区及部分库湾水质恶化。三峡水库蓄水后，上游某些河段形成回水区流速很小，两岸排泄的污水得不到稀释，水质显著降低。水质污染和富营养化对浮游生物、底栖生物等多种鱼类饵料生物造成严重危害，导致生物体变异，甚至使生活于其中的水生生物濒临完全灭绝的境地。

1. 浊度

2004 年丰水期三峡水库坝前水域浊度为 44.8～193.6NTU，平均值为 150.6NTU（标准偏差 32.3）；2005 年平水期浊度为 1.14～8.48NTU，平均值为 1.48NTU（标准偏差 0.44）。在调查区域内，丰水期浊度显著高于平水期。2006 年 4 月平水期，三峡水库坝前水域浊度为 1.36～14.4NTU，平均值为 1.82NTU（标准偏差为 0.54）。2005 年与 2006 年同时期浊度差异不大，相对稳定（冉祥滨，2009）。这主要是由于在平水期，水体中泥沙含量较低，颗粒物浓度不高，加之水体停留时间较长，致使颗粒物沉降，从而使水体中浊度维持在一个相对较低且稳定的水平上。

在丰水期，浊度具有表层低、底层高的分布特征，沿水流方向纵向梯度差异不大；而平水期，垂向分布差异不明显，底层浓度略高于表层。坝前水域水体中浊度的分布可能表明，三峡水库存在一定的泥沙淤积现象。研究表明，蓄水后、三峡水库改变了天然河流的泥沙运移规律，致使向下游输送的泥沙减少了 60％以上（水利部长江水利委员会，2004）。

2. pH 值

长江口门内外 2007 年各季 pH 值均高于 2004 年同期，春季和秋季还分别高于蓄水前同期。冬、春、夏和秋季口门内表层水 pH 值平均值分别为 8.09、8.13、7.99 和 8.05，底层 pH 值差异较小。

调查显示，2004 年丰水期，三峡水库坝前水域 pH 值为 7.96～9.31，平均值为 8.37（标准偏差 0.52）；2005 年平水期 pH 值为 7.87～9.33，平均值为 8.35（标准偏差 0.34）。对比丰水期和平水期，三峡水库水体中 pH 值季节性差异不大。碳酸盐风化作用是控制长江水体水化学组成的主要因素（Hu et al.，1982），长江 pH 值主要受到 HCO_3^- 浓度的影响（张立诚等，1996），因此，三峡江段水体中 pH＞7 反映了流域水化学组成的特点。与蓄水前相比（张立诚等，1996；中国环境监测总站，2004—2007），蓄水后三峡江段水体中 pH 值无明显变化，具有较好的稳定性。

3. 溶解氧

2007 年，长江口门内（河水）各季节表、底层溶解氧平均含量均低于2004 年同期，而口门外（海水）表层溶解氧平均含量高于 2004 年同期，但底层情况不同，其中冬季接近，春季偏高，夏秋季偏低。

4. 营养盐

三峡大坝的建设显著改变了河流营养盐输送的规律。三峡水库蓄水以后，由于泥沙淤积三峡水库减少了 22.5％向海洋输送的吸附态磷（禹雪中，2008），氮、磷两种营养物质的不同截留效应使得长江中下游地区的 N/P 增大。

（1）氮。在 1968 年以前，长江大通站溶解无机氮浓度较低，约为 $14\mu mol/L$（晏维金等，2001）。长江营养盐浓度逐渐上升始于 1979 年（Duan et al.，2007），在 20 世纪 80 年代，长江硝酸盐浓度增加为 $65\mu mol/L$（Edmond et al.，1985），近年来，长江水体中硝酸盐又增加了 1 倍以上（Zhang et al.，1999），高于 $114\mu mol/L$（晏维金等，2001），即相比于 1968 年，30 年间（1968—1997）硝酸盐浓度增加了近 10 倍。

曹明等观测到，总氮含量由蓄水前的年平均值 $170.0\mu mol/L$ 下降到蓄水后的 $115.7\mu mol/L$（曹明等，2006）。蓄水后初始两年（2004—2005 年），三峡水库主要入库河流氮特征为：长江朱沱断面总氮含量范围在 $68.6\sim197.8\mu mol/L$ 之间，平均值为 $110.7\mu mol/L$；嘉陵江北暗断面总氮含量范围为 $76.4\sim297.1\mu mol/L$，平均值为 $140.0\mu mol/L$；乌江武隆断面总氮含量范围为 $100.0\sim235.7\mu mol/L$，平均值为 $153.6\mu mol/L$，三条入库河流总氮含量均明显高于库区水体。在季节变化上，丰水期的总氮含量均高于枯水期。流域农业面源污染是河流氮的主要来源。溶解无机氮的含量在总氮中所占的比例在71%～93%之间，是三峡入库河流中氮的主要组成部分，其中溶解无机氮中又以硝酸盐氮为主，占70%以上，氨氮仅占8.8%左右；亚硝酸盐在溶解无机氮中的比例也较低，占10%左右（郑丙辉等，2008），总体而言，三峡水库氮季节变化规律与干流一致，但由于受到水库蓄水因素的影响，水库库尾江段与库首水域营养盐构成存在一定的差异（罗专溪等，2005），主要表现为浓度降低、溶解态比例升高、N/P比例变化等。

相对于三峡江段干流水体而言，三峡水库支流有其独特的性质，蓄水前后变化较大。三峡水库蓄水以来，香溪河和大宁河库湾均发现水华现象（况琪军等，2005；李崇明等，2007），且叶绿素浓度与库湾内营养盐呈较为显著的负相关关系（郑丙辉，2006）。另外，在三峡水库库湾还发现较为明显的泥沙淤积现象（叶绿，2006），相对于干流而言，库湾更具有湖泊型水体的特征。

（2）磷。三峡水库入库河流中总磷含量在$1.29～22.5\mu mol/L$之间。总磷含量由蓄水前的年平均值$8.84\mu mol/L$下降到蓄水后的$4.26\mu mol/L$（曹明等，2006）。蓄水后，由于水动力学条件减弱，三峡江段颗粒氮、磷浓度明显降低（禹雪中，2008）。同时，由于受到水库蓄水因素的影响，水库库尾江段与库首水域营养盐浓度、构成存在一定的差异（罗专溪等，2005），主要表现为沿水流方向浓度降低，尤其是颗粒态磷浓度；而溶解态比例升高，N/P比例降低等。

季节变化上主要表现为夏季浓度低、春季浓度高的特征（曹明等，2006）。在空间分布上，磷酸盐的分布规律是库尾的浓度高，河口的浓度低，其变化趋势与硝酸盐恰好相反。与干流较高的颗粒态磷比例不同，香溪河溶解态磷浓度较高（李凤清等，2008）。库湾中高磷与污染来源有关，主要受到香溪河上游磷矿的影响。与蓄水前相比，香溪河库湾上游磷浓度明显升高（方涛等，2006）。

（3）硅。三峡水库溶解硅浓度主要是受上游来水控制。在季节变化上，三峡江段溶解硅丰水期较高，平水期、枯水期较低（徐开钦等，2004；Ding et al.，2004）。与蓄水前长江调查数据相比（徐开钦等，2004），蓄水后，坝前干流水域溶解硅含量并没有发生明显的变化。

三峡水库江段入库输入的溶解硅为$1235.1×10^3t/a$，宜昌出库站输出的溶解硅为$1457.6×10^3t/a$。宜昌以上的上游输送溶解硅总量接近长江大通水文站的一半（48%）。Li等（2007）估算结果认为三峡每年有46亿mol溶解硅（$129.2×10^3t/a$）滞留于水库内，占入库硅负荷的10%左右，反映在河口有5%左右的通量减少，因此其影响有限。另外，三峡水库入库断面（涪陵）、长江入海断面（大通）与坝前水域溶解硅和生物硅浓度的差异、坝前水域较低的生物硅浓度以及长江低的生物硅/（溶解硅＋生物硅）比值可能表明长江受到较强程度上的水库调节，三峡水库一定程度上改变了长江上游输送硅的格局。

156m 蓄水后，水库干流各营养盐浓度变化范围较大，除溶解硅以外，其他参数最大值/最小值之比均在 2 倍以上。综合长江营养盐的研究结果，认为蓄水后三峡水库长江江段氮、磷、硅营养盐浓度变化不显著。三峡水库 N/P（118.6）远高于 16，且显著高于其他干流水体，表明三峡水库存在潜在的磷限制趋势。

5.2.6　水质条件改变

河流向湖泊过渡的过程中溶解氧的浓度逐渐降低。在水库建造初期，由于水体中有大量的有机物和营养物，深层水体中溶解氧大量消耗而得不到补充，导致溶解氧浓度降低；如果营养物质过于丰富，藻类大量爆发，引起"藻华"。藻类大量消耗水体中溶解氧，导致水体中溶解氧浓度降低，会使鱼类因缺氧而死亡。同时，水体热分层很大程度上限制水体水化学组分的混合过程，影响其分布。在水体分层期间，表层水体和深层水之间难以交换，在水库水体分层时期可能导致向下游释放大量的低溶解氧的水体，影响到河流下游区域的水质和自净化能力。储存了几个月的深层贫氧水对于水库以下几十公里的河流生物来说，有时能造成致命的危害。当大坝高水位下泄时，高速水流表面发生复氧，将空气卷吸入下泄水体中，使水体发生剧烈曝气，水体中溶解气体（N_2，O_2，CO_2）处于过饱和状态，会导致鱼体内血液中产生气泡，鱼类因气泡病而死亡。通过对三峡大坝下游至城陵矶江段的水质监测资料的分析得出，三峡建坝后，水体中溶解氧明显高于历史记录（郑守仁，2004）。

在《长江三峡水利枢纽环境影响报告书》（以下简称《三峡报告书》）中，根据"七五"国家重点攻关课题《三峡水利枢纽水温预测》的研究成果，对三峡水库水温结构、库区和坝前水温分布、下泄水温进行了详细的分析。右岸地下电站不改变三峡水库的调度运行方式，对三峡水库水温结构、坝前水温不会产生影响，但下泄水温受不同高程泄水流量的变化，会产生相应的变化。右岸地下电站对水温的影响主要分析下泄水温，坝前水温的分布直接引用《三峡报告书》中的成果。

《三峡报告书》的预测结果：三峡水库的水温结构基本上属混合型，建库后不会发生大范围的稳定水温分层现象，但在升温期，部分支流及局部干流库段可能出现短时水温分层现象。三峡水库坝前混合期垂向水温均匀，分层期垂向水温温差较小；不考虑表层水温，除枯水年和平水年升温初期，坝前垂向水温均匀，水温与天然状态保持一致。根据典型年 1965 年（平水年）和 1966

年（枯水年）的资料计算，坝前垂向水温分布见表5.2-10；典型年出流水温计算成果见表5.2-11。坝前水温垂向分布不均，致使出流水温较入流水温降低约1℃，但在两个典型年的4月下旬，出流水温预测值均已超过19℃。

表 5.2-10　三峡水库坝前垂向水温分布（典型年 4 月、5 月）　　　单位：℃

时间	水深/m	0	20	50	80	120	140	140	库底
1965 年 4 月	上旬	16.5	16.4	16.3	15.5	13.6	12.9	12.8	12.8
	中旬	18.5	18.1	17.9	17.0	14.8	13.0	12.8	12.8
	下旬	20.2	20.1	19.7	18.8	16.6	13.1	13.0	12.8
1965 年 5 月	上旬	22.1	21.9	21.6	21.4	21.0	18.7	16.4	16.1
	中旬	22.2	22.0	21.0	21.3	21.1	20.8	20.7	20.5
	下旬	23.8	23.7	23.5	23.1	22.8	22.5	22.2	22.1
1966 年 4 月	上旬	17.5	17.4	17.0	15.3	14.0	13.6	13.5	13.4
	中旬	18.2	18.0	17.6	16.4	14.4	13.7	13.5	13.4
	下旬	20.2	19.6	18.6	17.0	15.0	13.8	13.5	13.4
1966 年 5 月	上旬	22.7	22.4	21.4	20.0	18.0	15.1	13.8	13.4
	中旬	22.7	22.6	22.4	21.7	20.9	19.6	17.9	15.6
	下旬	22.4	22.3	21.1	19.8	18.8	18.5	18.3	18.1

表 5.2-11　　　　　三峡水库典型年出流水温计算成果　　　　　单位：℃

时　间	1965 年 4 月			1966 年 4 月		
	上旬	中旬	下旬	上旬	中旬	下旬
入流水温（实测）	16.6	18.3	20.5	17.8	18.2	20.3
出流水温（计算）	15.4	17.6	19.4	16.6	17.5	19.5

三峡水电站引水口中心高程为 116.10m，孔口尺寸为 9.2m×13.2m（宽×高）；右岸地下电站引水口中心高程为 119.75m，孔口尺寸为 9.6m×15.86m（宽×高）。根据典型年1965年（平水年）和1966年（枯水年）坝前垂向水温分布预测结果，结合三峡水库调度运行方案分析，每年的4月、5月水库均通过电站泄水，不存在弃水；水库泄水通过右岸地下电站泄水较通过三峡水电站其下泄水温约提高 0.1℃，均在三峡水库下泄水温预测误差范围之内，右岸地下电站运行不会明显改变下泄水温。

以上可以看出，水库下泄旬水温变化不大。

5.2.7　生物栖息地变化

三峡工程的建设和运行，使长江上游与中下游及其湖泊、河网分隔，干流约 667km 江段和区间支流下游河段被淹没，形成了类似湖泊的巨型水库，三峡库区和库尾以上干流及库区支流形成了相对独立的河库生态系统，除中华鲟、鳗鲡等典型的江海洄游型鱼类，由于大坝的阻隔将退出在库区以上干支流的分布外，绝大多数鱼类仍然存在其完成整个生活史的生态环境条件。

由于长江上游在长江流域复合生态系统中原有的生态功能定位是典型的湍急流水河流生态功能，三峡库区的形成，使库区江段原有多样性的流水环境改变，生态功能也从河流的生态功能演变为湖泊的生态功能，流水生境大幅度萎缩。库区江段原有对流水生境依赖程度高的鱼类，退缩至库尾以上和库区支流流水河段，完成生活史的空间萎缩；库区江段分布的产卵场由于河道形态结构和水文情势的变化，已不再适应这些鱼类的繁殖，除少数可适应缓流或静水环境繁殖的鱼类在库区形成新的产卵场外，多数鱼类将上溯至库尾及库区支流适宜水域繁殖，相应繁殖空间缩小。因此，库尾以上干流、库区支流多样性的流水生境的重要性更加突出，成为维持河库复合生态系统和水生生物多样性的关键。但由于经济社会的发展、人类活动的加剧，流水生境不断恶化。干支流水利水电工程建设，致使流水河段不断萎缩，河流连续性受阻，生境片段化，微生境复杂度下降；水库、电站调度和取调水，使河流水文情势的自然属性弱化，河道减水甚至脱水。河流生境的萎缩和加速恶化，对维持库区河库生态系统结构，保护水生生物多样性极为不利。

就库区而言，由于受河流来水及水库调度的影响，三峡水库和湖泊的水文特征以及水动力学条件有很大的差异，特别是三峡水库在鱼类主要繁殖期，库区水位从 175m 逐渐下降至 145m，形成水生植被贫乏的消落带，加上支流汇口也随水位涨落不断变化，一方面使产黏性卵鱼类缺少黏附机制；另一方面由于水位不断下降，黏沉性卵来不及孵化就有可能干枯死亡。三峡工程蓄水后，库区原有的流水江段变成了水库，相应地，原有的河流生态系统也将逐渐演变成水库生态系统，水生生物种群结构也将会发生相应地演变，但这种演变需要一个过程。在水库生态系统形成的初期，生态系统结构和功能不完善，也出现了一些生态问题，如小型生物大量爆发（浮游生物、小型鱼类），大型生物种群形成较为缓慢，部分生态位空置，生态过程无法有效实现，水体富营养化加剧等。

由于三峡水库形成后流水生境的萎缩和恶化，三峡水库特殊的调度方式，水库生态系统形成初期的生态特点，加上水库形成后渔政管理难度加大，渔政执法能力不足，政策法规和管理机制不适应等，出现了珍稀特有鱼类资源量进一步下降，多数流水性鱼类种群数量大幅度减少，小型缓流和静水性鱼类种群数量大幅度上升，水库生态系统结构和功能不完善，水体富营养化加剧等生态问题。

本章基于 2008 年鱼类栖息地环境和饵料生物的现状调查结果，以三峡水库鱼类栖息地为对象，采用综合评价指数法对鱼类生存环境进行评价，采用熵权法确定各指标权重系数。

5.2.7.1 评价指标体系

本项目评价指标体系包括三层评价指标体系，最高层指标为鱼类生存环境健康 A，其下的二层指标包括鱼类栖息地环境指标 B1、鱼类饵料生物指标 B2，第三层指标是在上层指标体系下具体选择若干指标因子（C1，C2，C3，…）。三峡水库鱼类栖息地环境指标 B1 包括 Cu 含量 C1、Zn 含量 C2、Pb 含量 C3、Cd 含量 C4、Ni 含量 C5、As 含量 C6、Hg 含量 C7、凯氏氮 C8、溶解氧（DO）C9、生化需氧量（BOD_5）C10、pH 值 C11、挥发性酚 C12、总大肠菌群 C13、石油类 C14、水温（T）C15、透明度（SD）C16，饵料生物指标 B2 包括浮游植物密度 C16、浮游植物多样性 C17、叶绿素 a 浓度 C18、浮游动物生物量 C19、浮游动物多样性 C20。

5.2.7.2 鱼类生存环境综合指数分级与计算

参照国内外生态评价研究的有关标准（Environment Agency UK，1997；Ladso et al.，1999；赵彦伟，2004；王华，2006；陈婷，2007；），把鱼类生存环境状态分为很好、好、一般、较差、很差五级，详见表 5.2 – 12。

表 5.2 – 12　　　　　　　　鱼类生存环境综合指数分级

分级	综合指数（CI×100）	状态
I	80～100	很好
II	60～80	好
III	40～60	一般
IV	20～40	较差
V	0～20	很差

根据三峡水库不同样点各指标的归一化数值（矩阵 B）以及通过其确定的各指标的权重（矩阵 W），通过生态系统综合健康指数计算公式，得到三峡水库鱼类生存环境的综合指数。计算公式为

$$CI = \sum_{i=1}^{n} W_i I_i$$

式中　CI——鱼类生存环境的综合指数值，其值的大小在 0～1 之间；

　　　W_i——表示评价指标在综合评价指标体系中的权重值，其值的大小在 0～1 之间；

　　　I_i——评价指标的归一化值，其值的大小在 0～1 之间。

5.2.7.3　各评价指标权重及综合指数的确定

1. 构建样本判断矩阵

首先构建三峡水库鱼类生存环境评价的 6 个样本 20 项指标的判断矩阵 **R**：

```
      0.0995 0.1128 0.1606 0.0958 0.0061 0.0515 0.0098 0.0005 0.8598 7.7000 7.5500 0.0058 1.6000 0.4780 5.0000  0.8900 0.9376 1.0867 0.0090
      0.0604 0.1401 0.1047 0.0692 0.0047 0.0294 0.0102 0.0004 1.7197 5.4000 7.7600 0.0058 1.6000 0.3900 15.000  1.1000 1.2382 2.1733 0.0030
R =   0.0310 0.0272 0.0696 0.0459 0.0032 0.0190 0.0698 0.0004 1.4187 6.8000 7.8100 0.0081 1.6000 0.3060 20.000  1.0200 1.8999 2.5242 0.1110
      0.0197 0.0339 0.0361 0.0265 0.0024 0.0114 0.0031 0.0004 1.2898 7.8000 7.3300 0.0087 1.6000 0.3620 22.000  1.2200 1.8591 3.8153 0.0560
      0.0027 0.0052 0.0094 0.0162 0.0032 0.0115 0.0104 0.0004 0.8598 7.1000 7.8400 0.0052 1.6000 0.3630 105.00  15.540 1.8625 5.1522 0.1830
      0.0058 0.0004 0.0168 0.0104 0.0022 0.0082 0.0076 0.0004 0.8598 2.0200 7.8200 0.0056 0.6000 0.2300 60.000  0.5700 1.5168 4.8741 0.1400
```

2. 归一化判断矩阵

将判断矩阵 **R** 归一化处理，得到归一化判断矩阵 **B**：

```
      1.0000 0.8044 1.0000 1.0000 0.0998 1.0000 0.0000 0.0000 0.8828 0.1554 0.0000 0.1714 1.0000 1.0000 0.0214 0.0000 1.0000 0.9667
      0.5956 1.0000 0.6299 0.6887 0.1069 0.4879 1.0000 1.0000 1.0000 0.0000 0.7241 0.1714 0.9000 0.6452 0.0354 0.7327 0.6876 1.0000
B =   0.2924 0.1916 0.3982 0.4150 1.0000 0.2491 0.0000 0.0000 0.7034 0.0946 0.8966 0.8286 0.8500 0.3065 0.0301 0.0000 0.6464 0.4000
      0.1756 0.2396 0.1768 0.1876 0.0000 0.0738 0.0000 0.0000 0.6345 0.1622 0.6207 1.0000 0.8300 0.5323 0.0434 0.0424 0.3288 0.7056
      0.0000 0.0337 0.0000 0.0674 0.0000 0.0761 0.5000 0.5000 0.7517 0.1149 1.0000 0.0000 1.0000 0.5363 1.0000 0.0389 0.0000 0.0000
      0.0320 0.0000 0.0492 0.0000 0.0000 0.0000 0.0000 0.0000 0.0000 1.0000 0.9310 0.1143 0.4500 0.2300 0.3982 0.0684 0.2389
```

3. 计算熵值

根据熵的定义及计算方法，确定评价指标体系的熵 **H**：

$$H = [0.2851\ 0.2886\ 0.2889\ 0.2912\ 0.2873\ 0.2872\ 0.2714\ 0.2803\ 0.2701\ 0.2763\ 0.3503\ 0.3293\ 0.2918\ 0.3084\ 0.3378\ 0.3303\ 0.2649\ 0.2873\ 0.3010\ 0.3136]$$

4. 权重计算

根据熵值确定三峡水库鱼类生存环境综合评价体系中各个指标的权重 **W**：

$$W = [0.0508\ 0.0506\ 0.0504\ 0.0507\ 0.0512\ 0.0507\ 0.0519\ 0.0518\ 0.0507\ 0.0515\ 0.0462\ 0.0471\ 0.0504\ 0.0492\ 0.0476\ 0.0477\ 0.0523\ 0.0507\ 0.0497\ 0.0488]$$

5. 综合指数计算与环境综合评价

根据三峡水库不同样点各指标的归一化数值（矩阵 **B**）以及通过其确定的各指标的权重（矩阵 **W**），根据生态系统综合指数计算公式，可以得到三峡水库各个样点鱼类生存环境的综合指数（见表 5.2 – 13）。根据综合指数分级标准对各样点环境进行综合评价，结果显示：重庆样点的鱼类生存环境好，涪陵和忠县的一般，云阳、高阳的较差，巴东的很差。由各样点综合指数的平均结果来看，三峡库区鱼类生存环境状况一般。

表 5.2 – 13　　　　　　三峡水库鱼类生存环境综合评价结果

评价 \\ 样点	重庆	涪陵	忠县	云阳	高阳	巴东	平均
综合指数	70.2	59.48	45.38	35.59	26.82	16.53	42.33
状态评价	好	一般	一般	较差	较差	很差	一般

5.2.8　水库运行后栖息地变化趋势

5.2.8.1　水文条件变化

2003 年、2006 年三峡水库坝前蓄水位分别达到 135m、156m，受分期蓄水的影响，库区不同江段的水位、流速、流量等水文条件已发生了显著的变化。三峡水库建成后按正常蓄水位 175m 运行时，干流库面宽一般为 700～1700m，支流河口库面宽一般为 300～600m。与天然洪水位比较，坝址处抬高约 100m，万州约 40m，涪陵约 10m，长寿约 3m。过水断面增大，滩险消除，比降减少。在流量不变情况下，流速自库尾至坝前逐渐减缓。丰水期，坝前 10km 范围内的深水区，145m 蓄水位下的断面平均流速只有 0.54m/s，而天然河道的流速为 2.66m/s。枯水期，175m 正常蓄水位下平均过水面积比天然河道增加 9 倍，断面平均流速仅为 0.17m/s 左右，仅为天然河道平均流速的 1/4 坝前深水区断面平均流速只有 0.04m/s 左右，仅为天然河道流速 1/5。支流河口的流速减小更大，在目前 139m 水位下，巫山大宁河河口段平均流速为 0.05～0.2m/s，一些季节性小河流河口段已形成死水区。乌江武隆水文站 2001 年 3 月的实测平均流量 433m³/s，对应的长江流量为 2882m³/s，根据数学模型预测，在三峡成库后按 175m 正常蓄水位运行时，乌江河口水位上涨约 40m，平均过水面积由 350m² 变为 8000m²，平均流速将由 1.10m/s 下降到 0.05m/s。小江开县段枯水期最小月平均流量仅为 2.45m³/s，在三峡水库 175m 正常蓄水位下，平均流速将仅有 0.006m/s，比天然情况下的平均流速减小 96%，近乎于死水。

5.2.8.2　水质

1. 干流

三峡水库蓄水前（2001—2002 年），干流水质以Ⅱ类、Ⅲ类为主（不包括总氮），丰水期水质比枯平期水质差；超标指标为总磷、石油类、铅。2003 年135m 蓄水期间，干流总体水质以Ⅲ类为主（不包括总氮），超标因子为总磷，超标现象出现在万州断面的枯水期，达到Ⅳ类，部分重金属及非重金属浓度有所增加。2006 年 156m 蓄水期间，干流水质有所下降，蓄水期间及蓄水后，水质受总磷和石油类污染的影响，基本为Ⅳ类，枯、平期水质较好，丰水期部分断面总磷、铅超标，水质达到Ⅴ类，甚至劣Ⅴ类；库首总体水质较好，尤其是蓄水后水质变为Ⅱ类。

库区干流总体水质保持在Ⅲ类水平，2007 年 11 月平水期水质好于 2008年 6—7 月丰水期，平水期多数断面水质达到Ⅱ类水标准，而丰水期各断面水质差别较大，部分断面达到Ⅳ类水标准，水质差，挥发性酚、总大肠菌群、石油类和铜等严重超标。

比较各年干流水质变化状况可知，三峡水库蓄水对干流水质总体影响不大。蓄水后靠近库首断面水质呈现变好的趋势，但Ⅱ类水质断面有所下降，蓄水期间部分断面水质达Ⅳ类水标准。蓄水后枯、平水期水质变好，而丰水期蓄水前后差异不大，水质差，总磷、石油类、部分重金属等超标严重。

2. 支流

2000—2008 年库区 5 条支流水质评价的统计结果（表 5.2-14）表明，除万州区的苎溪河较差外，其余河流水质均满足Ⅲ类。梅溪河、大宁河水质较好，以Ⅱ类为主；澎溪河、汤溪河次之，以Ⅲ类为主。苎溪河 2000—2003 年水质均为劣Ⅴ类，主要是氨氮和生化需氧量超标严重，2004—2006 年为Ⅳ～Ⅴ类。

2007 年 11 月及 2008 年 6—7 月 5 条支流的调查结果与往年相比，苎溪河水质依然很差，不论平水期还是丰水期均为Ⅴ类水标准；大宁河水质呈现恶化趋势，2008 年 6—7 月平水期达到了Ⅳ类水标准；梅溪河水质也略有下降，为Ⅲ类水标准。

综上所述，库区蓄水对库区支流水质影响明显，水质状况逐年下降。目前，多数支流水质只能达到Ⅲ～Ⅳ类水标准，有些支流甚至达到Ⅴ类水标准，部分支流还频频暴发水华现象，尤其是靠近库首的香溪河、大宁河、抱龙河等。

表 5.2-14   2000—2008 年库区 5 条支流水质评价结果

年份 河流	2000	2001	2002	2003	2004	2005	2006	2007[①]	2008[①]
苎溪河	劣Ⅴ	劣Ⅴ	劣Ⅴ	劣Ⅴ	Ⅳ	Ⅴ	Ⅳ	Ⅴ	Ⅴ
澎溪河	Ⅲ	Ⅲ	Ⅲ	Ⅲ	Ⅲ	Ⅲ	Ⅲ	Ⅲ	Ⅲ
梅溪河	Ⅱ	Ⅱ	Ⅰ	Ⅱ	Ⅱ	Ⅱ	Ⅰ	Ⅲ	Ⅱ
大宁河	Ⅰ	Ⅰ	Ⅱ	Ⅰ	Ⅰ	Ⅲ	Ⅰ	Ⅲ	Ⅳ
汤溪河	Ⅲ	Ⅲ	Ⅲ	Ⅲ	Ⅲ	Ⅲ	Ⅲ	Ⅲ	Ⅲ

①   本研究调查结果。

5.2.8.3   影响分析

水库蓄水后，水位抬高，水域面积显著增加，原有的河岸带变成永久水域，库区不同江段的宽度、水深、比降、河床地貌、河岸植被等均将发生较大变化。库区干流、支流，以及河湾、急流和浅滩等丰富多样的生境代之以较为单一的水库生境。

水库蓄水前的库区江段主要为急流生境，是多种鱼类的产卵场。蓄水后，原急流险滩将被淹没，库区变为缓流水域，很多鱼类的产卵场将消失，包括青、草、鲢、鳙、中华倒刺鲃、铜鱼、长鳍吻鮈等在急流中产漂流性卵的鱼类产卵场和岩原鲤、白甲鱼等在显著流水环境中产黏性卵鱼类的产卵场。对青、草、鲢、鳙四大家鱼而言，三峡水库建成后，位于库区江段的 8 个四大家鱼产卵场（图 5.2-5）因水库淹没而导致水文因素改变，丧失了产卵条件。可以推测长江上游的四大家鱼将上溯到三峡库区以上的干流，寻找合适的场所进行繁殖。由于水库可以提供比较好的肥育条件，长江上游四大家鱼的种群数量可能会增加，并使库区上游新形成的产卵场规模逐步扩大。这种生态学效应在丹江口水库修建后已经得到了实证。对于鲇、鲤、鲫、鲂、鲌等在缓流或静水中产卵的鱼类，由于水域面积增加，库湾增多，产卵场面积相应增大，但在繁殖后期可能会受到水库调度的影响。

库区人类的生产和生活是造成栖息地水质恶化的主要原因，在三峡库区入库负荷较高的背景条件下，三峡工程蓄水及调度运行使水流流速减小、扩散能力降低，造成污染物滞留，加剧了水质恶化。水库蓄水以来，水体的常规水质指标均能满足鱼类生长、繁殖的需求，部分水域的少数有毒重金属和有机物指标超标，将影响所在区域鱼类的生存、生长和繁殖，以及水体渔业功能的发挥。

图 5.2-5　库区江段四大家鱼原产卵场的位置示意图

（1）对库区干流水质的影响。试验性蓄水期间，库区干流水质基本保持在Ⅲ类水平，主要污染物浓度稳中有降，重金属浓度没有增加，粪大肠菌群浓度持续下降，五日生化需氧量浓度部分断面有所降低，差异减小，但总磷、总氮超标现象依然存在。

（2）对长江中下游水质的影响。试验性蓄水期间，长江中下游各主要城市断面水质没有明显变化，尚不能判断与水库拦蓄的关系，长江口上海断面的高营养物浓度的状况没有改变。如果按湖库标准衡量，长江中下游的总磷、总氮污染已经比较严重，大部分断面均超过Ⅲ类水质标准，也就是说，如果长江水输入湖库，本身就已经是Ⅳ类水质或者更差。

（3）对库区支流水质与营养状况的影响。试验性蓄水期间，库区 38 条主要支流监测项目存在超标现象，其中总磷、总氮污染持续加重，粪大肠菌群污染有所改善。对于干流库湾和支流回水区，水体流速缓慢，已经出现富营养化情况，库区试验性蓄水后 38 条主要支流回水区水体处于富营养的断面占20.1%～34.0%，年际间的富营养化程度变化不大，但与试验性蓄水前的2005 年相比有所上升，总磷、总氮浓度持续升高。试验性蓄水期间，库区主要支流回水区仍有水华出现，频次较 2003 年蓄水后 4 年（2004—2007 年）有所下降，但水体的富营养物质基础并没有改善，局部水域具备出现水华的条件，但全库区出现富营养化甚至水华的可能性不大。

5.3　长江中游江湖关系变迁

5.3.1　荆江与洞庭湖关系变化分析

　　洞庭湖区位于长江下荆江河段以南，湘江、资水、沅江、澧水尾闾控制站以下，跨越湘鄂两省，是承纳长江上游洪水和湘江、资水、沅江、澧水等四条支流洪水的滞洪调蓄地带。湖区现有湖泊面积 2623km²，北有松滋口、太平口、藕池口及调弦口（1959 年封堵）等四口分泄长江水沙，西南有湘江、资水、沅江、澧水四条较大支流入汇，周边还有汨罗江、新墙河等中、小河流直接入湖。这些来水来沙经洞庭湖调蓄后，由城陵矶注入长江，形成了复杂的江湖关系。

5.3.1.1　荆江三口分流分沙变化

　　荆江三口洪道由松滋口、太平口、藕池口等三口分流入洞庭湖的松滋河、虎渡河、藕池河组成（图 5.3-1），是长江干流与洞庭湖的水沙连接通道。松滋河进口东、西两支控制站分别为沙道观站、新江口站；虎渡河进口控制站为弥陀寺站；藕池河进口东、西两支控制站分别为藕池（管家铺）站、藕池（康家铺）站，以下分别简称藕池（管）、藕池（康）站。荆江三口洪道水系见图 5.3-1。其中：

　　松滋河是由松滋口分流入湖的洪道，为 1870 年长江大洪水冲击所形成，分为东西二支。东支自沙道观以下有部分汇入西支，其后在中河口又与虎渡河连通，西支自狮子口以下有一部分分流入东支。东西二支汇合后又在湖南境内再分为东、中、西三支，东支又称为大湖口河，全长 42km；中支又名为自治局河，全长 28.9km，尾端又分为两支，一支经五里河连通七里湖，另一支与东支大湖口河汇合，流经安乡后，形成松虎合流，最后进入目平湖；西支又叫官垸河，全长 35.5km，在尾端分成两支，一支直入七里湖，一支经五里河与自治局河汇合。当澧水涨水大于松滋河来水时，澧水直接经西支官垸河逆流而上流入中支自治局河。因此，西支官垸河与五里河的流向视不同来水，流向不固定。

　　虎渡河为太平口分泄江水入湖的河道，在弥陀寺以下有分支至中和口注入松滋河东支；其余部分经南闸最后汇入松虎合流。

　　藕池河系 1852 年溃口未加修复，至 1860 年长江大水，溃口逐渐冲成大河，成为长江水流分泄入洞庭湖的水道，分东、中、西三支。东支为主流，

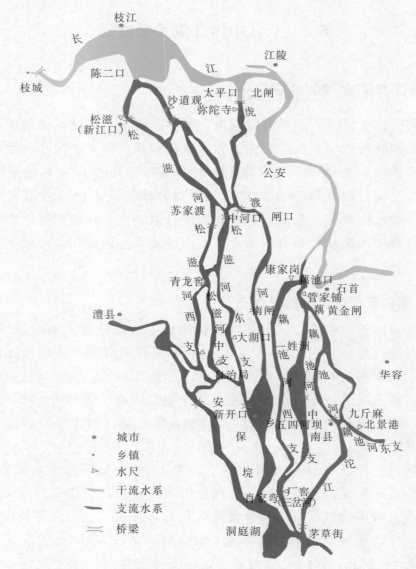

图 5.3-1　荆江三口洪道水系示意图

自藕池口经管家铺入东洞庭湖，全长 91km，称藕池东支；东支在黄金嘴处又分一支南下，称藕池中支；在梅田湖处又分一支，长 26km。中支在陈家岭处又分为东西二支，西支称陈家岭小河，东支称哑巴渡小河，东西二支又汇合南下，与藕池西支相汇后入南洞庭湖。藕池西支，又称安乡河，全长 86km。

1. 分流、分沙量比年际变化

1956—2009 年，松滋河新江口、沙道观两站多年平均年径流量之和为 400.3 亿 m³，两站多年平均年输沙量之和为 0.410 亿 t；虎渡河弥陀寺站多年平均年径流量为 152.9 亿 m³，多年平均年输沙量为 0.169 亿 t；藕池河藕池（管）、藕池（康）两站多年平均年径流量之和为 301.8 亿 m³，多年平均年输沙量之和为 0.524 亿 t。同期，枝城（1956—1991 年采用宜昌＋长阳）多年平均年径流量为 4391 亿 m³，多年平均年输沙量为 4.43 亿 t，荆江三口多年平均分流比、分沙比分别为 19.4% 和 24.6%，分沙比略大于分流比。

20 世纪 50 年代以来，下荆江裁弯、上游葛洲坝水利枢纽和三峡水库的兴建等导致荆江河床冲刷下切，同流量下水位下降，加之三口口门段河势发生了一些新的调整和变化，都对荆江三口分流分沙的变化产生了重要影响。为便于分析研究三口分流分沙变化的规律及其成因，划分五个时间段进行数据统计分析。第一阶段：1956—1966 年，下荆江裁弯以前；第二阶段：1967—1972 年，下荆江中洲子、上车湾、沙滩子裁弯期；第三阶段：1973—1980 年，裁弯后至葛洲坝截流之前；第四阶段：1981—2002 年，葛洲坝截流至三峡工程蓄水前（含 1981—1998 年和 1999—2002 年）；第五阶段：三峡水库蓄水运行后的 2003—2009 年。

由表 5.3-1 和图 5.3-2～图 5.3-5 可见，20 世纪 50 年代以来，荆江四口（调弦口于 1959 年封堵）年分流量（比）、分沙量（比）沿时程逐步衰减。2003—2009 年和 1956—1966 年比较，三口年均分流、分沙量由 1956—1966 年的 1332 亿 m³、1.96 亿 t 减少到 2003—2009 年的 490.8 亿 m³、0.13 亿 t，减幅分别达 71%、93%。2006 年，由于长江上游来水量总体偏枯、荆江干流水位较低，荆江三口年分流比仅为 6.2%，为历年最小。

2. 分流、分沙量比年内变化

三口洪道的水沙量主要来自长江干流，主要集中在 5—10 月，约占全年总量的 90% 以上。

从三口年内月旬分流比的变化过程来看，三口年内月旬分时段的分流比表现为沿时程逐渐递减的趋势，且尤以汛期减小幅度更为明显，如在本文所划分的五个时段内，7 月上旬三口分流比分别为：38%、32.9%、25.6%、22.3%、22.1% 和 16.8%；7 月中旬三口分流比分别为：38.9%、33.3%、26.8%、24.4%、22.1% 和 19.0%；7 月下旬三口分流比分别为：38.1%、33.9%、24.6%、24.4%、22% 和 19.5%。与 1981—2002 年相比，2003—2009 年 1—5 月三峡水库坝前水位逐渐消落，下泄流量有所增大（图 5.3-1），1—5 月枝城站平均流量由 6360m³/s 增大至 6990m³/s（增幅约 10%），三口分流量和分流比也有所增加 [图 5.3-2 (a)、(b)]；但汛后则由于三峡水库蓄水，下泄流量减小，9—11 月枝城站平均流量由 17410m³/s 减小至 15080m³/s（增幅约 13%），三口分流量和分流比也有所减小，9 月、10 月、11 月三口分流比分别由 20.2%、14.2%、5.9% 减小至 17.8%、9.5%、5.2% ［图 5.3 - 2 (a)、(b)］。

此外，从三口年内月旬分沙比的变化过程来看，三口年内月旬分时段的分沙比变化趋势与分流比一致，沿时程表现为递减的趋势，且尤以汛期减小幅度更为明显。

表 5.3 - 1 (a)　　荆江三口分时段多年平均年径流量与分流比　　　　单位：亿 m³

时段		枝　城	新江口	沙道观	弥陀寺	康家岗	管家铺	三口合计	三口分流比
起止年份	编号								
1956—1966	一	4515	322.6	162.5	209.7	48.8	588.0	1331.6	29%
1967—1972	二	4302	321.5	123.9	185.8	21.4	368.8	1021.4	24%
1973—1980	三	4441	322.7	104.8	159.9	11.3	235.6	834.3	19%
1981—1998	四	4438	294.9	81.7	133.4	10.3	178.3	698.6	16%
1999—2002		4454	277.7	67.2	125.6	8.7	146.1	625.3	14%
1981—2002		4441	291.8	79.1	132.0	10.0	172.4	685.3	15%
2003—2009	五	4061	235.5	54.2	93.1	4.6	103.5	490.8	12%
1956—2009		4391	298.6	101.6	152.9	18.7	279.3	851.2	19%

表 5.3 - 1 (b)　　荆江三口分时段多年平均年输沙量与分沙比　　　　单位：万 t

时段		枝　城	新江口	沙道观	弥陀寺	康家岗	管家铺	三口合计	三口分流比
起止年份	编号								
1956—1966	一	55300	3450	1900	2400	1070	10800	19590	35%
1967—1972	二	50400	3330	1510	2130	460	6760	14190	28%
1973—1980	三	51300	3420	1290	1940	220	4220	11090	22%
1981—1998		49100	3370	1050	1640	180	3060	9300	19%
1999—2002	四	34600	2280	570	1020	110	1690	5670	16%
1981—2002		46500	3170	963	1530	167	2810	8640	19%
2003—2009	五	6980	514	157	181	20	407	1280	18%
1956—2009		44300	2940	1160	1660	372	4770	10900	25%

5.3.1.2　荆江三口断流时间变化

多年以来，三口洪道以及三口口门段的逐渐淤积萎缩造成了三口通流水位抬高，沙道观、弥陀寺、藕池（管）、藕池（康）四站连续多年出现断流，

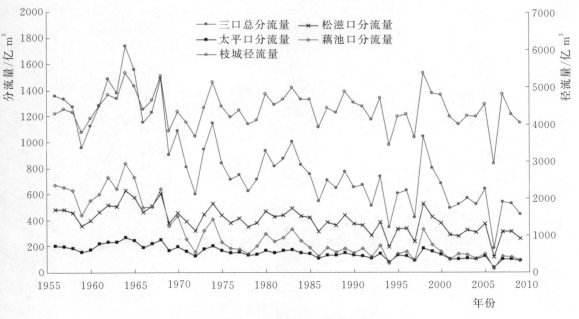

图 5.3－2（a） 荆江三口年分流量变化过程

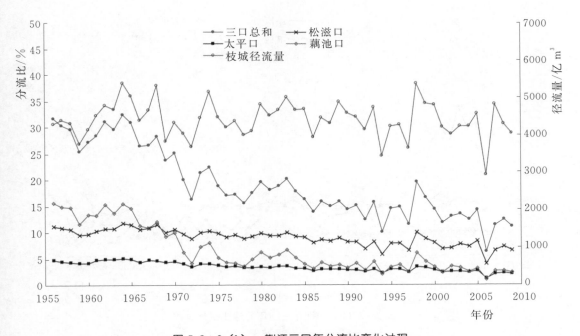

图 5.3－2（b） 荆江三口年分流比变化过程

且年断流天数增加。与 1981—2002 年相比，三峡工程蓄水运用后的 2003—2009 年，除太平口（弥陀寺）和藕池口东支（管家铺）年均断流天数变化不大外，松滋口（沙道观）和藕池口西支（康家岗）断流天数有所增加，尤

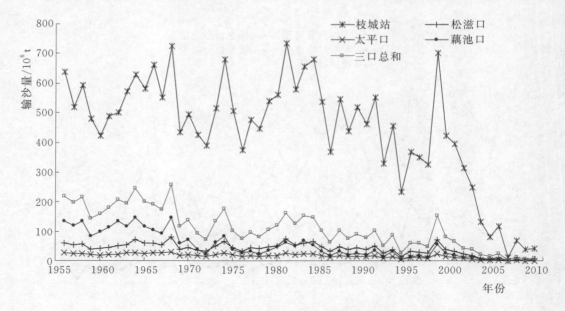

图 5.3 - 3（a） 荆江三口年分沙量变化过程

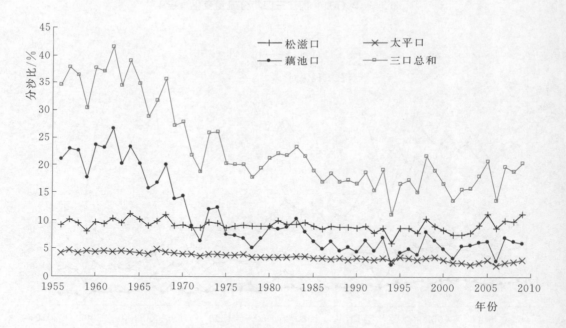

图 5.3 - 3（b） 荆江三口年分沙比变化过程

其是特殊枯水年份（例如 2006 年），沙道观、藕池（管）、藕池（康）断流期长达半年以上，而藕池（康）站甚至断流 11 个月累积长达 336 天。荆江三口控制站年均断流天数统计及断流时枝城相应流量统计见表 5.3 - 2 和图 5.3 - 6。

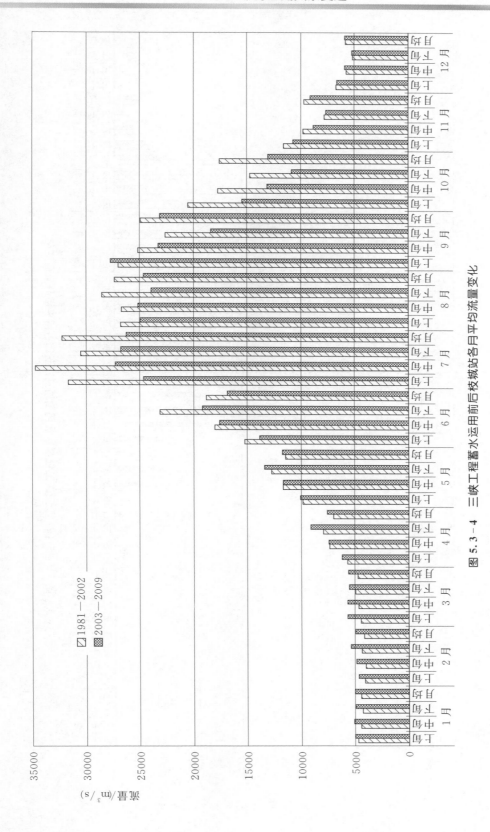

图 5.3－4　三峡工程蓄水运用前后枝城站各月平均流量变化

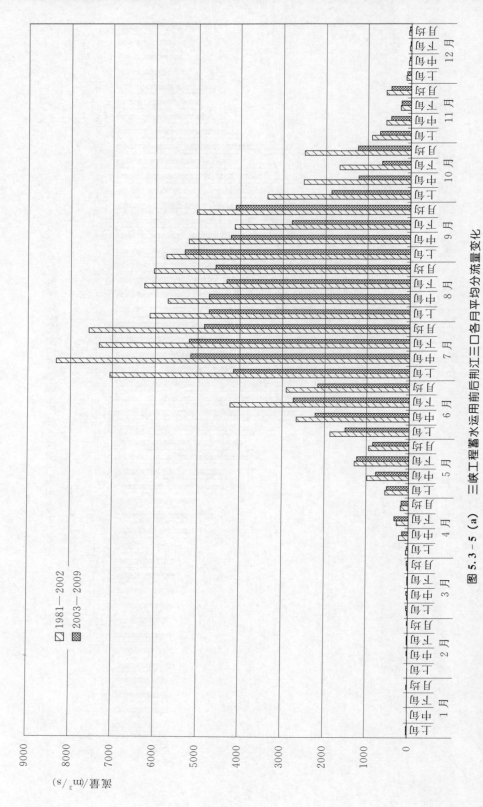

图 5.3-5 （a） 三峡工程蓄水运用前后荆江三口各月平均分流量变化

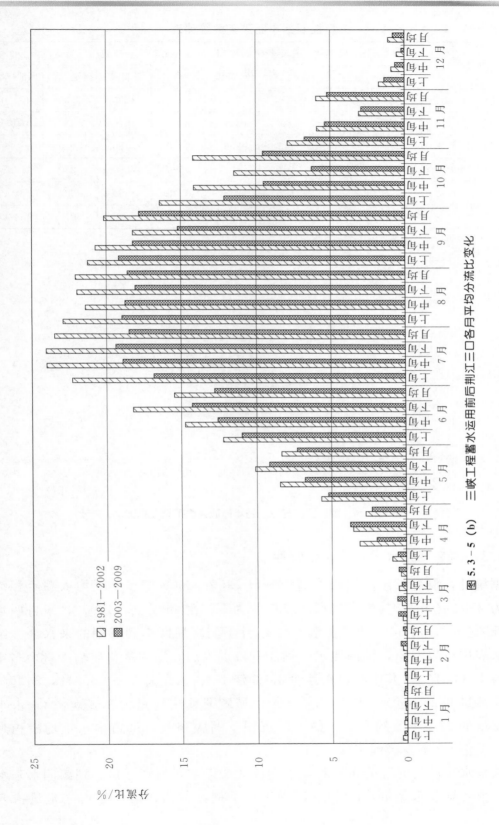

图 5.3 - 5 (b) 三峡工程蓄水运用前后荆江三口各月平均分流比变化

表 5.3-2　　　　　　　　　　三口控制站年断流天数统计表

时段	三口站分时段多年平均年断流天数/d				各站断流时枝城相应流量/(m³/s)			
	沙道观	弥陀寺	藕池(管)	藕池(康)	沙道观	弥陀寺	藕池(管)	藕池(康)
1956—1966	0	35	17	213	/	4290	3930	13100
1967—1972	0	3	80	241	/	3470	4960	16000
1973—1980	71	70	145	258	5330	5180	8050	18900
1981—1998	167	152	161	251	8590	7680	8290	17600
1999—2002	189	170	192	235	10300	7650	10300	16500
2003—2009	200	144	185	260	9730	7490	8910	15400

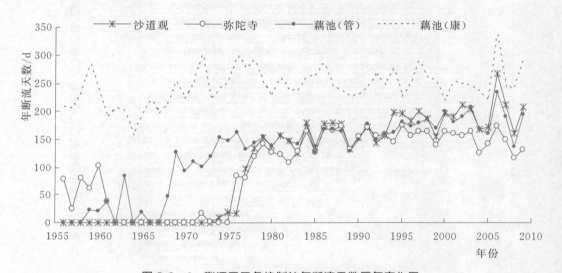

图 5.3-6　荆江三口各控制站年断流天数历年变化图

5.3.1.3　洞庭湖来水来沙及淤积特性

据统计，洞庭湖湖南四水、荆江三口 1956—2009 年多年平均入湖年径流量约为 2503 亿 m³，其中来自荆江三口的为 851 亿 m³，占 34.0%；来自四水的 1652 亿 m³，占 66.0%。表 5.3-3 统计了洞庭湖区不同时期的来水来沙组成，从表中可以看出，湖南四水、荆江三口进入洞庭湖的悬移质输沙量，多年平均为 1.337 亿 t，其中三口来沙量 1.08 亿 t，占入湖总沙量 80.8%，洞庭湖四水来沙量 0.257 亿 t，占 19.2%，经由城陵矶输出沙量为 0.370 亿 t，占来沙量总量的 27.7%。约有 3/4 的来沙沉积于湖区和三口洪道内，年均淤积量达 0.967 亿 t（不含区间来沙）。

从来水来沙的时程分布来看，下荆江裁弯以前，荆江三口、湖南四水来水量分别占入湖总水量的 46.6%、53.4%；下荆江裁弯以后，三口来水量占入

湖总水量的百分比逐步下降，1996—2002 年为 26.0%，四水来水量则上升为
74.0%。同时，三口来水量的绝对值亦急剧减小，由裁弯前的年均 1332 亿 m³
减少至 1996—2002 年的 657 亿 m³，减少 50.7%。三峡工程蓄水运用后，
2003—2009 年三口、四水来水年均值相对 1996—2002 年均有所减少，三口来
水减少 25%，四水来水减少 19%；三口、四水来水量分别占入湖水量的
24.5%、75.5%，与 1996—2002 年相比，三口来水量比例有所减小，见表
5.3-3。

随着来水量的改变，来沙量也发生相应的变化，裁弯前荆江三口来沙量占
入湖总沙量的 87.0%，四水来沙量占 23.0%；裁弯后三口来沙量逐渐减小，
入湖沙量来源组成也发生了变化，1996—2002 年占 81.5%，四水占 18.5%。
三口来沙量，由裁弯前的 1.959 亿 t，减少为 0.696 亿 t，减幅 64.5%。三峡
工程蓄水运用后，2003—2009 年三口、四水来沙量年均值相对 1996—2002 年
均有明显减少，三口来沙减少 81.6%，四水来水减沙 42.3%；三口、四水来
沙量分别占总入湖沙量的 58.6%、41.4%，与 1996—2002 年相比，三口来沙
量比例减小明显，见表 5.3-3。

表 5.3-3　　　　　　　　　洞庭湖区年均来水来沙量统计表

年份	入湖水量/亿 m³		出湖水量/亿 m³	入湖沙量/亿 m³		出湖沙量/万 t	淤积量/万 t	沉积率/%
	三口	四水		三口	四水			
1956—1966	1332	1524	3126	19590	2920	5960	16550	73.5
1967—1972	1022	1729	2982	14190	4080	5250	13020	71.3
1973—1980	834	1699	2789	11090	3650	3840	10900	73.9
1981—1988	772	1545	2579	11570	2440	3270	10740	76.7
1989—1995	615	1778	2698	7040	2330	2760	6610	70.5
1996—2002	657	1874	2958	6960	1580	2250	6290	73.7
2003—2009	491	1512	2255	1280	905	1550	635	29.1
1956—2009	851	1652	2789	10800	2570	3700	9670	72.3

在入湖总沙量历年减少的同时，出湖沙量也逐渐减少（见表 5.3-3 和图
5.3-7）：裁弯前，洞庭湖出口城陵矶站的年均出湖沙量为 0.596 亿 t，占入湖
总沙量的 26.5%；裁弯后 1996—2002 年为 0.225 亿 t，占入湖总沙量的
26.3%。三峡工程蓄水运用后，2003—2009 年洞庭湖区年均泥沙淤积量减小
为 0.0635 亿 t，沉积率也减小为 29.1%（主要是 2006 年、2008 年和 2009 年
出湖沙量大于入湖沙量，其入湖和出湖沙量分别为 1190 万 t、1520 万 t、1200
万 t 和 1520 万 t、1740 万 t、1670 万 t）。尽管洞庭湖的来水来沙组成变化较

大，然而，三口入湖沙量和四水入湖水量分别占其入湖总量中的绝对优势仍未发生根本性变化。

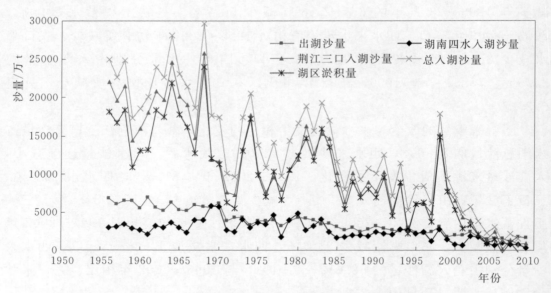

图 5.3－7 洞庭湖入湖、出湖沙量和湖区淤积量变化

5.3.1.4 洞庭湖泥沙淤积

洞庭湖原为我国第一大淡水湖，1852 年时面积曾达 6000km^2，素有"八百里洞庭"之称。随着 1860 年和 1870 年两次大水，藕池、松滋相继决口，形成荆江四口分流入洞庭湖的格局后，荆江每年向洞庭湖倾吐大量泥沙（占入湖沙量的 80% 以上）沉积在湖内，再加上大面积围湖造田，导致湖泊面积、容积逐年萎缩，湖底高程不断抬高。据资料记载，1852 年洞庭湖天然湖面近 6000km^2，至 1949 年，湖面面积减小到 4350km^2。而 1949—1995 年 46 年间，洞庭湖湖泊面积则锐减至 2623km^2，容积由 293 亿 m^3 缩小到 167 亿 m^3，由我国第一大淡水湖，沦为第二大湖。洞庭湖水面面积及容积变化见表 5.3－4。

根据湘江湘潭、资水桃江、沅水桃源、澧水石门，荆江三口松滋河（西）新江口、松滋河（东）沙道观、虎渡河弥陀寺、安乡河藕池（康）、藕池河藕池（管），以及洞庭湖出口城陵矶等控制水文站资料统计分析，1956—2009 年荆江三口河道和洞庭湖湖区泥沙淤积总量为 52.1 亿 t，年均淤积量为 0.965 亿 t，占入湖沙量的 72.3%（见表 5.3－3），若干容重按 1.3t/m^3 计，则合 7420 万 m^3。

由上分析可见，1952—2009 年三口洪道累计淤积泥沙 5.52 亿 m^3，年均淤积泥沙 0.0952 亿 m^3，按现有洪道面积 1307km^2 平摊，1952—2009 年洪道内河床平均累计淤积厚度约 0.42m，年均淤厚 0.73cm。据此估算，1956—2009 年三口洪道内淤积泥沙约 5.139 亿 m³（合 6.68 亿 t），占三口洪道和湖区淤积总量的 12.8%。

表 5.3-4　　　　　　　　　　　洞庭湖水面面积及容积变化表

年份	湖泊面积 /km²	年缩减率 /(km²/a)	湖泊容积 /亿 m³	年缩减率 /(亿 m³/a)	备注
1825	6000				
1896	5400	8.54			
1932	4700	19.45			
1949	4350	20.6	293		
1954	3915	87.0	268	5	湖泊容积为相应城陵矶水位 31.5m 时的容积
1958	3141	193.5	228	10	
1971	2820	24.7	188	3.08	
1978	2691	18.4	174	2.0	
1995	2623	4.0	167	0.41	

　　因此，1956—2009 年洞庭湖湖区淤积泥沙 45.42 亿 t，年均淤积量为 0.841 亿 t，合 6470 万 m³，按现有湖泊面积 2623km² 平摊，湖区平均淤积厚度为 1.33m，年均淤积厚度约 2.47cm。其中：1952—1995 年湖区泥沙淤积以西、南洞庭湖相对较严重，西洞庭湖主要淤积在湖泊的西北部，如七里湖、目平湖、湖州、边滩以及河流注入湖泊的口门区。其中七里湖最大淤高 12m，平均淤高 4.12m；目平湖最大淤高 5.4m，平均淤高 2.0m；南洞庭湖北部淤积较严重，西部淤积大于东部；东洞庭湖的淤积西部大于东部，南部大于北部。在四口洪道中，除松滋河东支大湖口河、藕池河东支注滋口河外，其他河段均为淤积性河道，特别时藕池河西支，鲇鱼须河，沱江等淤积尤为严重。

　　1995—2003 年，根据石门、桃源、桃江、湘潭、官垸、自治局、大湖口、三岔河、南县等洞庭湖入湖控制站及出湖—城陵矶站输沙资料统计，1995—2003 年入湖输沙量总量为 4.84 亿 t，而出湖输沙量为 1.98 亿 t，湖区淤积泥沙 2.86 亿 t。其中：西洞庭湖（含澧水洪道）泥沙沉积量为 0.52 亿 t。

　　根据 1995 年、2003 年湖区地形量算，在高程 35.00m 时，1995—2003 年南洞庭湖容积减少了约 0.9 亿 m³，泥沙淤积主要在湖州等中、高水位以上部位。东洞庭湖平均湖底高程抬高约 0.59m，见表 5.3-5。

表 5.3-5　　　　　　　　　　　东洞庭湖平均湖底高程统计表

水位/m	1978 年	1995 年	2003 年	水位/m	1978 年	1995 年	2003 年
24	22.37	22.39	22.58	30	24.01	24.36	24.56
26	23.47	23.66	23.22	32	24.03	24.38	24.61
28	23.96	24.21	23.80	34	24.04	24.38	24.63

洞庭湖湖床淤积造成四水尾闾高洪水位抬高，一方面，三角洲上的河道具有淤积向下游推进、竖向抬升和向上溯源延伸的变化，淤积向这三个方向的发展速度，决定于淤积向前推进速度。洞庭湖北缘的三角洲，由于淤积宽度不是很大，湖水较浅，故向下游推进速度快，竖向抬升和向上溯源延伸也较快，从而加速了三口洪道的淤积。另一方面，洞庭湖淤积，造成三口洪道出口水位抬升，减小了出口段河道比降，减缓了出口流速，也同时加剧了三口洪道的淤积。

另外，由图 5.3-7、图 5.3-8 可知，随着入湖沙量的减小，洞庭湖区年淤积量逐渐减少，但淤积量占入湖沙量的比例即泥沙淤积率在 42.6%（1994年）～84.0%（1974年）之间，从长系列来看则无明显增大或减小的趋势，1994 年长江上游来水偏枯，来沙量也大幅减小，枝城站年径流量、年输沙量分别为 3433 亿 m³、2.33 亿 t，分别较 1952—2000 年均值偏小 24% 和 55%，荆江三口年均入湖沙量 0.256 亿 t（较 1958—2000 年均值减小近 80%），湖南四水年均入湖沙量 0.268 亿 t（较 1958—2000 年均值减小近 7%），洞庭湖湖区泥沙淤积程度较轻。三峡工程蓄水运用后，洞庭湖入湖沙量大幅减小，湖区

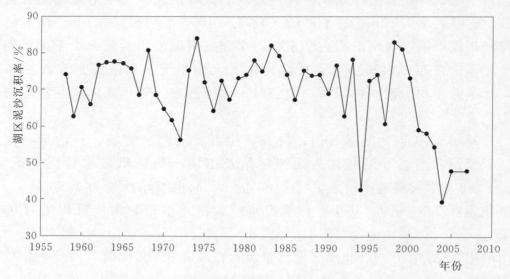

图 5.3-8　洞庭湖湖区泥沙沉积率变化

泥沙淤积量和淤积率都呈明显减小。可以预计，未来一段时间内，随着长江上游一系列大型水利枢纽的建成，长江上游沙量将进一步减小，荆江三口分沙量也将随之减小，加之湖南四水干流水库（水电站）的建成，入湖沙量也将有所减小，洞庭湖湖区泥沙淤积将有所减缓。

5.3.1.5 洞庭湖区代表站水位变化分析

洞庭湖区水位变化与湖南四水、荆江三口来水过程、湖区泥沙淤积和调蓄能力变化等因素有关。三峡水库蓄水运用后，一方面由于长江干流河床冲刷，沿程水位均有不同程度下降，荆江三口分流分沙减少，洞庭湖区泥沙淤积减缓，延缓了洞庭湖容积衰减趋势；另一方面，三峡水库汛后蓄水，下泄流量减小，而汛前水库坝前水位消落，下泄流量增加，一定程度上改变了荆江三口入湖水量年内变化过程，以及长江干流与洞庭湖之间的相互顶托作用，从而对湖区水位变化带来了一定的影响。

根据东洞庭湖的鹿角水位站、南洞庭湖的小河嘴水位站、西洞庭湖的南嘴水位站和洞庭湖出口的七里山水位站1980—2009年水位来看（图5.3-9），洞庭湖区月平均最高水位出现在7月、8月、9月，且以7月出现的频率最高。与1980—2002年相比，2003—2009年洞庭湖区1—3月平均水位略有抬升，其他各月水位均有不同程度的下降，汛后10月、11月水位下降较为明显（图5.3-9）。湖区各站水位变化情况如下：

与1980—2002年相比，鹿角水位站2003—2009年各月平均水位除3月平均水位抬高0.13m外，其他各月水位下降0.09～2.12m，其中汛后10月、11月水位分别下降2.12m、1.05m。

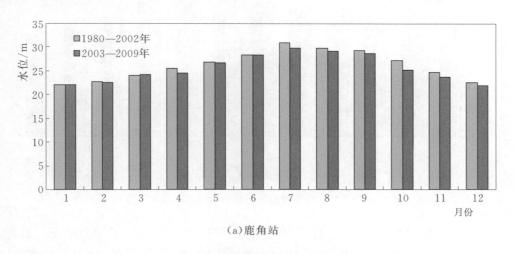

(a)鹿角站

图5.3-9（1） 洞庭湖湖区各代表水位站月均水位变化

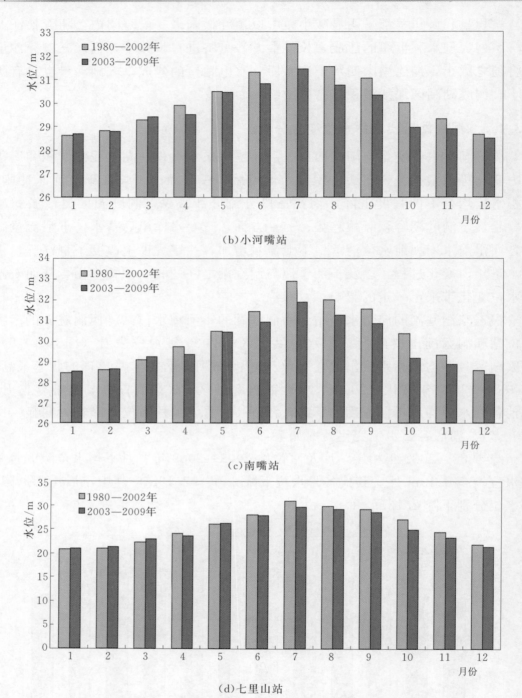

图 5.3-9（2）　洞庭湖湖区各代表水位站月均水位变化

小河嘴水位站除 1 月、3 月平均水位分别抬高 0.05m、0.13m 外，其他各月水位下降 0.02～1.06m，其中汛后 10 月、11 月水位分别下降 1.06m、0.41m。

南嘴水位站除 1 月、2 月、3 月平均水位分别抬高 0.09m、0.04m、0.13m 外，其他各月水位下降 0.04～1.21m 之间，其中汛后 10 月、11 月水位分别下降 1.21m、0.44m。

七里山水位站除 1 月、2 月、3 月、5 月平均水位分别抬高 0.29m、0.37m、0.65m、0.10m 外，其他各月水位下降 0.08～2.11m 之间，其中汛后 10 月、11 月水位分别下降 2.11m、1.01m。

5.3.2 长江与鄱阳湖关系变化分析

鄱阳湖位于江西省的北部，长江中下游南岸，是我国目前最大的淡水湖泊。它承纳赣江、抚河、信江、饶河、修水五大江河（以下简称"五河"）及博阳河、漳河、潼河之来水，经调蓄后由湖口注入长江，是一个过水性、吞吐型、季节性的湖泊。鄱阳湖水系流域面积 16.22 万 km^2，约占长江流域面积的 9%。如图 5.3-10 所示。

鄱阳湖南北长 173km，东西平均宽度 16.9km。其中，最宽处约 74km，最窄处的屏峰卡口，宽约为 2.8km，湖岸线总长 1200km。湖面以松门山为界，分为南北两部分，南部宽广，为主湖区，北部狭长，为湖水入长江水道区。湖区地貌由水道、洲滩、岛屿、内湖、汊港组成。赣江于南昌市以下分为四支，主支在吴城与修河汇合，为西水道，向北至蛺湖，有博阳河注入；赣江南、中、北支与抚河、信江、饶河先后汇入主湖区，为东水道。东、西水道在渚溪口汇合为入江水道，至湖口注入长江。

湖内洲滩有沙滩、泥滩、草滩三种类型，共 3130km^2。全湖主要岛屿共 41 个，面积约为 103km^2，主要汊港共约 20 处。根据地貌形态分类标准，全区可划分为山地，丘陵、岗地、平原四个类型，其中平原及岗地分布面积较大，约占全区总面积的 61.9%。

鄱阳湖水位涨落受五河及长江来水的双重影响，每当洪水季节，水位升高，湖面宽阔。湖口水文站水位 21.00m（吴淞基面，下同）时，湖水面积 3840km^2，容积 262 亿 m^3，平均水深 6.8m；在湖口水文站 1998 年实测最高水位 22.58m 时，湖水面积达 4070km^2，容积 320 亿 m^3。枯水季节，水位下降，洲滩出露，湖水归槽，蜿蜒一线，洪、枯水的水面、容积相差极大。"高水是湖，低水似河""洪水一片，枯水一线"是鄱阳湖的自然地理特征。

三峡工程建成后，长江中下游河道将发生长距离的冲淤变形，将会使鄱阳湖湖口水沙条件发生变化。因此，为预测三峡建库对鄱阳湖的影响，需对现状条件下鄱阳湖的水沙特性进行分析研究。

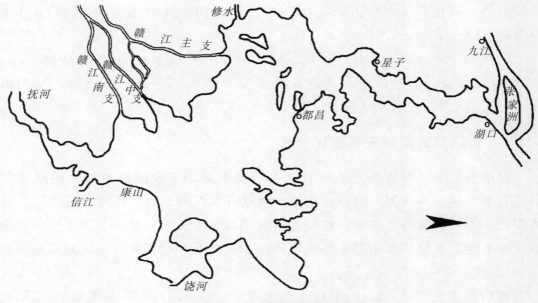

图 5.3-10　鄱阳湖水系简图

5.3.2.1　进出鄱阳湖水沙量变化

外洲、李家渡、梅港、虎山、万家埠站分别为五河入湖的控制水文站，湖口站为出湖入江的控制水文站。图 5.3-11、图 5.3-12 为鄱阳湖水系各控制水文站历年径流量和输沙量变化，从图中可以看出，鄱阳湖区外洲、李家渡、梅港、虎山、万家埠五站及湖口站年径流量变化趋势不明显。

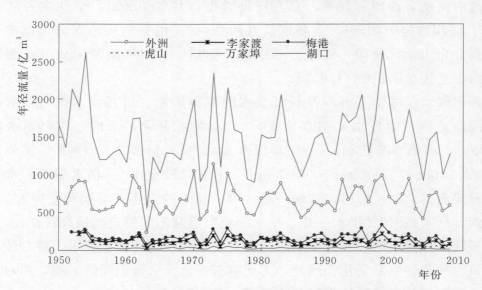

图 5.3-11　鄱阳湖水系各控制水文站历年径流量变化

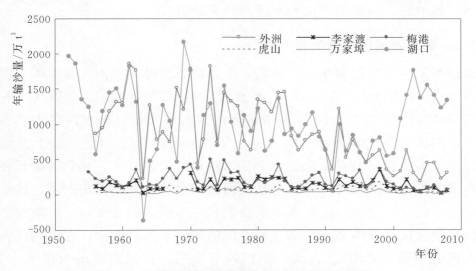

图 5.3-12 鄱阳湖水系各控制水文站历年输沙量变化

根据鄱阳湖入湖和出湖主要控制站——外洲、李家渡、梅港、虎山、万家埠、湖口站 1957—2009 年同步观测资料，五河年均入湖沙量 1300 万 t，其中：赣江、抚河、信江、饶河、修水年均入湖沙量分别为 868 万 t、136 万 t、201 万 t、56 万 t、36 万 t。泥沙入湖主要集中在五河汛期 4—7 月，占年总量的79%，其中 5—6 月占 51.3%。全年以 6 月所占比例最多，占 28.1%。9—12月和 1 月、2 月较少，6 个月总量仅占年总量的 8.9%，其中尤以 12 月最少，只占 0.5%。

通过湖口进入长江的泥沙，多年平均为 984 万 t，约占大通站的 2.5%。所有实测年份中以 1969 年最多，为 2170 万 t；1963 年最少，为 −372 万 t。泥沙出湖集中于长江大汛前的 2—6 月，占年总量的 89.7%，其中 3 月、4 月两月占 52.6%。江沙倒灌入湖是鄱阳湖泥沙运动的特征之一，长江 7—9 月大汛期间，江沙常倒灌入湖，每年平均倒灌 102 万 t，个别年的 6 月、10 月也发生过江沙倒灌。1963 年倒灌量为历年之最，达 693 万 t。

自 20 世纪 90 年代以来，除赣江外洲、信江梅港输沙量明显减小外，抚河、饶河、修水输沙量变化不明显。如外洲站年均输沙量由 1956—1990 年的1090 万 t 减小至 1991—2009 年的 473 万 t，减幅 57%，梅港站则由 233 万 t 减小至 154 万 t，减幅 34%。

2003—2009 年五河入湖水沙量出现了一定程度的减小，年均入湖总水量为 887.8 亿 m³，较多年均值（统计至 2002 年，下同）减小 19.5%；年均输沙量为 452 万 t，较多年均值减小 68.3%；鄱阳湖年均出湖水量为 1247 亿m³，较多年均值减小 15.9%，出湖年均输沙量为 1231 万 t，则较多均值增加

24.3%，经分析，与鄱阳湖出湖水道河道采砂有关。

5.3.2.2　鄱阳湖湖区冲淤变化

根据鄱阳湖主要控制站——外洲、李家渡、梅港、虎山、万家埠、湖口站水文观测资料统计，1957—2009 年五河年均入湖沙量 1300 万 t，年均出湖（湖口站）沙量 984 万 t，在不考虑五河控制水文站以下水网区入湖沙量的情况下，湖区年均淤积泥沙 312 万 t，占总入湖沙量的 24%。由于五河来沙量、时程分配不同，流态变化复杂，且河段地形差异较大，使泥沙淤积在平面上和高度上的分布都不同，导致对某些河段和水域的影响仍很严重。这是鄱阳湖泥沙运动的又一特征。流域来沙主要淤积在水网区的分支口、扩散段、弯曲段凸岸和湖盆区的东南部、南部、西南部的各河入湖扩散区。在水网区河道的淤积表现为中洲（心滩）、浅滩、拦门沙等形态，在湖盆表现为扇形三角洲、"自然湖堤"等形态。

三峡工程蓄水运用前，五河年均入湖泥沙 1425 万 t，出湖悬移质泥沙 991 万 t，在不含五河控制水文站以下水网区入湖沙量的情况下，湖区年均淤积泥沙 434 万 t；三峡工程蓄水运用后，2003—2009 年五河年均入湖泥沙 452 万 t，出湖悬移质泥沙明显增多，达到 1231 万 t，主要是受采砂扰动影响。

5.3.2.3　鄱阳湖湖区代表站水位变化

根据鄱阳湖湖区星子、都昌、康山和湖口水位站 1980—2009 年统计资料分析，与 1980—2002 年相比，2003—2009 年湖区各月平均水位均有不同程度的下降，其下降幅度为 0.24～2.62m，其中尤以汛后 10 月、11 月水位下降最为明显（图 5.3-12），其下降幅度分别为 1.41～2.62m、0.77～1.92m。湖区各站水位变化情况如下：

与 1980—2002 年相比，湖口水位站 2003—2009 年各月平均水位下降 0.23～2.51m，其中汛后 10 月、11 月水位分别下降 2.51m、1.89m［图 5.3-13（a）］。

星子水位站各月水位下降 0.60～2.62m，其中汛后 10 月、11 月水位分别下降 2.62m、1.24m［图 5.3-13（b）］。

都昌水位站各月水位下降 0.78～2.45m，其中汛后 10 月、11 月水位分别下降 2.45m、1.92m［图 5.3-13（c）］。

康山水位站各月水位下降 0.35～2.03m，其中汛后 10 月、11 月水位分别下降 1.41m、0.77m［图 5.3-13（d）］。

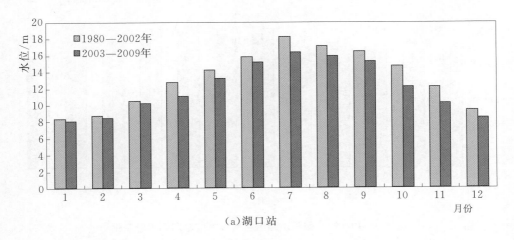

（a）湖口站

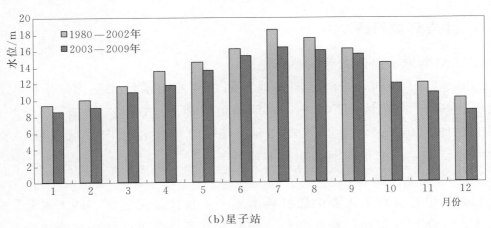

（b）星子站

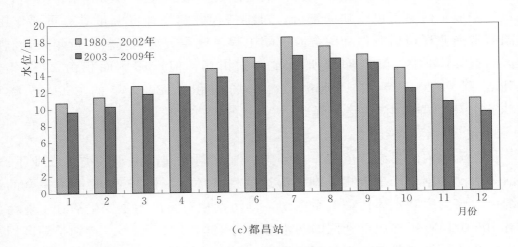

（c）都昌站

图 5.3-13（1）　鄱阳湖湖区各代表水位站月均水位变化

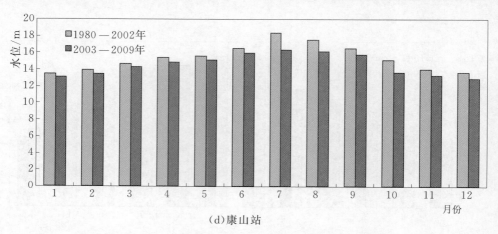

(d)康山站

图 5.3－13（2） 鄱阳湖湖区各代表水位站月均水位变化

5.3.3 主要环境问题

1. 滩地萎缩，湖泊正向演替加速

1989—2001 年间，东洞庭湖湿地空间结构发生了较大变化，水体泥沙滩地减少 106km²，减少了 20.1%；而草滩地增加了 18km²，增加了 4.7%；芦苇滩地增加了 94km²，增加了 26.5%。陆生、湿生植被向水域入侵，水域、泥沙滩地萎缩，湖泊正向演替明显加速。

2. 鱼类资源严重衰退

洞庭湖是长江鱼类重要的肥育场所之一，长江是洞庭湖"四大家鱼"的苗种来源，江湖相互依赖、相互制约。洞庭湖有多处鱼类产卵场和索饵场，它们是鱼类完成生活史不可或缺的部分，对维持种群和增加资源量具有重要作用。据湖南省渔业环境监测站和国务院三峡工程建设委员会的资料，近年来，洞庭湖区约有 45 处鲤、鲫产卵场所，34 处索饵场，但产卵场面积由 2002 年的 305km² 降到 2005 年的 163km²；索饵场面积由 2000 年的 886km² 降到 686km²，索饵群体由 78 亿尾降到 2005 年的 55.32 亿尾。

3. 湖区水体污染加重

长江流域内的巢湖、滇池、鄱阳湖、洞庭湖等湖泊由于人类工农业生产、生活等活动加剧，严重干扰了湖泊湿地的生态环境。根据 2006 年不完全的调查统计，与洞庭湖水体污染关系密切，排污量相对突出的主要生活、工业污染源有 106 个，每年排放至湖区的污水总量为 19017.24 万 t/a。特别是湖区周边的造纸企业虽然有些有一定的环保设施，但因运行成本高，大部分没有投入运行，生产废水直接排入洞庭湖中，使得水体呈现富营养化状况。目前洞庭湖水体维持在中营养水平，氮、磷含量偏高，有向富营养过渡的趋势。

4. 水文情势变化带来生态影响

洞庭湖三口水系由于河道淤积，河床抬高，水流不畅；三峡工程蓄水运用改变了枯水期水量分配，同时清水下泄、河床刷深引起水位降低。近年来出现了枯水位提前和枯水时段延长的现象，枯水期湖水位消落过早、时段延长对湿地植被演替产生较明显影响，部分区带植被由湿地类型向中生性草甸演替，对候鸟栖息生境产生了一定影响。

5. 血吸虫病流行

洞庭湖位于长江中下游地区，区内江河湖泊纵横，水网密布，气候适宜，具有血吸虫病中间宿主——钉螺生存传播的有利条件，血吸虫病流行历史久远，洞庭湖是我国血吸虫病流行最为严重的地区之一。洞庭湖疫区主要分布在湖南的长沙、株洲、岳阳、益阳、常德和湖北的荆州等 6 个地级市的 38 个县（市、区）。虽然洞庭湖区的疫情得到了有效控制，但钉螺面积没有明显减少，洞庭湖区沿湖、沿河洲滩钉螺孳生、血吸虫病严重。

5.3.4 生态影响

自然水文过程具有随机性和周期性，其动态变化是生态系统的主要驱动力，也是维系河流特征形态及环境条件的基础，水文过程不仅提供了河流生态过程的水文水力学条件，在相应的时间营造合适的生物栖息地，天然水文涨落过程也是生态系统中重要的物候信号，如鱼类洄游和产卵触发、植物种子散布传播等，都依赖于自然水文过程在年内和年际间的变化，因此，水文过程是河流生态系统的基础。

三峡水库是河道型季调节水库，具有较大的调节库容，对水文过程完整性的影响主要表现在：上游由于水库的蓄水导致水位抬高，使水位处于非自然状态，10 月，库水位逐步升高至 175m，少数枯水年份蓄水过程延续到 11 月。11 月至次年 4 月底，水库尽量维持在较高水位，使水电站按电网调峰要求运行。当入库流量小于电站发电保证出力的流量要求时，动用调节库容，库水位下降，但 4 月末以前，库水位不低于 155m，5 月开始进一步降低水位至防洪限制水位，5 月 31 日库水位降至 155m，为腾出防洪库容，6 月 1—10 日，水库水位降至防洪限制水位 145m。汛期 6 月 10 日—9 月 30 日，水库在正常调度方式下，一般维持防洪限制水位 145m 低水位运行。

下游水文过程年内和年际间的流量变幅减小，以及接近恒定流状态的流量持续时间增长，过程趋于均一化；洪峰流量减小，中小洪水减弱，中水流量持续时间增加，枯水流量加大。以宜昌水文站为例，三峡水库蓄水前（1882—2002 年）多年平均流量为 14219m³/s，蓄水后多年平均流量为 12407m³/s，流

量减少 $1812 \mathrm{m}^3 / \mathrm{s}$，约占建坝前的 12.7%。三峡水库蓄水后，1 月、2 月、3 月流量增加，其他月份都有不同程度的下降，并且 7 月、8 月、9 月、10 月、11 月下降明显（图 5.3 - 14，图 5.3 - 15）。

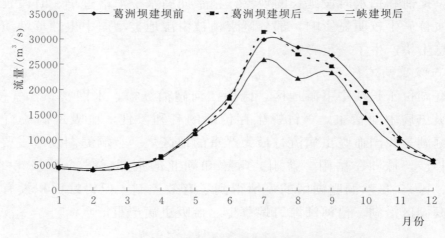

图 5.3 - 14　建坝后多年月均流量变化

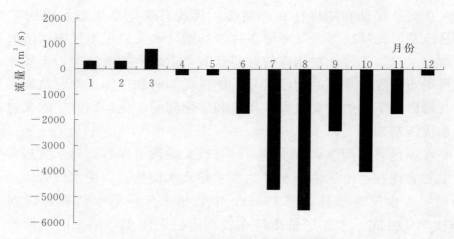

图 5.3 - 15　建坝前后多年月均流量差值

　　三峡水库蓄水后多年平均极大、极小流量值变化如图 5.3 - 16 和图 5.3 - 17 所示。三峡建坝后各月除 2 月、3 月外，其他月份均低于建坝前流量，其中 7 月、8 月、9 月减少最为明显；由图 5.3 - 17 可知，建坝后除 10 月、11 月低于建坝前极小值流量外，其他各月均高于建坝前，其中 9 月最为明显。

　　总的来看，三峡水库较大的水流调节作用，改变了库区的水文过程自然动态变化，库区水位处于人工调节状态，水位较建坝前升高，水深变大，流速变小。在消落期水位下降较大，形成大面积的消落区，支流汇合口也随库区水位下降而下降，使产黏性卵鱼类缺少黏附基质，由于水位不断下降，黏沉性卵来

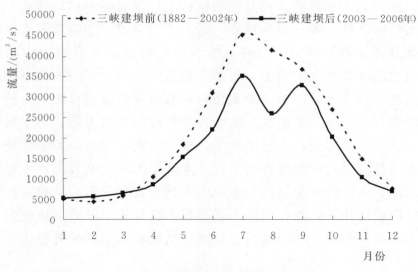

图 5.3 - 16 三峡建坝后极大值流量变化

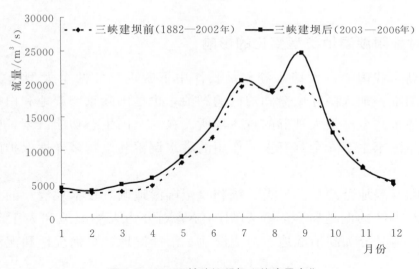

图 5.3 - 17 三峡建坝后极小值流量变化

不及孵化可能干枯死亡。下游由于水库的削峰作用，丰水期的洪水流量减少，洪水过程呈现峰型平坦，持续时间长。枯水期 10 月、11 月由于水库蓄水下游流量减小，而在 1 月、2 月、3 月较自然状态流量增加。

鄱阳湖作为长江流域最大的通江湖泊，成为长江中下游地区最大的天然调蓄洪区和水源涵养区。作为调蓄洪区还可以有效地削减洪峰，减轻长江中下游地区，尤其长江三角洲经济发达地区的洪水威胁；作为水源涵养区，枯水季节为长江下游补充大量清洁淡水（约 60 亿 m³，Ⅱ类、Ⅲ类水质），对下游城市供水、南水北调和航运发挥着巨大作用。

此外，江湖之间在物质交换与生物结构上，也有多方面的联系。入湖的河流带来了大量的泥沙及各种营养物质，带来了污染物，影响着湖水水质和生物的生长、栖息和繁育；同时，江河又给湿地生物提供了更大的活动空间，如江、湖、海之间的某些洄游鱼类，每年春初从海中经长江进入鄱阳湖或溯河而上到一定河段产卵繁殖，产卵后的亲鱼可在鄱阳湖中索饵育肥，立秋前后幼鱼出湖，又沿着长江到海洋中生长。湖区各种各样的生境类型，每年又吸引着大量的鹤类、鹳类等珍稀候鸟来这里越冬，成为亚洲最大的鸟类越冬地。

水分条件是湿地形成和发育的关键，水环境因子影响着湿地生态系统的类型结构与功能，水位的变化制约着湿地的生物生长和分布。植被发育与淹水时间、出露时间密切相关，故在洲滩不同高程上发育着不同的湿地类型和植被类型。一旦水文条件改变，将引起湿地类型、结构和功能的显著变化。

5.4 三峡水库运行对鄱阳湖区的影响

5.4.1 对鄱阳湖湿地类型变化的影响

鄱阳湖是我国第一大淡水湖，是长江中下游现存的两个大型通江湖泊之一，是我国唯一加入国际生命湖泊网的湖泊，也是国际重要湿地和白鹤、东方白鹳等珍稀水禽全球最大种群的越冬场所。在《全国生态功能区划》中，该湖属于对保障国家生态安全具有重要作用的洪水调蓄和生物多样性保护的极为重要区。

与国际《湿地公约》的分类系统和《全国湿地调查技术规程》的分类系统相衔接以及本区的湿地特点，将鄱阳湖湿地划分为天然湿地和人工湿地两大类。天然湿地又分为湖泊湿地、河流湿地、沼泽湿地、草甸湿地和泥沙滩五个湿地型。

在水域面积中，湖泊湿地与河流湿地难以区分。河床地貌结构由水下河道、天然堤—漫滩堤外湿地组成，河道高程一般在 9.00m 以下，故当枯水季节水位退到 10.00m 以下，湖区水面主要集中在河道和松门山以北的河道型通江水体之中，南部湖底高程以 10.00～12.00m 为多，湖床平坦，体现了大面积浅水湖泊湿地的特点。

沼泽湿地分布在陆地和水体生态系统的过渡区域，由于常年或季节性浅层积水，土壤过度湿润，形成一个较为稳定的水—土界面和厌氧环境，生长着以南荻—芦苇和多种苔草为主的沼生植被。

河流入湖泥沙淤积形成的河口三角洲，是各类湿地的复合体，其上除河道外，还有众多的大小湖泊和大面积的沼泽、草甸湿地，总面积达 1509km²，占湖区总面积的 48.1%，是候鸟的集中栖息地。其中，赣江西支与修水河口三角洲位于鄱阳湖西部，以吴城镇为中心，包括国际重要湿地鄱阳湖国家级自然保护区。三角洲上有大小湖泊 20 多个，当吴城水位在 16.00m 以上时与大湖完全连通。赣江中支、南支与抚河河口三角洲位于鄱阳湖西南部，是湖区面积最大的三角洲，南矶山湿地国家级自然保护区坐落在区内。信江、饶河、昌河河口三角洲位于鄱阳湖东南部、面积较小，区内有白沙洲县级自然保护区和鄱阳国家湿地公园。

在星子水位（吴淞高程，下同）为 18.00m 的情景下，鄱阳湖淹没的草洲和泥沙滩面积（3105.28km²）占自然水面最大集成面积（3134.5km²）的 99.0%，即草洲和泥沙滩几乎全部被淹没，也就是淹没面积与湖区具有的各湿地类型面积相当。在被淹没的草洲中包括以芦苇—荻高草丛沼泽湿地 124.4km²，苔草矮草丛沼泽湿地 616.83km²，杂类草草甸湿地 692.87km²，泥沙滩及其上的稀疏植被面积 611.56km²。在水域中还分布有大面积的沉水植物和浮（叶）水植物。被淹没的各类植被和泥沙滩总面积 2045.56km²。

根据三峡水库优化调度方案，工程正常运用后改变了长江中下游天然的径流过程，主要表现在：

（1）5 月 25 日—6 月 10 日，坝前水位由 155m 降至 145m，较天然情况增加流量约 3800m³/s；

（2）9 月 15 日—10 月 31 日（遇特枯水年，这一过程就将延续到 11 月），水库蓄水量 221.5 亿 m³，日均减少流量约 5500m³/s；

（3）1—3 月枯水期，三峡按保证出力流量 5800m³/s 下泄，较天然情况增加 1000～2000m³/s。

提前泄水期对湖口水位影响：选取 1935 年、1954 年、1991 年、1995 年、1996 年、1998 年和 1999 年实际洪水为典型进行计算（见表 5.4-1）。成果表明：三峡水库提前泄水使湖口水位有所抬高。但由于干流水位一般不超过 18m，对五河出流的影响不大，对湖口附近区的超额洪量无影响。

表 5.4-1　　　　　　　　三峡水库泄水期对湖口水位影响

典型年	水位抬高最大值/m	出现日期	影响期	影响期内水位抬高平均值/m
1935	0.29	6 月 8 日	5 月 31 日—6 月 15 日	0.18
1954	0.36	6 月 14 日	5 月 30 日—7 月 2 日	0.23
1991	0.58	6 月 11 日	5 月 30 日—7 月 8 日	0.34

典型年	水位抬高最大值/m	出现日期	影响期	影响期内水位抬高平均值/m
1995	0.43	6月14日	5月30日—7月5日	0.27
1996	0.47	6月12日	5月29日—7月8日	0.29
1998	0.76	6月12日	5月31日—7月2日	0.36
1999	0.60	6月3日	5月31日—7月4日	0.34
平均	0.50			0.29

　　鄱阳湖是一个开放型的湿地生态系统。首先，鄱阳湖与长江有着紧密的水力联系，鄱阳湖承接"五河"之水，经调蓄后汇入长江，多年平均经湖口站出湖水量为 1436 亿 m³，入江水量占长江年径流量的 15.5%，超过黄河、淮河和海河三河水量的总和。

　　作为长江流域最大的通江湖泊，成为长江中下游地区最大的天然调蓄洪区和水源涵养区。作为调蓄洪区还可以有效地削减洪峰，减轻长江中下游地区，尤其长江三角洲经济发达地区的洪水威胁；作为水源涵养区，枯水季节为长江下游补充大量清洁淡水（约 60 亿 m³，Ⅱ类、Ⅲ类水质），对下游城市供水、南水北调和航运发挥着巨大作用。

　　此外，江湖之间在物质交换与生物结构上，也有多方面的联系。入湖的河流带来了大量的泥沙及各种营养物质，带来了污染物，影响着湖水水质和生物的生长、栖息和繁育；同时，江河又给湿地生物提供了更大的活动空间，如江、湖、海之间的某些洄游鱼类，每年春初从海中经长江进入鄱阳湖或溯河而上到一定河段产卵繁殖，产卵后的亲鱼可在鄱阳湖中索饵育肥，立秋前后幼鱼出湖，又沿着长江到海洋中生长。湖区各种各样的生境类型，每年又吸引着大量的鹤类、鹳类等珍稀候鸟来这里越冬，成为亚洲最大的鸟类越冬地。

　　水分条件是湿地形成和发育的关键，水环境因子影响着湿地生态系统的类型结构与功能，水位的变化制约着湿地的生物生长和分布。植被发育与淹水时间、出露时间密切相关，故在洲滩不同高程上发育着不同的湿地类型和植被类型。一旦水文条件改变，将引起湿地类型、结构和功能的显著变化。

　　根据长江中下游的水文情势，经分析选择 1983 年（丰水年）、1961年（中水年）、1972 年（枯水年）和 2003 年 10 月—2004 年 5 月、2006 年10—12 月作为典型年，计算三峡蓄水、枯水期对湖口水位、鄱阳湖出流的影响（表 5.4-2，表 5.4-3）。

表 5.4-2　　　　三峡水库蓄水期对湖口水位、出湖水量影响

典型年	影响期 （工程前后水位差值<0.1m）	影响期水位降低 平均值/m	水位降低最大值 /m	9月15日—10月31日 出湖流量增加值/亿 m³
1983	9月21日—12月4日	0.90	1.41	35.35
1961	9月16日—11月30日	0.81	1.80	16.91
1972	9月21日—12月1日	0.87	1.76	19.96
2003	9月20日—12月2日	0.88	1.44	13.70
2006	9月22日—12月17日	0.77	1.65	14.71
平均		0.85	1.61	20.13

表 5.4-3　　　　三峡水库枯水期对湖口水位、出湖水量影响

典型年	12月1日— 次年4月30日 水位影响平均值/m	11月1日至次年4月30日			
		三峡工程建成前 总出流/亿 m³	三峡工程建成后 总出流/亿 m³	总出流量变化 /亿 m³	湖口水位抬高 /m
1983	0.07	482	467	−15	0.15
1961	0.25	408	388	−20	0.45
1972	0.29	866	839	−27	0.63
2003	0.10	240	232	−8	0.14
平均	0.18	499	482	−17	0.34

　　鄱阳湖在三峡蓄水期的出流比三峡建库前大，湖区水位在10—11月下降较多；枯水期，在12月至次年4月，三峡下泄流量较建库前有所增加，下游水位相应抬升，湖区出流量较建库前有所减少。3月底、4月初，湖口水位较建库前抬高0.15~0.63m，但均在16.00m以下。

　　鄱阳湖是一个过水性、吞吐型湖泊，在洪、枯水期湖泊水位、湖泊面积、湖体容量的变化都极大。每年4—9月为汛期，湖水水位上涨，鄱阳湖一片汪洋，烟波浩渺。湖口水文站水位21.00m（吴淞高程，下同）时，湖水面积3840km²，容积262亿m³；当达到湖口水文站最高水位22.59m（2008年7月31日）时，湖水面积4070km²，容积320亿m³。10月至翌年3月为枯水期，水位大降，湖水归槽，形成大面积的草洲、滩地和浅水区，草洲、泥滩和沙滩面积达到2100km²左右；当湖口水文站达最低水位5.9m（1963年2月6日）时，湖水面积仅146km²。夏季7月与冬季1月的水位相差一般在10m左右，年际间最高与最低水位相差达16.69m。水位的巨大变化，形成水位高时以湖泊湿地为主体，水位低时以草洲上的沼泽和草甸湿地为主体，呈现夏水冬陆的水陆交替景观，即所谓"洪水一片水连天""枯水一线滩无边"。

　　水位的变化主要受制于"五河"流域和鄱阳湖区降水量的变化。鄱阳湖区主要站多年平均降水量为1542mm。年际变化大，最大年与最小年降水量的比

值在 2.0～3.5 之间，年降水变差系数（C_v）为 0.15～0.25。降水量的历年变化呈现震荡状态，丰枯交替；年内分配也很不均匀，春季阴湿多雨，夏季晴热少雨，但遇强台风影响，也可产生大暴雨。近几年鄱阳湖流域处于枯水水文周期，这是湖区水位下降的主要原因。一旦"五河"流域和鄱阳湖区降水量增多，水位即迅速升高。

5.4.2 对鄱阳湖的湿地植被的影响

水位（Water level）是影响水生植物生长和繁殖的一个重要生态因子，对水生植物群落组成和物种多样性均产生影响（Van Geest et al.，2005；Havens et al.，2003）。水位波动（water-level fluctuation）是湿地生态系统中普遍存在的一种干扰因素，它一般用湿地中的水深、水位持续时间、水位波动频率、水体的补充与干涸速率、淹水和干涸的时令性等因素来具体描述。水位变化对湿地水生植物群落的初级生产力、物种分布、物种多样性以及群落的演替都具有极其重要的影响（Keddy & Reznicek，1986；Riis & Hawes，2002；Nicol，2003；Van Geest et al.，2005a，b；Deegan et al.，2007）。长时间水淹或洪水能导致沉水植物和浮叶植物种群密度和生物量大大降低进而影响到种群的更新和恢复。例如在 1998 年的大洪水中，崔心红等（2000）研究发现鄱阳湖水生植物生物量和密度在特大洪水后均显著减少，甚至导致优势水生植物竹叶眼子菜和苦草在洪水过后，地上部分全部死亡，地下部分生物量和无性繁殖体的数量大幅降低，并在洪水过后的 8 个月内沉水植物类群的恢复与更新极为艰难。

鄱阳湖地区广泛分布并形成优势种的苔草属（*Carex*）植物有灰化苔草（*C. cinerascens*）、阿及苔草（*C. argyi*）和单性苔草（*C. unisexualis*）在一年内的生长节律存在着两个高速生长期（4 月和 10 月）和两个休眠期（洪水期和冬季），这是对鄱阳湖水文节律等生境适应性的结果。此外，气候因素和高程也影响其生长期的长短和长势。崔心红等（2000）认为受 1998 年特大洪水等因素的影响，苔草在 10 月才刚恢复生长，第二个高速生长期推迟。并且调查也发现苔草在 1998 年 12 月出现了第二个高速生长期，比一般年份推迟两个月。

在近一年的调查中，鄱阳湖高水位的丰水期（或洪水期），草滩湿地植被完全淹没，湿地湿生植物在高水位期受到高水位胁迫的影响，大多采取休眠和耐受的生存策略来度过不利时期。此时，地上部分的生物量大约在 25～1050g/m² 鲜重的范围内，这些受胁迫未死亡的物种主要是苔草、水蓼和黄背草。这个时期沉水植物和浮叶植物占据湖泊高水位时的优势地位，优势物种为竹叶眼子菜、微齿眼子菜、苦草、轮叶黑藻、金鱼藻和荇菜。但是水位过高，也会对沉水植物构成胁迫，导致植物群落的丧失。如鄱阳湖受 1998 年长江流域特大洪水的影响，优势种沉水植物竹叶眼子菜和苦草等大面积死亡，影响水生植物的更新与恢复，同时导致翌年湖泊初级生产力的降低。其中可能的原因：持续时间长的高水位，同时湖水浊度高，透明度低。沉水植物接受的光辐射远低于正常年份的光辐射甚至低于光补偿点，不能进行有效的光合作用，导致代谢紊乱。加上水流造成的物理损伤、病害、牧食压力等原因，沉水植物地上部分最终大量死亡，仅存在少量有活力的地下茎（无性繁殖体）。并且沉水植物在地上部分死亡前，还没到有性生殖（花果期）阶段。

在 2010 年 3 月（平水期）调查中，平水位下鄱阳湖洲滩部分被淹没，形成较为明显的水位梯度。通过湿地调查，发现洲滩优势湿生植物苔草（主要有灰化苔草、阿及苔草和单性苔草）和黄背草地上部分在水位梯度上呈现显著的生物量分布特征：完全淹水下苔草生物量（$1.10 \pm 0.07 kg/m^2$ 鲜重）<半淹水状态（$1.17 \pm 0.44 kg/m^2$ 鲜重）<未淹水状态（$1.81 \pm 0.46 kg/m^2$ 鲜重），并且前两者与后者相比均呈极显著差异（$P < 0.001$）；黄背草在半淹水态生物量（$1.68 \pm 0.43 kg/m^2$ 鲜重）<未淹水状态（$2.62 \pm 0.51 kg/m^2$ 鲜重，$P < 0.01$）。

由于规律性或无规律性的淹水可导致湿地植物生长缓慢甚至死亡，影响着植物群落的分布、组成与结构。湿生植物在淹水中的另一个重要限制因子就是氧气缺乏，氧气在水相介质中传递和传输速度很慢，导致植物根部有害气体的累积，对根产生胁迫和损伤。因此，湿生植物的存活率和生长速率在淹水情况下就会降低。湿地植物应对这种淹水胁迫时，其耐受特征典型的是产生发达通气组织，将获取的氧传输到根部。在淹水强度很大时，当植株不能伸出水面接触大气，植物还会采取其他一些适应性策略，例如水下光合作用来增加植株内部氧气的浓度、从有氧呼吸暂时转向无氧呼吸或者使储存器官保持休眠状态等，这些策略都能有效增大淹水植物的存活率。这些策略可归结于三类：趋避（如植物处于休眠状态）、缓解（如植株的伸长，水下光合作用和通气组织的形成）和耐受（代谢作用的调节）。一些湿生植物种群在应对淹水胁迫时可能同时采用几种策略来综合应对。

苔草在完全淹水中通过休眠它的储存器官来渡过不利环境，增大存活率，在这种休眠状态下，苔草的根具有很低的代谢活动。淹水使得苔草叶片叶绿素含量降低，同时减缓呼吸代谢，保存根部淀粉含量。研究发现在水淹下苔草的根部淀粉含量保持不变。存储器官中的能量储备物质含量恒定也进一步说明了苔草在淹水下采取了休眠策略，这可以使植株在水退以后迅速恢复生长。因此，苔草在淹水下重要的生存策略是趋避并保存储备物质。

在 2009 年枯水期，鄱阳湖低水位创历史新低并且低水位提前近一个月到来，大片洲滩出露，湖面最宽处仅 598m，湖州滩地湿生植被也提前近一个月萌芽，洲滩湿生植被覆盖度高达 90% 以上，如萎蒿、黄背草和苔草在光照和气温适宜的条件下生物量迅速累积，形成 35～150cm 的洲滩草甸。该湖州草滩是以黄背草、灰化苔草、萎蒿、藕草、千金子、蓼子草和水蓼占优势，其中灰化苔草、萎蒿、黄背草和千金子分布面积最大，前三种植物在不同调查样地的覆盖度高达 50% 以上。四种分布面积最大的物种 11 月中旬时的生物量分别高达 922.9g/m²、1356.6g/m²、1356.6g/m² 和 1303.3g/m²（张萌，2013）。而中央湖区和主要草型内湖提前大面积干涸，水生植物大面积死亡，提前进入休眠期。

鄱阳湖植物应对剧烈的水位波动，形成各自应对适应策略和生存机制。荇菜、苔草、竹叶眼子菜、苦草、水蓼以及萎蒿等湿地植物是鄱阳湖湿地的优势植被物种，它们应对通江湖泊剧烈的水位波动，形成各物种自身的应对适应策略和生存机制。淹水和水位波动使得鄱阳湖湿生植物苔草、紫云英、委陵菜、水蓼、黄背草和萎蒿快速生长，其一个周期的萌芽时间短，即在水退以后和下次洪水到来之前就完成了两次营养生长期。

生长于鄱阳湖的萎蒿长期受此水位波动和节律的影响，形成了相适应的生长发育物候规律：一年有两次萌芽生长。第 1 次春季 2—4 月，萎蒿根茎贮有丰富的养分，越冬后，随气温升高，腋芽萌发抽生地上茎。这次的萌芽多而粗壮，嫩茎生长快，生长茎大且不易老化，4 月中下旬—6 月梅雨季节到来，7—8 月长江洪水发生，致使 4—9 月鄱阳湖水上涨。草洲被淹没，萎蒿地上部分被淹死。9 月下旬以后湖水下降，草滩重现，萎蒿根茎上的腋芽再次萌芽抽生直立茎，这就是萎蒿秋季的第二次萌芽生长。这次因根茎积累的养分少，同时10 月以后气温下降快，故秋季抽生的嫩茎量少，老化快，靠根状茎、根芽等无性繁殖。鄱阳湖萎蒿花果期 7—10 月。鄱阳湖萎蒿得以繁衍保存主要依靠白色粗壮的地下根茎度过汛期淹水胁迫和冬季的低温胁迫。

竹叶眼子菜作为鄱阳湖优势水生植物，其茎叶比沿着水深梯度逐渐增大，它们之间存在显著的正相关关系，早前调查发现竹叶眼子菜生物量垂直分配高峰出现在近水面 50cm 以内（与叶分布在近水面有关），茎生物量垂直分配变化平缓，叶生物量垂直分配上变化较大。总的说来，从近水面向下叶生物量逐渐减少（崔心红等，1999）。对于繁殖方面，竹叶眼子菜抽条数和花序数沿着水深梯度有递减的趋势。随着水深的增加，竹叶眼子菜为了获得更多的光辐射和有性生殖的需要，须使茎伸长至水面附近，这样增加了分配到茎叶部分的生物量，而相应减少了分配到开花和无性繁殖上的生物量，并造成深水处竹叶眼子菜生长比浅水处竹叶眼子菜生长滞后。

　　荇菜是一种多年生的浮叶草本植物，广布于全球热带和温带地区，通常适宜生长于静水水域或封闭性池塘、湖泊甚至缓流水域，叶片浮于水面，具有两栖生活能力，主要依靠种子和地下根茎扩散与传播，克隆繁殖能力强。季节性长期淹水（包括淹水强度和淹水速率）对荇菜的影响与淹水持续时间、淹水深度和水下光的可利用性有关。为了应对淹水胁迫，植物产生了不同的适应策略来增加淹水植物的存活率，这些策略包括有植物叶片的垂直生长、植株或叶片快速伸出水面、植株形成通气组织等等。在淹水条件下，有的浮叶植物采用持续更新叶片来促使叶片迅速伸出水面。荇菜对水位的变化一般采用叶片持续更新和叶柄迅速伸长这两种重要方式。室内研究发现，当水位骤涨 2.5m 时，叶龄不大于 5 天的叶片能伸出水面，较老的叶片虽有一定的伸长能力，但最终没有能伸出水面不久后而死亡。水位升高是影响荇菜克隆分株数和生物量的重要因素之一。水位缓涨对荇菜植株并不造成显著影响，而水位骤涨大大降低了荇菜的克隆分株数和生物量。表明极端洪水或突然高水位的发生是影响荇菜生长和种群扩散的干扰因素之一。在水位缓涨时，荇菜能够更新更多的新叶伸出水面进行光合作用，获取并储备较多的光合产物；但在水位骤涨时，最初伸出水面的叶片需要消耗大量的地下储存物质来使叶柄伸长，且叶片更新少，伸出水面的叶片也少，致使光合作用相应也少，最终储备物质短缺，生物量大量减少。

　　荇菜在枯水干旱时，则采用另外的生存机制：生活型和生态型的转变——浮叶植物转变为地面芽植物（*hemicrypiophyte*）来度过旱季，并形成多元的形态生理策略在不规则动态生境中提高存活率。室内研究发现，相比于浮叶型荇菜，地面芽型荇菜分配更多生物量于地下组织部分尤其是细根组织，并具有更高的根冠比、更长的寿命、更小的叶面积、更少的通气组织、更低的气孔密度和更小的空隙面积。生理上，具有更高的叶绿素含量、可溶性糖含量、组织 N 含量、光合作用速率和水利用效率以及更低的组织含水量和气孔导度。荇菜通过调节形态生理特征来能较好地适应不利的干旱环境，在不利环境中提高存活率。待来年水淹后，由地面芽型迅速转化成浮叶型，完成一个周期生活史。此外，竹叶眼子菜和穗花狐尾藻也具有类似的适应特征，而轮叶狐尾藻的植株为两栖性综合体，上下部可分为沉水部分和气生的挺水部分，在干旱缺水的情况下，轮叶狐尾藻沉水叶死亡，气生叶占主导，植株转变成地面芽型应对干旱，故其水位波动的适应力也很强。

　　苦草和轮叶黑藻只有水生叶，无两栖型生活策略。水位升高时，苦草能快速伸长叶片来获取水下光照，轮叶黑藻则采用断枝漂浮或茎干伸长来应对水位升高。野外调查发现过透明度高的水体中 2m 左右的苦草叶，以及水位升高的水体中 4m 左右的轮叶黑藻种群。然而，水位的骤涨，对苦草种群的影响可能非常严重，在鄱阳湖的过水区，水位的骤涨往往伴随着流速较快的浑黄洪水而来，透明度过低和水下光照过小往往是苦草难以耐受水位骤涨的主要环境胁迫因素，产生休眠体和无性繁殖器是苦草在这种胁迫下的生存策略。而轮叶黑藻以断枝为载体的无性繁殖和营养生长方式易于规避该类胁迫。当水位降低到枯水、干旱时，苦草和轮叶黑藻易遭受牧食破坏，地上部分甚至干旱死亡，此时苦草和轮叶黑藻以能量物质地下转移，并在地下（尤其 20～30cm 处）形成大量根状茎等无性繁殖体的繁殖方式和休眠策略来应对枯水干旱胁迫，以及在 11 月完全干枯前快速进入花期，完成花粉受精，最终形成休眠的有性繁殖体来度过水位骤跌或枯水。

鄱阳湖丰枯水文节律变化直接影响了湿地植物与候鸟栖息的周期。例如，鄱阳湖地区广泛分布并形成优势种的苦草属（*Carex*）植物有灰化苦草（*C. cinerascens*）、阿及苦草（*C. argyi*）和单性苦草（*C. unisexualis*）在一年内的生长节律存在着两个高速生长期（4 月和 10 月）和两个休眠期（洪水期和冬季），这是对鄱阳湖水文节律等生境适应性的结果。又如，每年 10 月，随着鄱阳湖水位下降，草洲开始出露，大批越冬候鸟陆续到达鄱阳湖。冬季出露的洲滩新生长的植被、泥滩洼地以及湖泊浅水区水是候鸟集中分布区。候鸟对栖息地的要求很高，它们大多选择生活在稳定的天然湿地中，水位波动对候鸟栖息环境影响很大。

2000—2009 年，鄱阳湖所呈现的枯水期的新特点，对湿地植被演替和候鸟栖息造成了一些影响。例如，2006 年鄱阳湖保护区各湖草洲上占很大优势的苦草的生物量有所下降，少量的中生植物侵入。但由于缺少湿地生态系统长期定位监测和控制实验，特别是对植物群落变化的监测，目前在枯水位对植被与候鸟影响的研究方面还缺乏翔实的系统科学数据，已有的一些分析和判断存在着难以回避的不确定性。而且，近年来的候鸟调查数据也难以给出低水位影响候鸟数量和结构的判断。

5.4.3 对栖息地的影响

鄱阳湖是长江江湖复合生态系统的重要组成部分，江西省社会经济发展的重要支撑，长江中下游重要的水源地，长江生物多样性的保护基地，也是我国重要经济鱼类的种质资源库，对于整个长江中下游地区社会经济的发展，自然资源的保护和利用等均具有重要的作用。

新中国成立 60 年来，受人类和自然因素干扰，鄱阳湖湿地植被带不再完整，湿地植被分布面积逐年减少，生物量逐年下降。以湿地植被保存较好的蚌湖为例，其洲滩苔草群落生物量 1965 年为 $2500g/m^2$，1989 年为 $2416g/m^2$，1993—1994 年为 $1717g/m^2$，30 年间下降了 $783g/m^2$（赵广举，2006）。

鄱阳湖湿地植被面积与季节和水位有很大的关系。秋冬季虽然水位低，洲滩出露面广，但各类植被均处于枯萎期或越冬期，湿地植被面积较小；而夏季，各类植被虽处于生长期，但湿地面积在汛期而有很大的差异，水位高时洲滩初露面小，湿地草洲面积也相应减小。采用 MODIS 数据提取、TM 影像数据修正的植被覆盖面积与季节、水位之间的关系，以水位变化过程为依据，分析结果如下：在三峡预泄期 5 月和 6 月，1994 年、1996 年、1998 年和 2000 年考虑三峡工程运行时星子站水位较不考虑三峡工程运行时水位要高，由此可推算 4 个典型年 5 月和 6 月三峡工程运行后湿地植被面积较不考虑三峡工程运行时要小（董增川，2012）。1994 年 5 月和 6 月最大水位差为 0.533m，相应最大植被面积减少 $13\sim15km^2$；1996 年 5 月和 6 月最大水位差为 0.33m，相应最大植被面积减少 $8\sim10km^2$；1998 年 5 月和 6 月最大水位差为 0.544m，相应最大植被面积减少 $14\sim16km^2$；2000 年 5 月和 6 月最大水位差为 0.455m，相应最大植被面积减少 $11\sim13km^2$。

在三峡蓄水期 10 月和 11 月，1994 年、1996 年、1998 年和 2000 年考虑三峡工程运行时星子站水位较不考虑三峡工程运行时水位要低，由此可推算 4 个典型年 10 月和 11 月三峡工程运行后湿地植被面积较不考虑三峡工程运行时要大。1994 年 10 月和 11 月最大水位差为 1.794m，相应最大植被面积增加 $90\sim120km^2$；1996 年 10 月和 11 月最大水位差为 1.881m，相应最大植被面积增加 $120\sim150km^2$；1998 年 10 月和 11 月最大水位差为 1.842m，相应最大植被面积增加 $100\sim120km^2$；2000 年 10 月和 11 月最大水位差为 1.339m，相应最大植被面积增加 $80\sim100km^2$。

鄱阳湖湿地包括水域、洲滩、岛屿等，高程大多在海拔 12.00～18.00m 之间。其中洲滩可分为沙滩、泥滩和草洲，14.00m 以下多为泥滩，面积约 $1895km^2$；高程 14.00～18.00m 之间为草洲，面积约 $1235km^2$；沙洲面积很小，约 $3130m^2$，仅分布于主航道两侧。"高水是湖、低水似河""洪水一片，枯水一线"是鄱阳湖的自然地理特征。随着湖水位的变化，洲滩呈季节性和地域性出露。高程 14.00m 过早显露将加速水面以上滩地干枯，当候鸟迁来时，此高程范围内的植物大部分枯死，不适宜候鸟食用。而高程 13.00m 滩地的提前显露，将影响水生植物的充分生长和地下块茎的产量，从而减少白鹤、天鹅、鸿雁等以植物为主要食源候鸟的越冬饵料，鄱阳湖湿地生境变化堪忧（图5.4－1）。

图 5.4－1　湿地生境变化

　　三峡水库蓄水期，正值长江水位下降，鄱阳湖开始退水。当长江流量减少时，会造成保护区内水位不同程度的降低，不同高程的洲滩提前和加快露出水面且连续露出水面的时间也相应增加（董增川，2012），直接或间接影响鄱阳湖的植被、鱼类和鸟类等物种。苔草群落是鄱阳湖洲滩最重要的植被类型，又是候鸟主要食物来源，因此，可根据苔草群落分布特征分别对星子站、吴城站、都昌站的洲滩显露进行分析。枯水期来临时，洲滩显露，苔草群落开始生长，吸引候鸟前来觅食。当水位低于苔草群落分布高程的下限时，植被、候鸟觅食等都受到显著影响，故选择各站点水位低于苔草群落分布下限进行比较。

　　在三峡工程运行初期，减泄流量对星子站、都昌站等洲滩各有不同程度的影响，变化范围较大。其中，蓄水期，湖口水位降低，湖区出流加大，不同高程的洲滩提前和加快露出水面，连续显露的天数相应增加。洲滩提前显露和水域缩小将对候鸟的正常越冬生活产生不利影响（夏少霞，2010）。

　　以星子站为例，在 2006 年提前显露时间比较多，最大达 57 天，由此对不同高程的洲滩、沼泽、洼地水域产生不同的生态影响。对大通典型年分析，在三峡工程正常运行期，枯水年都昌站最大提前显露时间为 17 天。保护区内高程 11.50～14.00m 的洲滩地带是候鸟最适宜的栖息地。高程过早显露将加速水面以上滩地的失水和板结，当候鸟 10 月下旬至 11 月中旬迁来时，此高程范围内的植物大部分已枯死，不适宜候鸟食用。而高程 13.00m 滩地的提前显露，将影响水生植物的充分生长和地下块茎的产量，从而减少白鹤、天鹅等以植物为主要食源候鸟的越冬饵料。

鄱阳湖区域缺水也对候鸟的觅食生境造成影响。2006 年丰水期鄱阳湖国家级自然保护区内各湖水位明显偏低，使原本在各湖草洲上占很大优势的苔草等植物大量被蓼科植物所取代（罗蔚，2014），也影响了湖中水生动植物的生长，加速了湿地生态系统的退化，进而影响依赖于湿地环境的越冬候鸟的数量与分布。如大湖池原来是白鹤等涉禽最重要栖息地，但因近两年来该湖丰水期水位很低，湖中苔草等水生植物生长不好，水生动物资源也较缺乏，导致越冬候鸟的食物减少，使这个最重要核心湖变成了次要的候鸟越冬地。

5.5 三峡水库运行对洞庭湖区的影响

5.5.1 三峡水库运用后城陵矶水位响应

三峡水库运用后，一方面长江干流河床冲刷下切，导致荆江三口分流减少、洞庭湖出口水位下降，对洞庭湖水资源利用有一定影响；另一方面，三峡水库运用后减缓了洞庭湖区的淤积速率，增强了洞庭湖区调蓄功能，延长了洞庭湖使用寿命，有利于洞庭湖的水资源利用。

1. 水库蓄水期对城陵矶水位影响

为分析水库蓄水对水位的影响，按三峡水库优化调度拟定的调度方式进行计算，即水库在 9 月 15 日开始蓄水，10 月末蓄至正常蓄水位方案，计算未考虑清水下泄导致的河道冲刷对水位的影响。

选择丰、平、枯代表年，计算蓄水期对城陵矶水位影响。典型年的选择以汉口站年径流量为准，1983 年、1961 年、1972 年分别为丰、平、枯典型年，2003 年、2006 年为近期枯水年。水位变化情况见表 5.5－1。

表 5.5－1　　　　　三峡水库蓄水期对城陵矶站水位影响表

典型年	影响期（工程前后水位差值＜0.1m）	影响期水位降低平均值/m
1983	9 月 15 日—11 月 19 日	1.99
1961	9 月 16 日—11 月 11 日	2.26
1972	9 月 18 日—11 月 11 日	1.82
2003	9 月 16 日—11 月 17 日	2.09
2006	9 月 19 日—11 月 25 日	1.78
平均		1.99

从表 5.5-1 可见，各典型年的水位下降值差别不大，水库蓄水对城陵矶水位的影响约 2m，干流来水减少对城陵矶水位影响明显。

为分析三峡水库不同蓄水方式对下游水位的影响，考虑将蓄水时间再适当提前，即拉长蓄水过程，如按 9 月 10 日开始蓄水，初步估算蓄水期对下游水位影响可减少 0.4～0.5m。经分析，由于 9 月初下游来水还较大，三峡水库拦蓄的流量占城陵矶来流总量比重较小，对水位影响相应减少。

2. 三峡水库对枯水期（12 月至次年 4 月）水位的影响

在枯水季节，为满足发电、下游航运和供水等综合利用要求，三峡水库调节后的下泄流量大于天然流量，即三峡水库在枯期调节期对下游有补水作用，枯期可抬高城陵矶水位约 0.56m（见表 5.5-2）。

表 5.5-2　　　　　　　　三峡水库枯水期对城陵矶水位影响

典型年	水位抬高最大值/m	枯水期水位影响平均值/m
1983	1.62	0.36
1961	1.61	0.74
1972	1.66	0.75
2003	1.34	0.39
平均	1.56	0.56

综上，三峡工程运用后，受外江水位变化的影响，洞庭湖在蓄水期的出流比三峡建库前大，湖区水位在 10—11 月会下降较多；在三峡水库蓄水完成后的 12 月—次年 4 月，为满足下游通航要求，其下泄流量较建库前有所增加。

5.5.2　对洞庭湖区湿地的影响

5.5.2.1　对洲滩淹水天数的影响

三峡水库运用后将调节下泄流量，引起洞庭湖区水位发生变化。根据三峡工程对洞庭湖区水位的影响，统计分析湖区各代表水文站三峡工程建成前与建成后初期典型年（丰水年 1983 年、中水年 1984 年、枯水年 1986 年）的逐日水位数据库资料，进一步研究三峡工程对洞庭湖区滩地出露天数的影响。滩地出露天数变化较大的是低位滩地，中位滩地出露天数有一定的变化，高位滩地基本不变；受影响的滩地高程与湖区水位密切相关。各月比较来看，1—5 月水位小幅上升，水陆交替频繁的低位滩地出露天数减少。6 月水位上升值较大，中低位滩地出露天数减少，7—9 月中旬三峡水库基本不改变下泄流量，滩地出露天数情况不变，9 月中旬至 10 月底水位下降值大，中低位滩地出露天数增加。12 月水位小幅下降，滩地出露天数变化小（邹邵林，2000）。

与三峡工程建成初期相比较：建成后 10 年、30 年、50 年湖区各月水位将不断降低，所有高程的滩地出露天数总体上将逐渐增加。由于各月水位降低的范围值不同，1—4 月、12 月较大，5—6 月、8—10 月其次，7 月最小，再加上三峡水库调节下泄流量引起的各月水位变化，滩地各月出露天数的变化值也就有差异：1—6 月增加下泄流量，与上述水位下降有相互抑制的作用，建成后 10 年、30 年、50 年湖区低位滩地出露天数将先减少，再逐渐增加，而中高位滩地基本不变；7—9 月滩地出露天数增加值小；10—12 月三峡水库减少下泄流量，10—11 月水位下降值较大，与上述水位下降有相互加强的作用。建成后 10 年、30 年、50 年湖区先是中低位滩地出露天数增加，然后高位滩地出露天数也有所增加。

5.5.2.2 对湖区水面面积的影响

对比分析洞庭湖 1993—2006 年 33 个时相 TM/ETM 遥感影像和水文数据，可发现当洞庭湖水位在 19.57～32.00m 时，水面面积与水位呈很好的线性关系。

三峡工程运行后，5 月 25 日—6 月 10 日内水库水位从 155m 下降到 145m，增泄流量约 3800m³/s，城陵矶水位平均上升 0.40m，洞庭湖湖面面积增加约 67.4km²。9 月 15 日至 10 底，三峡水库蓄水，减泄流量约 5500m³/s，城陵矶平均水位下降 1.99m，洞庭湖水面面积减少 335.4km²。12 月至次年 4 月，为满足发电、下游航运等综合利用要求，三峡水库的下泄流量一般较天然流量增加 1000～2000m³/s，城陵矶水位平均上涨 0.56m，洞庭湖水面面积增加 94.4km²。其他时间洞庭湖水面面积变化不大。

5.5.3 对洞庭湖湿地植被的影响

荆江三口来沙是洞庭湖泥沙淤积的主要来源，三峡工程运行后洞庭湖的年均拦沙率由建坝前的 65% 左右减少为建坝后的 30%，绝对年均淤积量由建坝前的 1 亿 t 左右减少为建坝后的 1600 万 t 左右，入湖泥沙的粒径组成变细。入湖泥沙的减少可以降低洞庭湖泥沙淤积速率，延长洞庭湖寿命，对洞庭湖具有较大的积极意义。洞庭湖洲滩演替和湿地格局产生新的变化。每年 12 月—次年 3 月，三峡水库增泄流量可提前淹没已干涸的滩地，对水生和沼生植物产生一定影响，但水位不能达到沼泽化草甸的最低部位——苔草草甸，对地势更高的植物群落也不会造成明显影响。然而，适当的水位增高有利于植物鲜体保存以及休眠芽和种子萌发。4 月，洞庭湖水位低于三峡工程运行前的水位值，洲滩裸露增加，不利于沉水植物群落的生长，但有利于苔草的生长和生物量积累。同时，裸露的洲滩有利于短命植物如无芒稗、拉拉藤等的萌发和快速生长，使群落的生物多样性提高。5月三峡水库的增泄量较大，使洞庭湖的水位发生较大变化，其时也是湿地植物生物量累积的旺盛期，较大的水位变幅对低程区湿地植物（如苔草）和一年生植物生长产生一定的负面影响，促使这类植物提前开花结果，快速完成生活史。对于高程区植物芦苇而言，一定的地下水位上升可能更有利于刺激植物生长而增加生物量累积。同时，5月水位的上升将有利于沉水植物的生长繁殖。在调查中发现，沉水植物如马来眼子菜在5月中旬已在水分极度饱和的低程苔草群落中大面积萌发生长，并在随后的6月初随水位继续上升而取代苔草成为优势种。6—9月，洞庭湖的水位随三峡工程增减泄流量引起的变化很小。在汛期，由于绝大部分湿地植物均处于完全淹水状态，水位波动不会对群落产生明显影响。10月、11月三峡水库减泄流量，洞庭湖出口水位降低，使低位洲滩提前露出水面，对低位杂草草甸和苔草草甸上的植物生长有利，有利于苔草群落向湖心侵移，但会造成一些沉水植物的死亡。芦苇等植物的生物量积累在10月已基本完成，水位变化对其产量影响不大。

总之，一年中4月、5月和10月因较大水位变幅而对湿地植物的生长繁殖产生明显影响。年内水位波动对群落生物量和一、二年生植物的生存空间影响较大，但对植被分布格局的影响不大。然而，植被群落演替是长期变化逐渐累积的结果。若考虑到洞庭湖入湖水量的总趋势是不断减少以及植物群落对水位变化的敏感性差异，将会引起占优势的芦苇和苔草群落向前推进，挤占沉水植物的生存空间，从而打破现有植被格局发生正向演替。

5.5.4 对栖息地的影响

5.5.4.1 对越冬候鸟的影响

越冬候鸟南迁达到洞庭湖的时期大都在10月下旬至11月初，主要生活栖息在东洞庭湖、南洞庭湖、东南湖、目平湖等湖泊的洲滩和洼地上，洲滩上广泛发育着以苔草为主要群落的湿生植物，洼地水域中发育着以马来眼子菜—苔草—菹草—荇菜—藻类为主的水生植物和各类软体动物，为越冬珍稀候鸟提供了充足的食物。而且草滩洼地和浅水滩白泥滩组成的湿地环境，隐蔽条件好，是珍稀候鸟越冬的理想场所。三峡工程蓄水运行后，9月中旬到10月洞庭湖水位降低，洲滩提前出露，水生植物马来眼子菜、荇菜、苔草等部分干死、枯萎，10下旬候鸟到达时已不适合食用，减少了候鸟食物量。水位提前下降造成陆生、湿生植被向水生植被入侵，减小了水面面积和水生植被生物量，减少了候鸟栖息地面积，加大了候鸟栖息密度，同时也增加了鸟类疾病传播和被捕猎的风险，对鸟类越冬产生不利影响。根据国家林业局和世界自然基金会开展的长江中下游水鸟调查，2003—2004 年洞庭湖水鸟为 133473 只，2004—2005年尾 110564 只。另据湖南东洞庭湖国家级自然保护区的调查，2005—2006 年洞庭湖水鸟少于 10 万只，国际濒危种有所减少，越冬候鸟的减少是多种因素造成的，但是洞庭湖水情变化无疑是重要因素之一。

5.5.4.2   对鱼类资源及环境的影响

1. 对"四大家鱼"的影响

"四大家鱼"一般在江河上产卵，鱼苗入湖肥育、成长。洞庭湖"四大家鱼"的鱼苗来自长江和四水。三峡工程蓄水运行后长江干流"四大家鱼"天然鱼苗资源急剧减少，相应进入洞庭湖的"四大家鱼"鱼苗大量减少，这对洞庭湖鱼类种群结构和渔业资源产生较大影响。

2. 对鲤、鲫等定居型鱼类产卵场的影响

洞庭湖有鲤、鲫等湖泊定居型鱼类产卵场 45 处，主要集中在漉湖至君山、横岭湖、万子湖和目平湖等几大片草滩集中分布区，鲤、鲫等一般产卵于一定水深淹没的苔草丛中。三峡工程蓄水运行后，5 月底 6 月初洞庭湖水位上升，加大了苔草洲滩淹水深度，而此时正是鲤、鲫等定居性鱼类产卵季节，淹水太深的苔草层不利鱼类产卵，也不利其卵粒黏着，对鲤、鲫等产卵产生一定影响，部分苔草洲滩丧失了产卵场功能。根据三峡工程生态与环境监测公报，三峡水库蓄水后洞庭湖鲤、鲫产卵场面积由 2002 年的 305km^2 逐渐下降 2005 年的 263km^2，产卵量也有一定程度减少，至三峡水库 175m 蓄水运行后这种影响程度可能会更大。

5.6   三峡水库运行对长江口的影响

河口海域生态系统是世界上生产力最高的生态系统之一，但在世界范围内缺少关于河口海域生态环境长期的、系统的观测研究，对河口生态环境长期变化引发的生态效应的相关工作亦非常少（辛明，2014）。

近年来随着河口海域环境的变化，综合以往的研究成果，关于河口海域生态环境变化引发的生态效应研究可以分为水文条件因素和化学因素两个方面。

从河口生态系统的长期变化角度分析，生态环境的变化及其引发的生态效应两个方面变化，主要归因于气候变化和人类高强度活动的双重胁迫。从气候变化的角度看，其主要表现为流域内大气干湿沉降（降水量的变化）、岩石风化作用、土壤侵蚀等，降水量变化导致河流径流量的变化，同时大陆径流带来的其他有机物质等都会导致河口海域生态环境的变化。此外，长时间尺度的气候变化（包括一些极端气候事件）会引起海平面上升，海平面上升又会导致河口海域潮汐变化，进而间接影响河流入海物质的通量及其结构。从人类活动角度看，又有直接和间接之分，直接活动表现为工业废水和生活污水的排放、化肥的使用等，间接的活动主要表现为流域内兴建大坝及水闸，导致水体更新速度和自净能力减弱，两方面均会使营养盐入海通量及其结构发生改变，河口海域原有的生态系统发生变化，如赤潮灾害频发，浮游植物种类变化以及底栖生物种类减少甚至消亡。需要注意的是，把气候变化和人类活动对河口海域生态系统的影响完全剥离开来是不现实的，两者通常互相结合共同影响河口海域生态系统。

5.6.1　长江口生态环境变化

根据多年的长江口历史调查资料，以及长江口生态系统各层次最新监测数据，对长江口环境生物的生态变动进行研究，主要包括以下内容。

1. 营养盐

三峡工程蓄水后，长江口水体硅酸盐、硝酸盐和亚硝酸盐含量与 20 世纪 80 年代数据相比显著上升，而溶解氧含量显著降低。溶解氧平均值在 Ⅲ 类标准，长江口水域总氮含量均偏离评价标准，超标 100%，其中 2007 年河道区更是达到劣 Ⅴ 类；总磷含量的均值也超过了海水总磷的允许含量（0.030mg/L），超标率达 57.14%。说明污染物排放使氮、磷严重超标，营养盐过剩，河口生态系统处于富营养化状态。与蓄水前相比，pH 值显著上升。秋季悬浮体含量显著低于蓄水前平均水平。

2. 温度

采用多重比较结果显示长江口的春季、秋季和冬季水温也显著高于 20 世纪 80 年代相对应月份的水温，但是夏季的水温没有显著差异。

3. 盐度

长江口河道水域盐度低于 5，长江口北部水域受冲淡水影响较小，盐度在 20~30 间波动，南部近岸水域为冲淡水覆盖区域，从口门到外部海域盐度波动幅度较大。调查中 6 月和 8 月长江冲淡水势明显减弱，外海高盐水向近岸逼近，以往 31°00′N、123°00′E 以西及其邻近海域的低盐水区基本消失。

4. 浮游植物

长江口春季浮游植物种类数量与 20 世纪 80 年代和 2001 年相比显著增加，其中甲藻种类数量增加幅度较大；夏季、秋季和冬季的浮游植物种类数量减少，但甲藻种类数量仍略有上升。自80年代以来，中肋骨条藻在长江口春季、夏季和秋季的浮游植物占据绝对优势地位，2004年中肋骨条藻的优势度已经下降，暖水性（温带、热带）近岸种类和广温广布性种类的优势度有所上升。长江口浮游植物丰度随季节变化呈单周期型，即每年受长江径流的影响，在夏季形成一年中浮游植物的最高峰，夏季平均浮游植物丰度分别为 8.13×10^7 个/m^3 和 9.27×10^6 个/m^3。2004年的浮游植物丰度季节变化也是单周期型，但高峰出现在春季，浮游植物数量达 6.41×10^7 个/m^3，比80年代高出两个数量级，是2001年春季的40倍。2004年春季，浮游植物在长江口两个水域大量生长，成为赤潮：以中肋骨条藻为赤潮种的长江口北部水域，具齿原甲藻在长江口南部外部海域大量繁殖。80年代，季节的温度变化制约初级生产力水平；蓄水后长江口初级生产力的首要影响因素是透明度，并且长江口春季浮游植物种类数量增加，其中甲藻种类数量增加幅度较大；夏季、秋季和冬季的浮游植物种类数量减少，但甲藻类数量仍略有上升。不同季节，长江口浮游植物群落结构变化的驱动因素不同。春季表现为氨氮和溶解氧的降低，以及亚硝酸盐和硝酸盐的增加；夏季，除溶解氧、氨氮和亚硝酸盐外，透明度的增加是成为驱动因素之一；秋季，温度的升高成为首要影响因子，除溶解氧和透明度外，磷酸盐和硝酸盐成为显著的影响要素；冬季，盐度的升高造成了种群结构的差异，其次为硝酸盐和亚硝酸盐。

5. 底栖动物

长江口受强大的长江径流、黄海冷水和台湾暖流的影响，底栖生物成分复杂，有河口半咸水种，近海广盐温带种和亚热带种，其数量分布格局和季节变化情况都有自己的特点。2004年长江口底栖生物202种，其中多毛类102种，软体动物51种，甲壳类27种，棘皮动物7种，其他15种。与2001年和2002年同期相比，底栖生物种类数量分别减少了19.7%和33.3%。与1985—1986年长江口调查结果比较，长江口底栖生物优势种组成有所改变。1985—1986年的优势种小长手虫、异单指虫、方格独毛虫、灰双齿蛤、金星蝶铰蛤在2004年调查中均未出现，豆形短眼蟹仅在个别站位采到少量。2004年调查中，无吻螠、池体螠在多个站位出现，并且，池体螠成为长江口秋季优势种。2004年长江口底栖生物群落多样性以冬季为最高，种类丰富度夏季最低。种类丰富度季节性波动较强，均匀度变化较小。2004年长江口底栖生物种类丰富度下降幅度明显，而在表现在数量上的Shannon-Weiner指数和均匀度有所提高。这说明，长江口生态与环境的改变造成了底栖生物种类丰富度的降低，在种类数量减少的情况下，适应这种变化的底栖生物种类迅速发展，造成群落结构的改变。

2006年长江口调查发现，低氧区是底栖动物生物量和丰度的高值区；

CLUSTER 和 MDS 标序把底栖动物分为了两个生物组群，一个组群属于低氧环境下的组群，并且这两个组群存在显著差异（$R=0.347$，$P=0.75\%$）；低氧区内的多样性指数（$H'=1.71$）小于低氧区外的相应值（$H'=2.53$），说明低氧环境已经对大型底栖动物的生物量、风度、群落结构、生物多样性产生了影响。

利用 Brey（1990）的经验公式对大型底栖动物栖息密度、生物量、次级生产力和 P/B 值进行了研究计算。整个研究海域大型底栖动物年平均密度为 394.67ind./m^2；年平均生物量以去灰分干重计，为 2.58g（AFDW）/m^2；年平均次级生产力以去灰分干重计，为 3.49g（AFDW）/（m^2·a）；P/B 值为 1.59。结果表明，长江口大型底栖动物次级生产力自长江入海口向东呈递增趋势，次级生产力受水深影响即随水深增加而降低；P/B 值高于南黄海、胶州湾和渤海，并随水温升高而升高。

5.6.2　长江口水域水生生物群落结构的响应

通过野外调查数据和历史资料对长江河口及其邻近水域鱼类群聚的数量、结构特点和变化规律进行了研究，主要有以下研究结果。

1. 生物资源减少

蓄水后长江口及其邻近海域渔业资源种类数量严重减少，春季不到蓄水前的一半，秋季减少 1/3。全年共捕获鱼类 47 种，隶属于 43 属、31 科、9 目；无脊椎动物 27 种，其中甲壳类 19 种，软体动物 6 种，腔肠动物 2 种。以 11 月资源量最为丰富。对全年鱼类做聚类分析将其划分为四大群体。其中之一包括银鲳、小黄鱼、带鱼、龙头鱼等共 14 种，涵盖了中上层、中下层、底层鱼类；暖水、暖温、冷温种鱼类；浮游生物、游泳生物、底栖生物食性鱼类；海河间洄游、半咸水、广盐近岸、近海种鱼类；分布合理，食物链完整，结构复杂、稳定，是长江河口渔业资源的主要群体。整个水域生物多样性特征受时间变化影响明显，但不受空间分布影响。2 月各站位种数及丰盛度平均值最高，渔业资源空间分布较为广泛、均匀。2 月和 5 月的数量生态密度（NED）值较高，而重量生态密度（BED）的峰值出现在 8 月。黄鲫、龙头鱼、小黄鱼、带鱼、凤鲚、刺鲳是 2004 年鱼类优势种，但资源量较以往有显著下降，并具有显著的季节性替代。脊腹褐虾、葛氏长臂虾、脊尾白虾、双喙耳乌贼、马来沙水母、海蜇、日本枪乌贼为 2004 年无脊椎动物优势种。5 月出现了入侵种马来沙水母的爆发，但在 8 月和 11 月又为海蜇替代。与参照系相比，秋季河口健康度指数（BHI）骤降，但与 2000 年接近；春季由于马来沙水母的爆发，BHI 值甚至为负，而且绝对值极高，接近基准值 10，表明整个调查区域的生态系统被破坏。

2. 生物多样性下降

长江口区鱼类因为分布区盐度的差异主要有淡水鱼类、海河间洄游鱼类、半咸水鱼类、近岸广盐海洋鱼类和近海鱼类，并且根据径流量和雨季的调节，季节间生物资源群落结构变化较大，优势种变化明显，主要优势种演替为鱼类资源的带鱼、小黄鱼、虻鲉、龙头鱼、黄鲫以及无无脊椎动物的海蜇、枪乌贼和三疣梭子蟹，生态系统多样性下降。

3. 鱼类资源衰退

与 20 世纪 80 年代调查资料相比较，各水层鱼类都显著下降。中上层鱼类数量和重量占整个渔业资源的比重发生了显著变化，在长江口渔业资源中的地位显著提升。中下层鱼类的种类数量减少，占渔业资源比重的显著降低、重量百分比相对增加。尽管底层鱼类依旧占据长江河口鱼类组成的首位，但优势程度显然不如以往（图 5.6-1），这表明长江河口渔业资源已逐渐由中下层、底层大型、肉食性鱼类向中上层小型、浮游生物食性鱼类过渡。

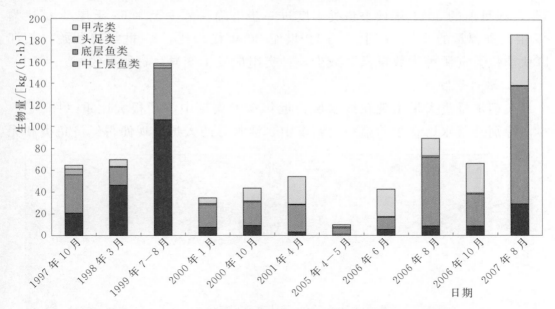

图 5.6-1 长江口及其邻近海域生物资源各生态类生物量十年的变化

4. 渔业资源季节变化

（1）春季渔业资源变化。1986 年春季共捕获鱼类 2 纲 11 目 33 科 54 种，2001 年春季 9 目 30 科 44 种，2011 年春季 8 目 25 科 36 种，物种多样性呈降低趋势。渔业资源种群结构发生显著变化，优势种发生明显更替，1986 年优势种为皮氏叫姑鱼，2001 年为银鲳、小黄鱼和黄鲫，2011 年更替为凤鲚和小黄鱼，长江口春季鱼类结构差异极显著（$P < 0.01$）。1986 年春季长江口鱼类资源平均丰度 10.05 千尾/km²，2001 年平均丰度降为 4.04 千尾/km²，到目

前的 2011 年春季减少到 2.25 千尾/km²，仅为 80 年代资源量的 20%。综上，与 20 世纪 80 年代和 21 世纪初相比，春季长江口鱼类资源种类数量减少，种类组成变异，资源量锐减。

（2）秋季鱼类群落变化。根据海洋所对长江口的历史调查数据，1985 年秋季共捕获鱼类 2 纲 12 目 37 科 69 种，2000 年共捕获 1 纲 8 目 30 科 48 种，2011 年共捕获 8 目 27 科 39 种，从 1985 年到 2000 年，长江口秋季物种减少 1/3，到 2011 年仅为 80 年捕获鱼类物种数的 1/2。长江口秋季鱼类资源优势种亦发生演替：1985 年秋季优势种是龙头鱼和棘头梅童鱼，2000 年为龙头鱼、黄鲫和细条天竺鱼，2011 年为带鱼、龙头鱼、黄鲫、小黄鱼和银鲳。可以看出，二十多年来，长江口龙头鱼保持一定的优势地位，带鱼优势度有所恢复，2000 年后棘头梅童鱼对渔业资源贡献锐减，而黄鲫上升为优势种类，长江口秋季鱼类结构差异极显著（$P < 0.01$）。1985 年秋季长江口鱼类资源平均丰度 204.57 千尾/km²，2000 年平均丰度降为 10.80 千尾/km²，仅为 80 年代的 5%，到目前的 2011 年秋季鱼类丰度进一步下降，减少至 4.64 千尾/km²，为 80 年代资源量的 2%。综上，与 20 世纪 80 年代相比，21 世纪初开始，长江口秋季鱼类资源种类数量显著减少，种类组成发生变异，资源量锐减。

5. 水母爆发

大型水母类大量出现在该水域，近年在渔获量中占了很大比重（图 5.6 - 2），特别是蓄水后春季的第一次调查中，沙水母的大量出现使得经济鱼类和无

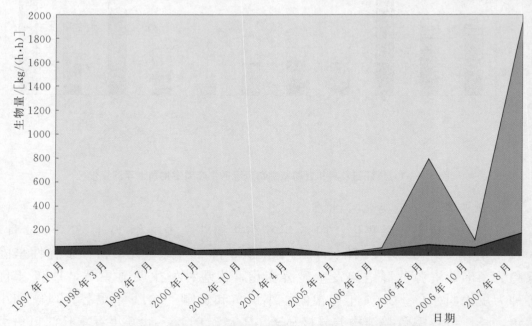

图 5.6 - 2　长江口及其邻近海域生物资源及大型水母类生物量十年的变化

脊椎动物资源下降到历史最低水平，但其分布区与鱼类资源分离，主要分布于盐度较高水域，冲淡水减弱，水母类分布有可能向近岸入侵。

6. 典型季节环境变化

表5.6-1，表5.6-2显示3个时期典型季节长江口环境要素。可以看出，2011年春季长江口调查水域水深显著高于1986年和2001年；表层悬浮体含量与1986年无显著差异，却显著低于2001年；底层悬浮体年度差异显著，2001年最高，1986年次之，2011年最低。叶绿素 a 含量无显著变化。

表 5.6-1　　　　　　　　春季典型环境因子变化

环境因子	1986 年	2001 年	2011 年
悬浮体 TSM_s	3.62 ± 4.40	4.66 ± 0.72	2.22 ± 2.21
悬浮体 TSM_b	21.85 ± 52.09	7.73 ± 10.37	5.88 ± 11.31
水深 D	2.60 ± 14.53	31.00 ± 14.79	48.36 ± 9.22
Chl-a	2.93 ± 1.81	2.04 ± 1.28	2.10 ± 2.24

注　TSM_s 代表表层悬浮体含量；TSM_b 代表底层悬浮体含量。

表 5.6-2　　　　　　　　秋季典型环境因子变化

环境因子	1986 年	2001 年	2011 年
悬浮体 TSM_s	173.33 ± 151.95	41.61 ± 110.58	6.67 ± 6.94
悬浮体 TSM_b	49.51 ± 70.59	58.5 ± 118.86	17.10 ± 14.32
水深 D	29.06 ± 14.41	28.93 ± 11.43	43.87 ± 8.74
Chl-a	0.80 ± 0.23	1.38 ± 0.89	0.19 ± 0.04

注　TSM_s 代表表层悬浮体含量；TSM_b 代表底层悬浮体含量。

1985年秋季悬浮体含量较高，2011年秋季水域悬浮体含量最低且变化幅度缩小，初级生产力水平最低。

从表5.6-1，表5.6-2长江口水体悬浮含量变化可以看出，1986年春季悬浮体含量最高，2011年显著降低，主要表现在底层悬浮体含量；秋季水体悬浮体含量年际间存在显著差异，尤其是表层悬浮体含量由1986年、2001年到2011年呈阶梯式锐减。而长江口水域悬浮体变化直接介入长江口鱼类群落变异，成为春季鱼类群落长期变化的首要影响因素，秋季仅次于水温驱动了鱼类群落时间和空间变异（张迎秋，2012）。

5.7　三峡水库运行对中下游河道的影响

5.7.1　总体变化特征

三峡水库坝下游宜昌至鄱阳湖口为长江中游，长955km，沿江两岸汇入的支流主要有清江、洞庭湖水系、汉江、倒水、举水、巴河、浠水、鄱阳湖水系等。近 50 年来，长江中游河道演变受自然因素和人为因素双重影响，且人为因素的影响日益增强。具体表现在：总体河势基本稳定，局部河势变化较大；河道总体冲淤相对平衡，部分河段冲淤幅度较大；荆江和洞庭湖关系的调整幅度加大；人为因素改变河道演变基本规律等。三峡工程于 2003 年 6 月蓄水运用后，水库拦截了上游来沙的 60％以上，坝下游水流明显变清，河床冲刷加剧，导致局部河段河势有所调整，个别河段河势变化剧烈，但总体河势仍基本稳定。主要表现为，宜枝河段河床纵向冲刷明显，洲滩面积萎缩，床沙粗化；荆江河段河床冲刷下切，局部河段河势继续调整；城陵矶至湖口段河势则无明显变化。近 10 余年来，长江中游两岸实施了以控制河势和保护堤防、城镇安全为主要目标的护岸工程，总体河势保持相对稳定，未发生长河段的主流线大幅度摆动现象，但局部河段的河势仍不断调整，有的河段河势变化还相当剧烈。如沙市河段三八滩的冲刷—消亡—淤长、石首河弯的切滩撇弯、监利乌龟洲主支汊易位等。1998 年大水后，随着一系列护岸工程和河势控制工程的实施，长江中游总体河势仍基本稳定。三峡工程蓄水运用后，由于一系列河势控制工程、护岸工程的控制作用，长江中游各河段河道仍保持原有的演变规律，但来水来沙条件的改变导致长江中游河道经历较长时期的冲刷，河道演变的强度和速度发生变化。其中：距离三峡大坝较近的宜昌至枝城河段由于河岸抗冲性较强，河道横向变形受到抑制，河势较为稳定，河床变形以纵向冲刷下切为主，胭脂坝附近、白洋附近最大冲深 6.1m、7.0m；洲滩面积萎缩，如胭脂坝（39.0m）、南阳碛（33.0m）洲体面积分别由 2002 年 9 月的 1.89km^2、0.82km^2 减小至 2008 年 12 月的 1.48km^2、0.33km^2；深槽冲刷发展，如白洋弯 25m 深槽面积由 2002 年 9 月的 2.388km^2 增大至 2008 年 12 月的 4.974km^2；床沙明显粗化，如宜昌站汛后床沙中值粒径由 2002 年的 0.18mm 增大至 2008 年的 19.1mm。

荆江河段河床以纵向冲刷下切为主。2002 年 10 月—2008 年 10 月，上荆江陈家湾附近深泓最大冲深 6.6m，下荆江的荆江门附近最大冲深达 21m。在河床冲深的同时，局部河段河势继续调整，特别是在一些稳定性较差的分汊河段如上荆江的沙市河段太平口心滩、三八滩和金城洲段，弯道段如下荆江的石首河弯、监利河弯和江湖汇流段，以及在一些过长或过短的顺直过渡段，河势也仍处于调整变化之中。城陵矶至湖口河段总体河势稳定，但部分弯道段如簰洲湾弯道，主泓横向摆动大，凹岸河岸崩塌；分汊段河床冲淤变化较大，主要表现为主泓摆动不定，深槽上提、下移，洲滩分割、合并，滩槽冲淤交替等，具有一定的周期性。特别是鹅头型汊道如陆溪口、团风和龙坪汊道内洲滩、深槽变化仍较剧烈，主流摆动频繁（潘庆燊，1999）。

三峡工程蓄水前，长江中游河道总体冲淤相对平衡，但部分河段冲淤幅度较大。三峡工程蓄水运用后，河道沿程冲刷幅度加剧，河床由蓄水前的"冲槽淤滩"转变为"滩槽均冲"。三峡工程蓄水前，长江中游河道在自然条件下长期不断调整，河道总体冲淤达到相对平衡，主要表现在基本河槽年际冲淤交替，没有出现明显单向抬升或下切的趋势。1981—2002 年，宜昌至湖口河段"冲槽淤滩"特征十分明显，平滩河槽淤积泥沙 1.53 亿 m^3，年均淤积泥沙0.128 亿 m^3/a，但枯水河槽则冲刷泥沙 4.91 亿 m^3，冲刷主要集中在宜昌至城陵矶段。20 世纪 90 年代以来，长江上游输沙量减少明显，宜昌站年均输沙量减少 25%。三峡水库于 2003 年 6 月蓄水后，水库拦截了入库泥沙的 70%，导致进入坝下游河段的输沙量进一步明显减少，宜昌、汉口 2003—2008 年年均沙量分别为 0.609 亿 t、1.25 亿 t，分别较蓄水前减小了 88%、69%，使得坝下游河道冲刷明显加剧。2002 年 10 月至 2008 年 10 月，宜昌至湖口河段实测平滩河槽总冲刷量为 6.41 亿 m^3，年均冲刷泥沙约 1.07 亿 m^3，而三峡水库蓄水前 1966—1998 年则年均淤积泥沙 0.13 亿 m^3/a，也略大于国内多家科研单位对三峡水库蓄水后年均冲刷 0.81 亿～1.06 亿 m^3 的预测成果，且冲淤形态也由蓄水前的"冲槽淤滩"变为"滩槽均冲"。从三峡工程蓄水运用后的河床冲淤量沿时分布来看，尤以 2004 年 10 月至 2005 年 10 月河床冲刷最为剧烈，宜昌至湖口河段平滩河槽冲刷泥沙 2.95 亿 m^3，占总冲刷量的 43%。

5.7.2　水沙变化特征

1. 径流量与输沙量变化

三峡工程蓄水运用以来，长江中下游河道水沙条件已发生了较大变化。三峡水库蓄水运用前，长江中下游的泥沙绝大部分来自于长江上游地区。三峡水库蓄水运用后，水库拦截上游来沙，坝下游沙量大幅减少。与蓄水前多年均值相比，2003—2010 年坝下游各控制站径流基本表现为不同程度的偏枯，偏小幅度在 10% 以内；输沙量减小则更为明显，各站减幅均在 60% 以上，且减小幅度沿程递减，枝城、汉口和大通站输沙量分别为 0.658 亿 t、1.18 亿 t 和1.52 亿 t，与蓄水前均值相比，减幅分别为 87.1%、70.4% 和 64.4%（张细兵，2012）。

2. 悬移质及床沙质级配变化

另外，三峡工程蓄水运用后，长江中下游泥沙来源发生了显著变化，大通站泥沙大部分来自于区间来沙和河床冲刷。三峡水库蓄水后，一方面大部分粗颗粒泥沙被拦截在库内。另一方面，坝下游水流含沙量大幅减少，河床沿程冲刷，悬沙变粗。与蓄水前相比，悬沙级配变化宜昌以下除大通站外，各站悬沙颗粒明显变粗，其中尤以监利站最为明显，由蓄水前的 0.009mm 变粗为 2006 年的 0.150mm，2007 年为 0.056mm，2008 年为 0.109mm，2010 年为 0.105mm。

宜昌站 2003—2007 年汛后床沙中值粒径 D50 分别为 0.320mm、0.402mm、0.480mm、0.680mm 和 11.7mm，逐年粗化的趋势明显；枝城站 2003 年、2005 年、2006 年、2007 年、2008 年 10 月断面床沙中值粒径 D50 分别为 0.280mm、0.271mm、0.30mm、0.296mm、0.307mm，粒径年际间虽有波动，但总体表现为粗化趋势；2003—2009 年汛后，监利站的床沙中值粒径 D50 分别为 0.154mm、0.171mm、0.195mm、0.239mm、0.198mm、0.176mm、0.184mm，表现出一定程度的粗化趋势；螺山站床沙中值粒径 D50 变化不明显。

3. 水位变化

根据三峡工程蓄水以来的实测资料分析可知，三峡坝下游主要控制站沙市、新厂、汉口站枯水流量水位下降幅度较大，而宜昌、枝城、监利、螺山站下降幅度较小；宜昌、枝城、沙市、螺山站中水流量水位下降幅度较大，而新厂、监利、汉口站下降幅度较小；洪水流量下以上各站水位均有一定程度的抬升。三峡工程蓄水后坝下游河道同流量下水位的变化主要与中枯水河道的冲刷、局部河道卡口节点的控制、航道整治工程等人为因素、滩地植被生长等因素有关。

4. 荆江三口分流分沙变化

自然情况下，三口分流分沙比呈逐年递减趋势，1967 年以来下荆江系统裁弯工程实施后的溯源冲刷和葛洲坝水利枢纽蓄水运用（1981 年 6 月）后的河床沿程冲刷，加速了分流分沙比递减趋势。1990—2002 年期间荆江三口分流分沙比变化不大，三峡水库蓄水运用以来，2003—2011 年期间除特殊枯水年三口分流分沙比减小幅度较大外，其他年份三口分流分沙比无明显单向变化趋势。

荆江三口分流分沙量在 1955—1989 年期间呈递减趋势；在 1990—2002 年期间荆江三口分沙量也呈递减趋势，但荆江三口分流量无明显变化趋势；三峡工程蓄水运用后三口分沙量进一步大幅度地减少，从荆江三口分泄至洞庭湖区基本接近于清水，荆江三口分流量略有减少。

5.7.3 河道冲淤变化

三峡工程蓄水运用后（2002 年 10 月—2011 年 10 月）宜昌至湖口河段（城陵矶至湖口河段为 2001 年 10 月—2011 年 10 月）总体为冲刷，平滩河槽（宜昌站流量 30000m³/s 所对应的水面线以下的河槽内）总冲刷量为 10.62 亿 m³，年均冲刷量 1.18 亿 m³，年均冲刷强度 12.4 万 m³/(km·a)。

其中，围堰蓄水期（2002 年 10 月—2006 年 10 月）冲刷较多，宜昌至湖口河段平滩河槽总冲刷量为 6.17 亿 m³，年均冲刷量 1.54 亿 m³，年均冲刷强度 16 万 m³/(km·a)。初期蓄水期间（2006 年 10 月—2008 年 10 月）冲刷较少，宜昌至湖口河段平滩河槽总冲刷量为 0.240 亿 m³，年均冲刷量 0.120 亿 m³，年均冲刷强度 1.26 万 m³/(km·a)，其年均冲刷量和冲刷强度均远小于围堰蓄水期。试验性蓄水（2008 年 10 月）以来，坝下游河床冲刷强度又有所增大，宜昌至湖口河段平滩河槽总冲刷量为 4.22 亿 m³，年均冲刷量 1.40 亿 m³，年均冲刷强度 14.7 万 m³/(km·a)，年均冲刷量和冲刷强度较围堰蓄水期略大。

对不同的河段，不同时段冲淤发展的情况不同。围堰蓄水期各河段基本上是冲刷，宜枝河段冲刷强度最大，荆江河段冲刷量最多；初期蓄水期宜昌至汉口河段基本保持冲刷态势，但汉口至湖口河段河床则有所淤积。

就荆江河段而言，2002—2003 年，上荆江总体表现为冲刷，不同流量级条件下冲淤分析表明这个时段为冲槽淤滩，例如，枯水河槽冲刷约 3100 万 m³，平滩河槽则冲刷 1600 万 m³，平滩与枯水河槽之间则淤积 1500 万 m³。2003—2006 年，上荆江各级河槽计算条件下均为冲刷，其中枯水河槽冲刷 2600 万 m³，平均冲深 0.15m，年均冲刷 887 万 m³，年均冲深 0.05m；中水河槽冲刷 3700 万 m³，平均冲深 0.19m，年均冲刷 1233 万 m³，年均冲深 0.063m；平滩河槽冲刷 8700 万 m³，平均冲深 0.36m，年均冲刷 2900 万 m³，年均冲深 0.12m。2003—2006 年上荆江中水河槽和平滩河槽之间的低滩部位冲刷量最大，约占 50% 以上，枯水河槽冲刷所占比重仅为 30%。分河段来看，2003—2006 年，除枝江河段枯水河槽变化不大，略有淤积外，其他河段各级河槽均为冲刷，且冲刷量沿程增加。2003—2006 年，沙市河段、公安郝穴河段枯水河槽分别冲刷 800 万 m³、1900 万 m³，冲深 0.14m、0.35m；枝江、沙市、公安郝穴河段平滩河槽均发生冲刷，冲刷量分别为 2400 万 m³、2400 万 m³、3900 万 m³，冲深 0.3m、0.3m、0.48m。2006—2008 年，三峡水库进一步抬高蓄水位，下泄沙量减少较多，上荆江冲刷加剧，且冲刷部位及特点与 2003—2006 年有所不同。从整个上荆江来看，2006—2008 年冲刷主要发生在枯水和中水河槽，枯水河槽冲刷 7600 万 m³，平均冲深 0.46m；中水河槽以下冲刷 8100 万 m³，平均冲深 0.41m；平滩河槽以下冲刷 1200 万 m³，平均冲深 0.05m。分河段来看，枝江河段、沙市河段、公安郝穴河段 2006—2008 年枯水河槽沿程均表现为冲刷，冲刷量分别为 3200 万 m³、3200 万 m³、1100 万

m³，平均冲深 0.51m、0.58m、0.20m；平滩河槽以下枝江河段、沙市河段分别冲刷了 900 万 m³、300 万 m³，公安郝穴河段沙市河段略有淤积。总体来看，上荆江 2003—2008 年各级河槽计算条件下均表现为不同程度的冲刷，枯水河槽累积冲刷 10200 万 m³，平均冲深 0.61m。枯水河槽各河段相比，枝江河段冲刷量最大，沙市河段次之，郝穴公安河段冲刷量最小。

2002—2003 年下荆江河床在各级计算水位条件下均表现为不同程度的冲刷。2003 年三峡水库蓄水运用后，下泄沙量大幅度减少，下荆江河段产生了严重冲刷，呈现滩槽皆冲的特点。2003—2006 年，下荆江枯水河槽累积冲刷 5700 万 m³、累积冲深 0.35m，年均冲刷 1900 万 m³、年均冲深 0.12m；平滩河槽冲刷 15100 万 m³、冲深 0.52m，年均冲刷 5033 万 m³、年均冲深 0.17m。分河段来看，在此期间，下荆江六个河段中除石首河段枯水和中水河槽部分低滩略有淤积、盐船套至荆江门枯水河槽基本平衡外，其他河段如沙滩子、中洲子、上车湾裁弯段等不同河槽皆为冲刷，而且同样体现出滩、槽皆冲的特点。从上至下沿程枯水河槽平均冲深分别为：0.37m、0.27m、0.22m、0.03m、0m、0.99m，平滩河槽的沿程冲深分别为 0.9m、0.14m、0.3m、0.11m、0.33m、1.1m，无论是滩还是槽的冲刷，以熊家洲至城陵矶河段最为严重，石首河段次之，其他河段相对较小。2006 年三峡水库按 156m 蓄水运用，下泄沙量进一步减少，下荆江河段继续冲刷。2006—2008 年，下荆江沿程枯水河槽除熊家洲—城陵矶段为淤积外其他河段均表现为不同程度的冲刷，中水河槽沿程有冲有淤且以冲刷为主，平滩河槽沿程以淤积为主。下荆江枯水河槽累积冲刷量为 3900 万 m³，平均冲深 0.24m，年均冲刷 1950 万 m³，年均冲深 0.12m。综上所述，三峡工程蓄水后的 2003—2008 年，下荆江枯水河槽沿程各河段河床均表现为不同程度的冲刷，下荆江枯水河槽累积冲刷 9600 万 m³、平均冲深 0.59m，中水和平滩河槽各河段河床有冲有淤。

5.7.4 河势变化特征

2003 年三峡工程蓄水运用以来，随着水库下泄泥沙的减少，坝下游河道开始经历长时期、长河段冲刷过程。2003 年至今，坝下游河道冲刷主要集中在宜昌至城陵矶河段。宜昌至枝城河段受两岸边界控制，河势基本没有发生大的变化。枝城至城陵矶的荆江河段，通过总结分析得出，该河段河道演变及河势变化具有以下特征：

（1）总体河势未变，局部河段河势有所调整，其中部分调整较为剧烈。

河演分析表明，三峡工程蓄水运用以来荆江河道的总体河势未变，局部河段的河势有所调整，其中调整幅度较大的是两弯道之间的长顺直过渡段，如上荆江太平口长顺直放宽段，太平口心滩右槽发展导致新三八滩崩退；新厂长顺直放宽分流段深泓线右移导致古长堤附近深泓线靠右再转靠左岸，新生滩头部分割出倒口窑心滩，形成三汊分流格局。局部河段河势调整较为剧烈，如下荆江熊家洲弯道与七弓岭弯道，三峡工程蓄水运用以来，河槽冲刷下切，熊家洲弯道出口段深泓逐年下挫，过渡段随之下延，七弓岭弯道主流顶冲点不断下移。2008年深泓线较2006年向左最大摆幅达670m，弯道顶冲点下移约3400m，七弓岭弯道凸岸出现冲刷、弯道中上部形成双槽平面形态；2010年主流出熊家洲弯道后不再向右岸过渡，而直接贴八姓洲狭颈西侧下行至七弓岭弯道，深泓线较2008年向左最大摆幅达到1330m，弯道顶冲点下移4600m至弯顶中下段，七弓岭弯道凸岸发生"撇弯切滩"现象。在七弓岭弯道出口段，在2004年前主流于七姓洲狭颈附近向左岸过渡，进入观音洲弯道后主流贴弯道凹岸下行；2006年七弓岭弯道出口段深泓逐渐下挫，较2004年向右最大摆幅达到290m；2008年出口段主流贴岸距离下延七姓洲头部附近；2010年主流出七弓岭弯道后直接贴七姓洲西侧下行至观音洲弯道，深泓线相对于2008年向右最大摆幅达到250m，随着七姓洲狭颈西侧岸线持续崩退，观音洲弯道也开始发生"撇弯切滩"现象，随着荆河脑边滩的冲刷后退，洞庭湖与荆江出口的汇流点也随之有所下移。由此可见，三峡水库蓄水后熊家洲至城陵矶河段弯道近期表现为凸岸边滩冲刷后退，深泓在弯道进口至弯顶段明显向凸岸方向偏移，由于水流弯曲度的减小，在一定条件下存在切滩撇弯，河势大幅调整的可能（卢金友，2011）。

（2）三峡工程蓄水运用以来护岸工程总体稳定，但局部河段出现严重崩岸。

2003年6月三峡工程蓄水后，荆江两岸护岸工程总体稳定；由于上游来沙量大幅度减少，荆江河段出现自上而下的冲刷调整和河势调整所引起的弯道顶冲部位变化，冲刷部位主要在枯水河槽，尤其是部分地段弯道凹岸近岸河床冲刷调整幅度相对较大，局部河段出现严重崩岸。三峡工程蓄水运用以来至2010年12月期间，初步统计荆江两岸已护段发生崩岸或岸坡滑挫险情的地段主要有学堂洲、腊林洲、文村夹、公安河弯、南五洲、茅林口、合作垸、北门口、北碾子湾、连心垸、鹅公凸、新沙洲、铺子湾、团结闸、荆江门、七弓岭弯道、观音洲弯道等地段（卢金友，2014）。

就荆江大堤而言，其护岸工程主要的矶头有沙市河弯的观音矶、刘大巷矶、杨二月矶和郝穴河弯的冲和观矶、祁家渊下凸岸、灵官庙矶、龙二渊矶、铁牛上矶和铁牛下矶。三峡水库蓄水以来，随着坝下游河道河床冲刷的发展，荆江大堤护岸工程的近岸河床冲刷较剧，大部分矶头附近的冲刷程度较1998

年大洪水期更为剧烈，由于护岸工程经历年加固，大部分矶头下腮的水下岸坡尚能保持抛石工程要求的稳定坡度，未发生损毁，但崩岸险情偶有发生，如2005年1月15日在突起洲左汉文村夹2002年3月崩岸段的下游发生长约400m的崩岸险情，最大崩宽约10m，出险后进行了削坡、抛石护脚处理。随着三峡水库运用历时的增长，河道冲刷仍将继续发展，加强护岸工程的常年监测，及时采取加固措施，已是当务之急。

（3）新建的河势控制工程和航道整治工程对河道演变的影响明显。

三峡水库初期蓄水运用后荆江河道发生冲刷过程中，先后实施的河势控制工程和航道整治工程，对保持河势稳定和航道畅通起到了重要作用。

2003年以来，为了保持三峡水库蓄水运用初期坝下游荆江河段河势的稳定，确保沿岸重要堤防安全，在已往实施的护岸工程基础上，2006—2009年先后在上荆江右岸的林家脑、南五洲段及左岸学堂洲、沙市城区、文村甲段，下荆江左岸北碾子湾、铺子湾段及右岸天字一号、洪水港、荆江门等河段段实施了河势控制应急工程。此外，2003年以来具体实施的航道整治工程包括：枝江江口航道整治一期工程（2009年9月）、腊林洲守护工程（2010年10月）、三八滩应急守护工程（2004年3月、2005年3月）、沙市河段航道整治一期工程（2008年汛后）、瓦口子水道航道整治控导工程（2007年12月）、马家嘴水道航道整治一期工程（2006年10月）、瓦口子—马家嘴航道整治工程（2010年10月）、周天河段航道整治控导工程（2006年12月）及窑监河段航道整治一期工程（2009年4月）。这些河势控制工程和航道整治工程的实施，对保持三峡水库蓄水运用后荆江河势稳定和航道畅通起到了重要作用。

5.7.5 断面变化特征

采用2002年10月—2010年9月地形计算了枯水、中水、平滩流量下（沙市5000m³/s、12500m³/s、32000m³/s）荆江河段沿程各断面宽深比的变化。对于枯水情况，在三峡工程蓄水后，枝城至郝穴河段断面宽深比逐渐变小，并且由上至下减小幅度逐渐增大，如枝城至枝江河段在2002年10月断面平均宽深比为8.12，在2008年10月则减少为7.45；而沙市至公安河段在2002年10月断面平均宽深比为7.78，在2008年10月则大幅减少为4.47。郝穴至荆江门，在2002—2010年断面平均宽深比总体表现为逐渐减小，但期间并不呈现单一变化的趋势，有些年份在局部河段断面宽深比明显增大，如调关至监利河段，2002年10月、2004年6月、2006年7月断面平均宽深比分别为5.03、4.89、4.84，而到2008年10月增加到5.19，远较蓄水前大，2010

年 9 月宽深比又有所减小为 4.47。荆江门至城陵矶段断面平均宽深比则表现为 2002—2006 年间逐渐增大，2008—2010 年有明显减少的趋势。

对于中水流量，断面宽深比变化的趋势和枯水流量基本一致，即多年来宽深比总体逐渐减小，但就不同河段变化大小不尽相同，在三峡水库蓄水前后新厂至监利段宽深比变幅较大，其中 2002—2004 年间石首至调关段宽深比从 5.57 大幅减小到 3.48，2004 年以后变化幅度明显减小；在荆江其他河段（新厂以上和监利以下）断面宽深比呈逐年减小的趋势，且变幅相对较小。

通过以上分析可知，三峡工程蓄水以来，在荆江的上段枝城至郝穴段由于两岸堤防及护岸较为完备，河道向横向发展的空间较小，整体表现为纵向冲刷，河道向窄深方向发展，宽深比逐年减小，水深有一定程度的增加；荆江中部郝穴至荆江门河段，两岸虽有堤防，但凸岸边滩大部未守护，由于河宽较大，河道调整的空间也较大，三峡工程蓄水后受清水下泄影响河道在横向和纵向上均有所发展，因此该段河道宽深比变化较复杂，并不是呈现单一的减小趋势，在局部河段特殊时段河势发生一定调整，宽深比反而会有大幅增加，造成航道条件恶化，有必要密切关注；荆江门以下断面宽深比除 2004 年较 2002 年有所增大外，其余年份均较蓄水前减小，表明此河段近期河势将比较稳定。

5.7.6 主要河道治理措施

5.7.6.1 护岸工程

护岸工程是长江中下游防洪、河势控制和河道整治工程的重要组成部分，是河道治理的一项基础性工程。护岸工程布置包括工程位置、防护长度和治导线的确定，是关系到护岸工程整体布局和成败的关键性问题。

1. 抛石护岸

长江中下游抛石护岸历史悠久，早在 15 世纪中叶，在荆江大堤即开始兴建块石护岸工程，到目前为止，实施了大量的抛石护岸工程，这是长江中下游应用最普遍的护岸工程材料，以往在各种水流、边界条件下均使用过，均取得了较好的护岸效果，也积累了较多的工程实践经验。试验研究与工程实践表明，抛石护岸工程的效果主要与工程布置、抛石方量、床面块石的覆盖率以及防冲石、接坡石、裹头石的工程量等有关。

大量的工程实践证明，抛石护岸工程最大的优点是能较好地适应河床变形，适用范围广，任何情况下崩岸都能够用块石守护而达到稳定岸线的目的，即无论是一般护岸段，还是迎流顶冲段，只要设计合理，抛投准确，护岸效果均较好，尤其是在崩岸发展过程或抢险中更能体现抛石的优越性。如中洲子裁弯后新河岸线崩坍剧烈，采用抛石护岸得以稳定，说明块石适应河床变形能力强；2002年初，下荆江北碾子湾段护岸坡工程施工过程中不断发生剧烈崩塌，若采用其他材料守护，施工强度难以跟上河岸崩塌速度，采用块石守护，充分发挥了散粒体随河床自动调整的优点，先对近岸段集中守护，能起到一定时段内稳定岸坡的作用，保证工程的顺利实施。此外，抛石护岸还具有就地取材，施工和维护简单，可分期施工、逐年加固，造价低等优点。但也存在一些不足，主要是开山采石对环境造成的影响，施工时抛石数量和均匀度不易控制等。

2. 丁坝

丁坝对水流流速场的影响较平顺护岸为大。丁坝附近的水流可分为三个区域，即主流区、上回流区和下回流区。上回流区是丁坝的阻水作用所致。下回流区是水流绕过丁坝时的离解现象所造成，回流区与主流区的交界面是不稳定的。交界面处形成漩涡，并且在交界面靠回流区一侧出现成片的泡水区，在丁坝下游较远范围内仍有单个泡水出现。泡水周围出现的漩涡，其尺度较交界面漩涡为小。

丁坝的局部水流结构具有如下特点：丁坝下游面流流线与底流流线平面上都是弯曲的，但两者在平面上的投影不重合，面流偏向丁坝对岸，底流则偏靠丁坝一岸。各流层分离面与其对应，构成表层水流形成漩涡，以下各流层的漩涡上升至水面形成泡，造成交界面内出现成片的泡水区。

由于丁坝上游壅水，在坝前形成下降水流，与纵向水流一起在绕过坝头时形成底部的螺旋流，使得水流的垂线平均流速分布发生变化。水流过坝后，垂线平均流速、面流流速和底流流速沿程加大，到最大值后，又复变小。其中以底流速沿程增大率最大。

3. 环保生态型护岸工程技术

国内外河道堤防护岸工程、河道型水库库区河段高陡边坡治理工程等基本采用干砌石、浆砌石、预制混凝土六方块、钢丝网石垫、模袋混凝土、现浇普通混凝土等护坡材料结构型式。这些技术虽然能起到保护边坡的作用，但是都有一定的局限性：干砌石护坡容易被水毁，整体性差、维护加固周期较短、相对维护成本较高；浆砌石、预制混凝土六方块、模袋混凝土、现浇普通混凝土护坡均没有生态功能，缺乏整体性、综合成本较高；钢丝网石垫护坡成本高，还存在钢丝锈蚀问题，生产钢丝网箱需要大量的能源、钢丝和贵金属镀层的生产对环境的不利影响较大。防止水土流失、人与自然和谐相处是中国的基本国策，随着人类社会对环保意识的增强和有关环保法规的贯彻实施，需要开发应用生态、环保、能耗低、功效高的新一代河岸护坡工程技术（何广水，2012）。

河岸生态护坡工程的任务主要有两方面：其一是保障河道边坡不被雨水和河水冲刷侵蚀，避免出现河岸线稳定风险而影响所在地区的防洪安全；其二是保障河道岸坡植物自然生长和生物群落的栖息地的存在，从而维护河道的自净功能。因此，河岸生态护坡工程在结构功能设计时必须要考虑工程对坡面保护效果和工程面的自然生态修复；此外，需要进行护坡的区域往往是自然条件恶化或人类和其他生物活动频繁的地方，对工程的损毁影响较大，从科学与经济而言，需要耐久性好、经济实惠的材料结构型式。宽缝加筋生态混凝土河道护坡技术是一种新型的生态护坡技术，具有经久、实惠的特性，工程实体由预制加筋混凝土四方块、现浇空隙混凝土、三维土工网砂垫、土壤（泥浆）等构成。

5.7.6.2　潜坝技术

潜坝设置在枯水水面以下，具有调整水面比降及限制河底冲刷等功能的河道整治建筑物。

潜水石坝简称"潜坝"。潜坝的特点是将块石投入河道底部筑成堆石坝；这种堆石坝在最枯水位时均潜没在水底而不碍航。若在拟建潜坝的地点水深受限制，设计上又需要时，也可以将潜坝面端坝顶以上接岸部分抛筑丁坝。

潜坝按其纵断而与河床横断而的组合型式，大体上可分为三种类型，即潜丁坝、潜锁坝和丁坝潜坝组合坝（简称丁潜组合坝）。

（1）潜丁坝。坝体在设计水深下占据河床底部部分河宽的堆石坝，称潜丁坝。潜丁坝又可分为接岸潜丁坝，和不接岸潜丁坝（坝两端不接岸）。

潜丁坝因其坝头的挑流作用，对抗冲性差的河床引起冲刷，以致削弱或消失潜坝壅水作用。所以潜丁坝适用于抗冲性好的基岩或大砾石覆盖基岩组成河床的卡口、陡坡型急流滩。

（2）潜锁坝。坝体在设计水深下占据河床底部整个河宽的堆石坝。河床系基岩、砾石、卵石、砂质的卡口、陡坡急流滩，适宜建筑潜锁坝。

（3）丁潜组合坝。河床横断面设置丁坝和潜坝（潜丁坝或潜锁坝）组合而成的。简称丁潜组合坝。丁潜组合坝又分为：丁坝潜丁坝、对称丁坝潜锁坝、不对称丁坝潜锁坝。

潜坝通常为稳定河势、调整水流而修建。潜坝应用在治理山区性河流急流滩，其主要作用是通过抛筑坝体增高急流滩下游河床的局部高程，缩窄过水断面积，增加局部河床糙率，使潜坝上游产生水位壅高。

潜坝按材料可分轻型工程和重型工程。以梢料、柴薪等修筑的工程为轻型工程，可就地取材，但耐久性差，适用于过渡性和辅助工程；以石料、混凝土等材料修筑的工程为重型工程，其抗冲性强，使用年限久，适用于永久性工程。目前，潜坝应用较广泛，如由于港口航道整治需要，在瓯江江心屿段河道内抛筑了一系列丁坝和潜坝，很好地改善了江心屿河道的水流条件，避免了河道主槽在江心屿南北汊的来回摆动，稳定该河段河势。潜坝在调控稳定河势，调整水流、防止自然灾害等方面有着积极的作用，但对于河道治理工程来说，其建设不可避免的会对河道生态环境造成一定程度的影响，为实现水利建设与生态环境的协同发展，现今，生态水利在河道整治工程中的建设和应用已成为当今社会所关注的热点问题。

5.8　河道整治对水生态的影响

5.8.1　三峡工程建成后对河道演变的影响

三峡水库坝下游宜昌至鄱阳湖口为长江中游，长 955km，沿江两岸汇入的支流主要有清江、洞庭湖水系、汉江、倒水、举水、巴河、滏水、鄱阳湖水系等。荆江南岸有松滋、太平、藕池三口分流入洞庭湖。河段干流由微弯单一型、蜿蜒型、分汊型三种基本河型的河道组成，以分汊型河段为主，微弯单一型河道与分汊型河道相间分布。分汊型河道越往下游越多，蜿蜒型河道主要集中在下荆江河段。

经过多年治理，在天然节点控制和人工护岸工程的作用下，总体河势基本稳定，但局部河段河势变化仍很剧烈。2003 年三峡工程蓄水后，清水下泄改变了水库下游河道的水沙条件，导致蓄泄关系、河道冲淤及河势调整特性等发生新的变化。

随着三峡水库的建成和蓄水运用，长江中游河道发生沿程冲刷，并逐步向下游发展，呈现上段较下段先发生冲刷、上段冲刷多时下段冲刷少甚至暂时不冲刷的特征，且冲刷主要发生在基本河槽。如从 2002 年 10 月—2008 年 10 月的冲淤量的沿程分布来看，距三峡水利枢纽较近的宜昌—城陵矶河段持续冲刷，距三峡水利枢纽较远的城陵矶—湖口河段在 2003 年 10 月—2004 年 10 月、2005 年 10 月—2006 年 10 月表现为少量淤积，次年表现为明显冲刷。在发生冲刷的河段，均以枯水河槽冲刷为主。

三峡水库蓄水运行后，随着清水下泄冲刷的影响越来越明显，三峡工程及上游水库蓄水拦沙后清水下泄，荆江是遭受清水下泄影响最早、最为剧烈的河段之一，河道冲刷将引起局部河势的变化，产生新的崩岸险工段，影响荆江河段河势及已有护岸工程的稳定。荆江河段河床以纵向冲刷下切为主。2002 年 10 月—2008 年 10 月，上荆江陈家湾附近深泓最大冲深 6.6m，下荆江的荆江门附近最大冲深达 21m。在河床冲深的同时，局部河段河势继续调整，特别是在一些稳定性较差的分汊河段如上荆江的沙市河段太平口心滩、三八滩和金城洲段，弯道段如下荆江的石首河弯、监利河弯和江湖汇流段，以及在一些过长或过短的顺直过渡段，河势也仍处于调整变化之中。

藕池口段为一顺直放宽的喇叭形河道，由顺直过渡段和急弯段组成。该段自古长堤以下逐渐放宽，在其放宽段存在心滩，由于洲滩抗冲性差，河道演变复杂，1999 年以前，藕池口段放宽段只有藕池口心滩，将该段分为左右两汊，主流及主航道在两汊间交替，大部分年份主航道走左汊。2000 年以后，藕池口段放宽段由于泥沙淤积形成倒口窑心滩，又将左汊分为左槽和右槽，左槽宽深，位置较为稳定，右槽不稳定，摆动幅度较大，枯水期主航道一般情况下走左槽，部分年份临时改走右槽。当主流走左槽时，藕池口段浅区位于进口段，一般在古长堤至倒口窑之间；当主流走右槽时，进、出口的过渡段均存在浅区。通常浅区在洪水期淤积，退水期冲刷。若退水期较长，浅区冲刷幅度大，则枯水期航道条件较好，若退水期较短，浅区冲刷不力，则枯水期航道条件较差。

碾子湾段为急弯下游的长直的顺直河道，从文艺村到柴码头段，主流贴于左岸，形成宽深左槽，河道右岸为南碾子湾边滩，构成相对稳定的滩槽形态。石首弯道切滩后，进口段主流顶冲点不断下移，造成鱼尾洲至北碾子湾一带崩岸加剧，河道向微弯方向发展。枯水期浅区主要位于柴码头至寡妇夹的过渡段，该处主流极不稳定，航道容易出浅。2000—2003 年实施航道整治工程后，航道条件明显改善。但由于上游主流顶冲点的下移造成柴码头一带岸线崩塌，部分已建护岸工程出现一定程度的水毁，不利于维持目前较好的滩槽格局。

河道的整治需对该河段进行疏浚、护滩、护岸等，工程改变了河流的河态河势，相应的水文情势也会发生变化对水生生态环境将产生一定的影响。

5.8.2 中游典型河段水生态系统情况

沙市河段（也称太平口水道）属于长江中游，位于宜昌市下游约 133km，上起陈家湾、下至玉和坪，长约 20km，以杨林矶为界分为上下两段：上段被太平口心滩分为南北槽，为沩市河弯与沙市河弯两个反向弯道之间的直线过渡段；下段为三八滩分汊段，属于沙市大弯道的上段。沙市河段河道很不稳定，河床演变剧烈，以河道内主流频繁摆动、洲滩互为消长、汊道兴衰为主要变化特征，长期以来一直是长江中游重点碍航水道。2004年和2005年汛前实施了两期三八滩应急守护工程，但由于应急守护的范围与强度不够，三八滩继续后退缩窄，北汊进口再度呈淤积之势。南汊航槽亦不稳定，航道条件较差。2008年11月，开工建设了沙市河段航道整治一期工程。一期实施后，遏制了三八滩中上段滩体冲刷后退，维持了中上段滩脊的稳定及沙市河段下段分汊格局，较好实现了设计预期目的，但由于三峡工程实施以来，对沙市河段河势格局稳定起关键作用的腊林洲高滩，其岸线处于持续冲刷后退状态，近年来有加速之势，可能加剧沙市河段总体河势的不稳定，河道的整治需对特殊河段进行疏浚、护滩、护岸等，工程改变了河流的河态河势，相应的水文情势也会发生变化对水生生态环境将产生一定的影响。

5.8.2.1 浮游生物

江陵—莱家铺段长江干流中游典型河段水质情况进行监测，主要指标见表5.8-1。

表 5.8-1   江陵—莱家铺段水质现状

采样点		水温/℃	水深/m	水色	透明度/cm	pH 值	电导率/(μS/cm)
江陵	右	11.3	>10	浅绿	200	8.4	227
	左	11.3	>10	浅绿	200	8.6	231
石首	右	12.3	>15	浅绿	150	8.6	230
	左	12.2	>10	浅绿	150	8.4	223
莱家铺	右	11.3	>10	浅绿	140	8.4	226
	左	11.3	>10	浅绿	150	8.6	239

浮游植物是水体中能进行光合作用的低等植物，是许多鱼类或其他水生动物的天然饵料。作为水生态系统中的初级生产者，浮游植物在水体物质循环和能量流动中有着十分重要的作用。

长江中游干流江陵—莱家铺段区域进行浮游植物调查，共检出浮游植物计5门36属58种。其中硅藻门39种，占检出种类的67.24%；绿藻门10种，占检出种类的17.24%；蓝藻门7种，占检出种类的12.08%；甲藻门、金藻门各1种，分别占检出种类的1.72%。浮游植物种类组成以硅藻门为主，其次为蓝、绿藻门，其他门种类较少。浮游植物常见种类为颗粒直链藻、桥弯藻、针杆藻、幅节藻、舟形藻等。浮游植物种类组成为典型的河流生境类型（见表5.8-2和图5.8-1，图5.8-2）。

表 5.8 - 2 调查江段浮游植物种类组成

种　类	种类数	比例/%
硅藻门	39	67.24
绿藻门	10	17.24
蓝藻门	7	12.08
甲藻门	1	1.72
金藻门	1	1.72
合计	58	100

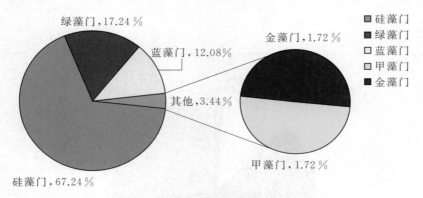

图 5.8 - 1 调查江段浮游植物种类组成

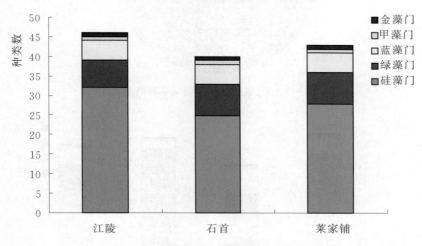

图 5.8 - 2 调查区域各断面浮游植物种类

　　调查区域浮游植物密度平均为 21600 （19050～23100）ind./L（表5.8 - 3），其中硅藻门占 71.99%，绿藻门占 15.51%，蓝藻门占 9.95%，甲藻门占 1.16%，金藻门占 1.39%。浮游植物密度组成中以硅藻门数量占绝对优势，其次为绿藻门、蓝藻门，其他门数量较少。调查区域浮游植物密度总体偏低，工程所在区域石首断面浮游植物密度明显较上下游断面低（图 5.8 - 3，图

5.8-4）。

表 5.8-3　　　　　长江江陵—莱家铺段浮游植物密度　　　　　单位：ind./L

种类＼样点	江陵			石首			莱家铺			调查区域	
	左	右	平均	左	右	平均	左	右	平均	平均	％
硅藻门	20400	12300	16350	14400	10800	12600	16800	18600	17700	15550	71.99
绿藻门	3600	4800	4200	2700	2400	2550	3300	3300	3300	3350	15.51
蓝藻门	1800	2100	1950	2100	4500	3300	1500	900	1200	2150	9.95
甲藻门	300	300	300	300	300	300	300	0	150	250	1.16
金藻门	300	300	300	300	300	300	300	300	300	300	1.39
合计	26400	19800	23100	19800	18300	19050	22200	23100	22650	21600	100

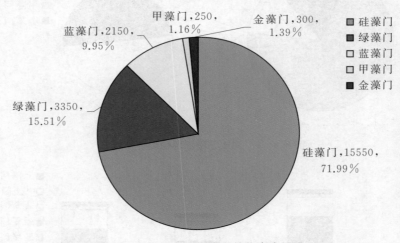

图 5.8-3　调查区域浮游植物密度组成

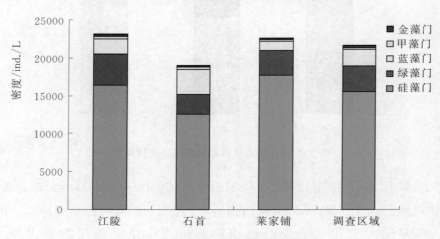

图 5.8-4　调查区域浮游植物密度

调查区域浮游植物生物量平均为 6.7365（3.859～9.1177）×10⁴mg/L，

其中硅藻门占 96.63％，绿藻门占 1.19％，蓝藻门占 1.90％，甲藻门占 0.28％。浮游植物生物量组成中以硅藻门数量占绝对优势，其次为蓝藻门、绿藻门，其他门数量较少。同密度一样工程所在区域石首断面浮游植物生物量明显较上下游断面低（表 5.8－4，图 5.8－5）。

表 5.8－4　　　　　　长江江陵—莱家铺段浮游植物生物量　　　　单位：10^{-4}mg/L

样点 种类	江陵			石首			莱家铺			调查区域	
	左	右	平均	左	右	平均	左	右	平均	平均	%
硅藻门	6.3322	2.8570	4.5946	3.2140	2.8123	3.0132	6.8981	3.5573	5.2277	4.2785	96.63
绿藻门	0.0828	0.0320	0.0574	0.1037	0.0523	0.0780	0.0413	0.0045	0.0229	0.0528	1.19
蓝藻门	0.0736	0.0020	0.0378	0.0013	0.1841	0.0927	0.0608	0.1818	0.1213	0.0839	1.90
甲藻门	0.0150	0.0150	0.0150	0.0150	0.0150	0.0150	0.0150	0.0000	0.0075	0.0125	0.28
金藻门	0.0002	0.0000	0.0001	0.0002	0.0002	0.0002	0.0002	0.0002	0.0002	0.0002	0.00
合计	6.5037	2.9050	4.7044	3.3341	3.0638	3.1990	7.0153	3.7437	5.3795	4.4276	100.00

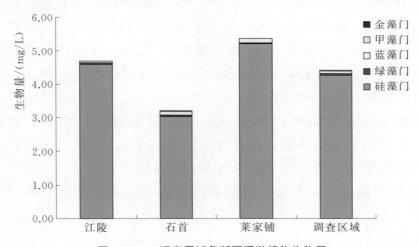

图 5.8－5　调查区域各断面浮游植物生物量

生物多样性是生态系统中生物组成和结构的重要指标，它不仅反映生物群落的组织化水平，而且可以通过结构与功能的关系反映群落的本质属性。

藻类生物多样性采用 Shannon－Wiener 指数计算公式，评价区枯水期各断面浮游植物多样性指数见表 5.8－5。

表 5.8－5　　　　　评价区浮游植物多样性指数及物种数

断面	江陵		石首		莱家铺	
	左	右	左	右	左	右
多样性指数	2.78	2.54	2.66	2.45	1.33	1.88

续表

断面		江陵		石首		莱家铺	
		左	右	左	右	左	右
种类数	定性	37	34	26	35	31	34
	定量	41	43	30	34	40	46

生物多样性指数主要反映生态系统中生物的丰富度和均匀度。从浮游植物的生物多样性指数看各断面浮游植物种类较丰富而且各种类数量较均匀。

调查区域共检出浮游动物 39 属 55 种。其中原生动物 26 种，种类最多，占总种数的 47.27％；轮虫 16 种，占总种数的 20.09％；枝角类 8 种，占总种数的 14.55％；桡足类 5 种，种类最少，占总种数的 9.09％。原生动物常见种为旋回侠盗虫、绿急游虫和钟虫，枝角类常见种为长额象鼻溞，桡足类常见种为球状许水蚤。

江陵共检出浮游动物 25 属 32 种。其中原生动物 14 种，种类最多，占总种数的 43.75％；轮虫 9 种，占总种数的 28.13％；枝角类 6 种，占总种数的 18.75％；桡足类 3 种，种类最少，占总种数的 9.38％。

石首共检出浮游动物 22 属 27 种。其中原生动物 14 种，种类最多，占总种数的 51.85％；轮虫 5 种，占总种数的 18.52％；枝角类 5 种，占总种数的 18.52％；桡足类 3 种，种类最少，占总种数的 11.11％。

莱家铺共检出浮游动物 18 属 22 种。其中原生动物 10 种，种类最多，占总种数的 45.45％；轮虫 6 种，占总种数的 27.27％；枝角类 4 种，占总种数的 18.18％；桡足类 2 种，种类最少，占总种数的 9.09％。

浮游动物种类水平分布在江陵断面的种类数最多，莱家铺断面的种类数最少。

5.8.2.2 底栖动物

长江中游干流江陵—莱家铺段区域进行底栖动物调查，江段共检出底栖动物 8 种，其中软体动物 3 种，占 37.50％；节肢动物 4 种，占 50.00％；环节动物 1 种，占 12.50％，优势种有白旋螺、扁螺、河蚬、短腕白虾、秀丽白虾等。底栖动物主要分布于沿岸边滩及水流相对较缓的浅水湾、支汊等水域，主航道因水流湍急，底栖动物分布较少。由于生存环境差异，底栖动物水平分布差异较为明显，其中江陵右岸种类分布相对较多，石首左岸种类分布相对较少。现存量以石首右岸最高，密度、生物量分别为 52ind./m² 、0.66g/m² ，其余站点现存量较低，其中江陵右岸、莱家铺右岸底栖动物定量标本未检出。

底栖动物平均密度为 9ind./m² ，软体动物、节肢动物、环节动物密度所占比例分别为 11.11％、55.56％、33.33％；平均生物量为 0.26g/m²，软体动物、节肢动物、环节动物所占比例分别为 76.92％、11.54％、11.54％。

5.8.2.3　鱼类资源

据《长江鱼类》及《长江水系渔业资源》记载，研究江陵至莱家铺所在的长江中游分布鱼类 215 种；《湖北鱼类志》记载包含长江中游干流江陵—莱家铺江段的湖北境内宜昌以下长江干流分布鱼类 136 种；吴国犀等 1981—1986 年在宜昌江段调查到鱼类 94 种；虞功亮等 1997—1998 年在葛洲坝水利枢纽下的宜昌江段调查到鱼类 45 种；张汉华"长江天鹅洲白鱀豚国家级自然保护区鱼类资源及其生态作用浅析"所附"天鹅洲白鱀豚自然保护区鱼类名录"（1998，华中师范大学学报）列名保护区所处石首江段分布鱼类 83 种；综合以上资料及本项目组于 2009 年 2—3 月在石首江段的调查结果，并根据《中国动物志·硬骨鱼纲·鲤形目（中卷）》《中国动物志·硬骨鱼纲·鲤形目（下卷）》《中国淡水鱼类检索》《中国淡水鱼类图集》等文献，对部分种名及分布进行校核订正，藕池口水道所处石首江段分布鱼类 91 种，分别隶属于 11 目 23 科 65 属。鲤形目鱼类是本江段的主要构成类群，共有 34 属 50 种，占鱼类种数的 54.95％；其次为鲇形目 8 属 16 种；鲈形目 9 属 14 种。在组成该江段的 25 科鱼类中，鲤科鱼类 64 种，鳅科次之。

调查江段鱼类中的达氏鲟，中华鲟、白鲟及可能分布的属兽纲鲸目的白鱀豚为国家 Ⅰ 级保护水生野生动物，胭脂鱼及鲸目的江豚为国家 Ⅱ 级保护水生野生动物。而达氏鲟、中华鲟、白鲟、胭脂鱼、鲥鱼、鲸与白鱀豚、江豚均为列入中国濒危动物红皮书种类：①东亚平原类群。是调查江段鱼类的主要构成类群，占鱼类种类的 50％以上。包括鳅科的沙鳅亚科沙鳅属、副沙鳅属、薄鳅属种类，鲤科的鲌亚科、鲴亚科、鲢亚科、鳅鮀亚科、鮈亚科及雅罗鱼亚科的鱼类。这部分鱼多产漂流性卵，一部分虽产黏性卵但黏性不大，卵产出后附着在物体上，不久即脱落。顺水漂流并发育。产卵习性对水位变动敏感，许多种类在水位升高时从湖泊进入江河产卵，幼鱼及产过卵的亲鱼入湖泊育肥。②南方平原类群。主要包括鲇形目拟鲿科、鲈形目鳢属种类及黄鳝、中华青鳉、刺鳅等。常具拟草色，身上花纹较多，有些种类具棘和吸取游离氧的副呼吸器。喜暖水，在较高水温的夏季繁殖，多有护卵、护幼习性。③老第三纪类群。包括鲤科的鲃亚科、鲤亚科、鲭鲅亚科和鲇形目鲇科种类。该类群嗅觉较视觉发达，适于浑浊的水中生活，多以底栖生物为食。④南方山地类群。包括鮡科的种类，是具特化吸附构造，能适应激流生活的小型鱼类。⑤北方平原类群。包括中华鲟、达氏鲟、白鲟等种类。⑥河海洄游鱼类群。包括鲥、长颌鲚、鳗鲫、暗纹东方鲀等。

江陵—莱家铺江段鱼类的主体是鲤科鱼类东亚平原类群，其次是南方平原类群、老第三纪类群和中印山区类群，还具备少量河海洄游种类，但缺乏上游江段两大青藏高原类群裂腹鱼及高原鳅类，表明该江段鱼类分布呈现出位于长江上下游交界更接近下游流域的种群分布特点。该河段鱼类的重要生境包括：产卵场、索饵或育幼场、越冬场。

（1）产卵场。根据余志堂等（1986 年）调查，宜昌—城陵矶江段分布有青、草、鲢、鳙"四大家鱼"11 个产卵场（图 5.8-6），产卵量时占全江"四大家鱼"产卵量的 44.5%。这 11 个产卵场分别为十里红—烟收坝区段，仙人桥—虎牙滩区段，云池—宜都区段，洋溪镇—枝江区段，江口—涴市区段，虎渡河口—沙市区段，郝穴—新厂区段，藕池口—石首区段，碾子湾—调关区段，塔市驿—老和下口区段，盐船套—荆江门区段。其中十里红—烟收坝、仙人桥—虎牙滩时为长江两个最大的产卵场，产卵量分别占 14.7%及 11.0%。

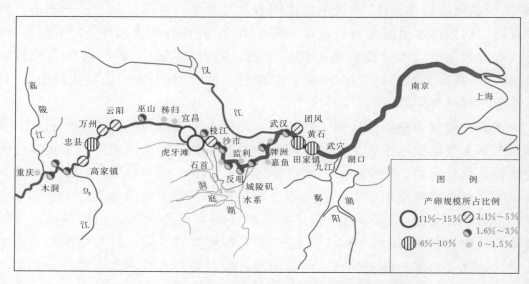

图 5.8-6 1986 年长江干流"四大家鱼"产卵场位置示意图

自 1997 年开始，为了研究三峡工程建设和运行对长江"四大家鱼"繁殖的影响，对"四大家鱼"早期资源进行了长期监测。据段辛斌（2008）研究，三峡水库蓄水后，坝下宜都、枝江、石首、调关和监利采集到了"四大家鱼"卵，三峡水库蓄水后，坝下江段产卵场位置没有发生明显改变（图 5.8-7）。

长江江陵—莱家铺河段上游有虎渡河口—沙市区段产卵场、郝穴—新厂区段产卵场，工程区域有藕池口—石首区段产卵场，工程区域下游有碾子湾—调关区段产卵场、塔市驿—老和下口区段产卵场。工程区及其上下游邻近的产卵场产卵规模均较小（表 5.8-6）。

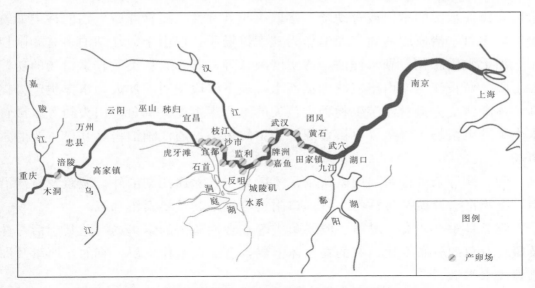

图 5.8-7 三峡蓄水后长江干流"四大家鱼"产卵场位置示意图

表 5.8-6 藕池口工程及其上下游附近河段"四大家鱼"产卵场

产卵场	延伸距离/km	产卵规模/%
虎渡河口—沙市区段	12	1.8
郝穴—新厂区段	15	2.7
藕池口—石首区段	10	1.1
碾子湾—调关区段	22	2.9
塔市驿—老河下口区段	25	1.1

据分析，形成"四大家鱼"产卵场的河道的特点为：①江的一岸时有较大的矶头伸入江面；②江心多沙洲；③河床急剧弯曲。除河床特征外，促使"四大家鱼"及铜鱼、圆口铜鱼等产漂流性卵鱼类产卵的条件还要具备一定的水温条件（如 18℃ 以上）及河流涨水的刺激。江河涨水实际上包含流量加大、水位上升、流速加快、透明度减小以及流态紊乱等一行列水文因素的变化过程。这种变化在遇到具上述河床特征的河段时，诸水文因素改变获得加强，便刺激鱼类在该河段产卵。

鲤鲫等产黏性卵的产卵场，主要分布于沿江与长江连通的洞庭湖等湖区。干流中一般分布于水小流缓无法通航，水草丰茂的支汊中。长吻鮠等鲶科鱼类产卵，一般对所需环境条件要求不高。一般的砂、卵石底质，水流较缓但能保持一定流速的滩尾均适宜其产卵。虽然进入产卵场前有短距离逆水洄游的习性，但其产卵活动对水位涨落、流速改变没有特别要求。

（2）索饵或育幼场。每年开春后，水温逐渐回升，鱼类从深水越冬区到浅水区索饵。鱼类的索饵或育幼场，常取决与其食性。摄食浮游生物的种类如鲢鳙等，多以水清质肥的通江湖泊作为其索饵场所。但由于通江湖泊多有涵闸控制，加上水质恶化，湖水浑浊，透明度减低等，其作为鱼类适宜索饵场的功能在下降。而长江干流由于三峡大坝蓄水，坝下河段透明度加大，水体生产力提高，逐渐演变为摄食浮游生物种类鱼类的重要索饵场。草鱼、团头鲂等以摄食水生维管束植物，青鱼等以摄食螺蚌为主的鱼类，通江湖泊仍是其最主要的索饵场。

鲤、鲫等杂食性鱼类的索饵场常零散分布。除通江湖泊外，城镇及村落沿岸，支流汇口及城镇生活污水排入口附近等都是其重要索饵水域。

鳡、乌鳢、鲌类、鲇科、鳜科鱼类等吃食性鱼类的索饵场，随其生活习性及摄食对象的分布变化。有的在水体上层，有的在水体下层，有的在两岸及洲滩等浅水水域。

（3）越冬场。冬季水位下降，水温降低，鱼类活动减少，鱼类从索饵场或浅水区进入饵料资源相对较为丰富、温度较为稳定的深水潭中越冬。鱼类的越冬场主要分布于河道的深槽中。河道深槽的分布常与河床底质，河流走势相关。该江段深槽常分布于有矶头伸入河床的上游段，或在弯曲型河道的凹岸。

5.8.3　中游典型河道整治工程期对水生态的影响

5.8.3.1　对水文情势和水质的影响

长江中游干流江陵—莱家铺段河道整治工程主要建筑物为护滩带、护岸及护岸加固，采用的主要构件有 D 型排、透水框架和预制混凝土六边块等，施工主要包括沉 D 型排、抛透水框架以及抛石等部分。工程施工对水文情势的影响很小。施工期将搅动水体，造成水体悬浮物增加，其影响主要涉及工程区及其下游附近。由于工程区域河段实测流速一般小于 2m/s，最大不超过 2.5m/s，河床完全由中细沙覆盖，覆盖厚度大于 30m，床沙中值粒径为 0.22mm，悬浮物对水体水质基本无影响，且悬浮后应易沉降，施工所致悬浮物影响范围有限。用于工程的材料对水体水质将产生一定的影响，特别是混凝土预制构件将使水体碱性提高，但在长江、汉江航道整治工程中的广泛应用表明，这些材料对水质总体影响不大。施工期发生的生活污水量很少，且施工周期不长，施工营地通常搭筑临时干厕，施工人员生活污水经化粪池沉淀处理后作农家肥使用，排入长江的量很少，对水质基本不产生影响。施工机械车辆清洗保养、船舶运行会产生含油废水，对水体水质会产生一定的污染；施工期带来的主要污染指标为悬浮物，BOD_5、COD 和石油类等指标相对变化较小。工程施工对石首水厂取水口水体的影响主要是悬浮物增加，由于施工区距离水厂取水口有一定距离，悬浮物的扩散和沉降使得工程施工对取水口水体影响不会太大，不影响水厂取水。

藕池口航道整治工程为区域性工程，工程涉及范围较小，施工期对水质的影响范围不大，且仅限于施工期，加上河流本身的自净作用，施工期对长江干流水质的影响较小，不会改变工程区域及其下游河段水质的主流态势。

5.8.3.2　对浮游生物和底栖动物的影响

长江中游干流江陵—莱家铺段河道整治工程施工期对水体的搅动，将使工程区及其下游附近水体浑浊度增加，透明度下降，水体初级生产力降低，影响浮游植物的生长。工程影响区域浮游生物的群落结构仍将保持原河流特征，种类数量以硅藻门为主，蓝、绿藻门次之，其他门较少；现存量会有所下降，但随着沿程泥沙的沉降，影响将逐渐减小直至消失。

护滩、护岸工程本身破坏了底栖动物和周丛生物的栖息地和着生基质，工程施工将导致工程区底栖动物、周丛生物种类、数量急剧下降，但工程完工后，随着时间的推移，底栖动物、周丛生物会逐渐恢复。施工过程中造成的悬浮泥沙颗粒的沉降影响工程区下游的底栖动物和周丛生物的正常生长繁殖，但影响范围和程度有限。

由于工程作业区域面积有限，施工期选择在枯水期，水浅，流速相对较缓，影响范围有限，且对浮游生物的影响是局部和暂时的，不会导致工程区域江段及其下游浮游生物的显著变化；施工期对底栖动物、周丛生物影响较大区域仅限于工程作业区，其影响是可恢复的。总体上工程对工程区域江段及其下游水生生物影响的范围有限，其影响是局部、可恢复的，整体看不会导致工程区域江段及其下游水生生物的显著变化。

5.8.3.3　对鱼类资源的影响

江陵—莱家铺江段分布鱼类91种，主要经济鱼类有鲤、鲫、鲢、鳙、青鱼、草鱼、鳊、鲂、铜鱼、南方鲇、长吻鮠、黄颡鱼、鳜、乌鳢等。达氏鲟、圆口铜鱼、圆筒吻鮈、长鳍吻鮈等是长江上游特有种类。达氏鲟、中华鲟、白鲟及可能分布的白鱀豚为国家Ⅰ级保护水生野生动物，胭脂鱼及、江豚为国家Ⅱ级保护水生野生动物。达氏鲟、中华鲟、白鲟、胭脂鱼、鲥鱼、鯮、白鱀豚、江豚为列入中国濒危动物红皮书种类。

河道整治施工期对该江段鱼类的影响主要包括施工区作业面的直接影响、噪声、悬浮泥沙及施工期间的废水污染等。施工区作业面的直接影响是施工期对鱼类的驱赶作用。施工作业时由于对鱼类活动区域的扰动，鱼类会避开作业区，工程区域鱼类数量会明显减少。施工时产生的噪声对工程区及其上下游附近水域的鱼类及其他水生动物有驱赶效果，工程区域及上下游附近水域鱼类数量会减少，随距施工区距离的增加，噪声的影响会逐渐减小直至消失。工程无爆破等突然性伤害施工工艺，加上施工准备阶段声光电等对鱼类的扰动及鱼类的主动回避等，施工对工程区鱼类的直接伤害会很有限。施工导致的悬浮泥沙影响由于施工期水体流速相对较缓，影响范围有限，基本不造成对鱼类的影响。施工期工程区域及其下游河段水质的主流态势不会改变，施工所致的水质变化对鱼类基本无影响。因此，施工期主要是施工的直接影响，噪声对鱼类的扰动和驱赶，使得工程区及其附近水域鱼类数量减少，对鱼类的影响主要是暂时改变了鱼类的空间分布，这种变化是可逆的，工程完工后，影响因素消失，工程区鱼类数量仍能恢复到原状态。另外，施工期为枯水期（11 月至翌年 4 月），施工点多为裸露或浅水区域，此阶段鱼类多进入湖泊或长江干流深水区域，因此工程施工对鱼类的影响不会很大。

5.8.3.4　对鱼类重要生境的影响

根据调查，长江中游宜昌至城陵矶江段"四大家鱼"产卵场有 11 处，藕池口航道整治工程在其中的藕池口—石首区段产卵场内，另外河道边坡及江心洲附近多为产黏沉性卵鱼类的产卵场所。工程施工及所致的声光电等对鱼类产卵场的水文情势及其他产卵条件有直接影响，会影响鱼类的产卵活动。由于长江中游鱼类产卵季节多在 4 月中下旬至 7 月，施工期为 11 月至翌年 4 月，江陵—莱家铺河道整治施工期应该避开鱼类繁殖期，工程施工不对主要鱼类产卵产生影响。

江陵—莱家铺段河道整治施工期为枯水期（11 月至翌年 4 月），由于施工点多为裸露或浅水区域，且此阶段为鱼类越冬期，多数鱼类多进入深水区越冬，摄食量很小，工程施工对鱼类的索饵、越冬影响不大，但施工区干流鱼类越冬场受到一定程度的干扰。

江陵—莱家铺段河道整治施工对工程区上下游鱼类的洄游有一定的影响，但长江鱼类溯河洄游主要在春季，降河洄游主要在秋季，施工时间避开了多数鱼类洄游期。施工对鱼类洄游通道有一定的影响，但由于施工时间避开了多数鱼类洄游期，施工对鱼类洄游基本无影响，但仍然需要对少数在此时会有的鱼类进行相关保护研究，例如中华鲟的洄游，最大限度减小施工噪音。

5.8.3.5　对珍稀保护水生动物的影响

江陵—莱家铺段江段中华鲟、白鲟及白鱀豚为国家 Ⅰ 级保护水生野生动物，胭脂鱼、江豚为国家 Ⅱ 级保护水生野生动物。达氏鲟、中华鲟、白鲟、胭脂鱼、鳡鱼、鳤、白鱀豚、江豚为列入中国濒危动物红皮书种类。

达氏鲟、白鲟、白鱀豚在长江干流资源量已非常稀少，濒临灭绝，工程区已多年未见其踪迹，工程施工对其基本无影响。

中华鲟为溯河洄游产卵鱼类，藕池口工程区是其上溯洄游到宜昌产卵场的必经江段，施工期的直接惊扰和噪声对其洄游有一定的影响。有关试验结果表明，中华鲟在从安静环境进入噪声环境时有较强的回避倾向，而当其较长时间处于噪音环境时，对噪音的反应敏感型下降。施工直接惊扰和噪声会导致其避开施工区，改变洄游路线，不会直接对中华鲟造成危害。由于中华鲟个体大，主要洄游线路在河道中间，施工区在浅滩和岸边，施工对中华鲟的影响范围和程度有限，加上施工期避开了中华鲟洄游期（7—10月）。因此，施工期对其洄游基本无影响。施工期主要是施工惊扰、噪声对区域鱼类的扰动和驱赶，使得工程区及其附近水域中华鲟数量减少，暂时改变了其空间分布，工程施工对中华鲟的影响不大。

胭脂鱼广泛分布于长江水系的干、支流。繁殖季节为春季，产卵场分布在宜宾至重庆的长江上游以及金沙江、岷江、嘉陵江等支流下游，主要产卵场集中在金沙江、岷江、赤水河和长江交汇的附近江段。调查江段渔获物中有胭脂鱼出现，但资源呈明显的衰退趋势。施工期施工惊扰、噪声对其洄游、栖息产生一定影响，但影响程度和范围有限。

鳡鱼为溯河产卵的洄游性鱼类，因每年定时由海入江而得名，每年初春生殖群体由海洋溯河作生殖洄游，春末夏初当水温达28℃左右时繁殖，产卵时间多在傍晚或清晨，生殖后亲鱼仍游归海中，幼鱼则进入支流或湖泊中觅食，至秋天降河入海。鳡鱼在长江的产卵场，比较集中在鄱阳湖及赣江一带，少数逆水而上到洞庭湖入湘江，极少数上溯到宜昌附近。工程区不是鳡鱼主要分布区域，鳡鱼数量较少，因此，藕池口航道整治工程对鳡鱼影响很小。

鳤在我国东南部平原地区的长江及以南各水系均有分布，生活在江河或湖泊的中下层，生殖期为4—7月。鳤为江湖洄游鱼类，成熟的亲鱼于春季即上溯至江河流水较急江段进行繁殖，幼鱼期至湖泊中育肥，近年来鳤的种群个体数量显著减少，目前已很难见到其个体。施工期施工惊扰、噪声对鳤洄游、栖息产生一定影响，但影响程度和范围有限。

5.8.3.6 对自然保护区的影响

湖北长江天鹅洲白鱀豚国家级自然保护区位于湖北省石首市境内，面积2000hm²，1990年经湖北省人民政府批准建立，1992年晋升为国家级，主要保护对象为白鱀豚及其生态环境。1972年长江裁弯取直以后，在石首市下游约 20km 的长江中游下荆江河段北岸。形成了一条长 20.9km、水面积 18～20km² 的半封闭型环形水体，枯水期故道自成一体，丰水期则与长江相通，是一个非常有利于野生豚类生存的场所。道内水深、流速、水质等生态环境条件与白鱀豚自然生态环境基本相同，人类活动干扰少，具有良好的觅食、休憩和哺育条件，是保护白鱀豚的理想地。1992 年国务院批准建立白鱀豚半自然保护区，包括 89km 的长江石首江段和 21km 的长江天鹅洲故道水域，因故道环绕天鹅洲得名湖北长江天鹅洲白鱀豚国家级自然保护区。

工程位于长江石首江段保护区的上游边缘，施工期对长江干流水质有一定的影响，但不会改变工程区域及其下游河段水质的主流态势，影响范围和程度有限，对保护区核心区故道水域水质基本无影响。

施工期施工的直接影响、噪声对鱼类的扰动和驱赶，使得工程区及其附近水域鱼类数量减少，对鱼类的影响主要是暂时改变了鱼类的空间分布，这种变化对豚类和其摄食的鱼类是同步的，对豚类摄食的影响不大。工程在石首弯道上游，经石首弯道的折射和吸纳，施工噪声对石首下游干流保护区的影响会迅速减小，施工对保护区的影响范围主要在石首弯道上游，影响范围有限，不构成对保护区核心区的影响。因此工程施工对保护区及保护对象的影响很小。

5.8.4　中游典型河道整治工程运行期对水生态的影响

5.8.4.1　运行期对水文情势和水质的影响

河道整治工程运行对水位的影响很小，不会对上游河势产生影响。工程以守护洲滩和岸线加固为主，基本不改变高水流路，模型试验也表明工程后河道内中高水位断面流速分布未发生变化，河道深泓也未发生变化，因而不会使本河段河势发生改变，也不可能会对下游河段的河势产生影响，因此工程对河态河势及水文情势不产生影响。

工程完工运行后，新基质微生境逐渐形成，随着时间的推移，生态修复后将形成稳定的生态体系，工程区域水生态环境将基本恢复到原水平，水体水质基本保持原状态。工程实施后，岸线稳定，丰水期能有效遏制洲滩剥蚀和岸线崩塌，枯水期能引导水流及时归槽，单宽流量增大，水流顺畅，有利于污染物的纵向扩散，对水质有一定的影响，但影响有限。

5.8.4.2　运行期对水生生物的影响

藕池口河道整治主要是护滩、护坡及边坡加固等，工程不改变水道的主流模式，对河态河势及水文情势基本不产生影响。工程完工后，工程影响水生生境的因子消失，水生生境会逐渐恢复到原状态。工程影响区域浮游生物、鱼类资源、珍稀保护水生动物及产漂流性卵鱼类产卵场、越冬场、索饵场也会基本恢复到原状。工程实施后，岸线稳定能有效遏制洲滩剥蚀和岸线崩塌，对维护现有河态河势和水文情势有利。随着时间的推移，新基质微生境的建立，对底栖动物、周丛生物栖息环境的维持和生长繁殖有利，对产黏沉性卵鱼类的产卵基质维持和鱼类早期成活率有利，鱼类洄游通道会保持畅通。

5.8.4.3　运行期对保护区的影响

河道整治工程建成运行后施工对湖北长江天鹅洲白鱀豚国家级自然保护区的影响消失。工程实施后，通航能力增加对长江干流保护区的噪声影响增大，对保护对象有一定的影响。豚类是依赖回声定位能力生存的物种，水下声环境对其生存和繁衍有着重要的影响。根据有关研究结果载重大型货船航行时，即使相距 200m，其对豚类的影响亦明显；空载大型货船在 40m 处航行时，对豚亦有影响。白鱀豚主要活动于江心，而江豚主要活动于近岸带，船只运行的噪音对白鱀豚影响较大。但由于目前保护区已多年未见白鱀豚踪迹，船只运行的噪音对白鱀豚影响也不复存在。

工程实施后，通航能力增加对鱼类资源会产生一定的影响，由于对航运噪声的回避，干流主航道鱼类分布会减少，河道支汊鱼类会增多，保护区核心区天鹅洲古道保护对象豚类的食物资源会增加，但随着鱼类对环境的适应，其影响会逐渐减小甚至消失。总体看，工程完工后，对保护区的影响有限。

5.8.4.4　运行期对水生态影响

藕池口航道整治工程对水生生态的影响，主要是施工阶段的施工扰动、噪声、悬浮物和污水等的影响和完工后通航能力增加船舶噪音的影响。总体而言，工程的施工和运行对水生生态影响有限。

工程主要影响在施工期，仅对工程区域水生态环境影响较大，特别是对作业面的底栖动物、周丛生物，但其影响是短期、局部的，且可逆。

工程完工生态修复后，水生态环境基本恢复原状。工程对底栖动物、周丛生物的栖息，对产黏沉性卵鱼类的产卵，对鱼类洄游通道的影响是正面的。工程完工后对保护区核心区的影响是正面的，对保护区干流有一定的负面影响，但随着鱼类及豚类的环境的适应，工程对保护区的影响会减缓甚至消失。

5.8.5　下游典型河段基本情况及整治措施

南京河段：上起猫子山，下至三江口，河段长 81km，本书中仅研究该河段的龙潭水道，西坝至张子港段，全长 22km。镇扬河段：上起三江口，下至五峰山，河段全长约 71km，由仪征水道、焦山水道、丹徒直水道组成。扬中河段上起五峰山下至鹅鼻嘴，长约 87km，上承镇扬河段，下接澄通河段，由口岸直水道、泰兴水道和江阴水道组成。

1. 南京至安庆（安庆、贵池和土桥水道）整治工程方案

（1）安庆水道。主要是通过对鹅毛洲头及左缘岸线采取守护工程和采取新中汊的限制工程，防止洲滩岸线继续崩退以及新中汊的进一步展宽，并且在新洲头前沿低滩采取工程措施，适当增加左汊低水分流比和浅区流速，提高枯水期冲刷能力；同时对关键部位进行护岸和加固，稳固洲滩岸线，防止工程措施造成近岸流速增加的不利影响，巩固有利的航道条件和两汊的深水岸线。

工程主要包括六个部分：新洲头鱼骨坝工程、右岸护底工程、新中汊控制工程、左汊进口段护岸加固工程、江心洲洲头守护工程、右岸黄盆闸一带护岸加固工程。

（2）贵池水道。主要是通过对崇文洲洲头和中港主航道两岸岸线的崩塌部位进行守护，防止河道进一步展宽造成浅区的恶化；同时对北港内左侧滩体和兴隆洲的洲头采取守护工程，在深槽中实施护底工程，限制北港的进一步发展，以利于维持目前中港较好的航道条件，并且不对南港产生不利影响。

工程主要包括四个部分：北港控制工程、崇文洲洲头及右缘守护工程、氽水洲左缘守护工程、右岸泥洲一带护岸工程。

（3）土桥水道。主要是维持左汊顺直河型，通过采取成德洲洲头及左缘滩体、浅区段左侧岸线、支汊出口段崩岸等关键部位的守护工程，遏制左汊不利变化趋势；对沙洲夹采取锁坝限流工程并辅以左汊中段的适当疏浚，集中左汊中下段浅区流速，从而达到适当改善左汊浅区（重点是灰河口一带）航道条件的目的。

工程主要包括六个部分：成德洲左缘侧护滩及护底带工程、沙洲夹套锁坝工程、左汊中段疏浚工程、左汊左岸岸线守护工程、成德洲洲头及左缘守护工程、成德洲洲尾右缘守护工程。

2. 南京至江阴（镇扬河段和畅洲汊道）整治方案

（1）对和畅洲左汊已建潜坝（1 号）面层进行加固，在其下游新建四道潜坝（2 号、3 号、4 号、5 号），限制左汊分流比。距 1 号潜坝分别约 880m、1700m、2600m、3500m，建 2 号、3 号、4 号、5 号潜坝。潜坝长度分别为 1420m、1620m、1800、1730m。1 号潜坝顶部高程分别为航行基准面下 20.00m、8.00m、3.00m。2 号潜坝处河底高程为航行基准面下 10.00～34.50m，3 号潜坝处河底高程为航行基准面下 7.80～35.00m，4 号潜坝处河底高程为航行基准面下 9.60～27.90m，5 号潜坝处河底高程为航行基准面下 9.00～33.50m。

（2）在和畅洲右汊进口段右岸采取切滩工程，改善右汊进流条件。切滩工程面积约 348230m²，切滩底部控制高程为航行基准面下 −13.00m。

（3）和畅洲洲头护岸加固工程，稳定关键部位岸线。护岸加固范围从和畅洲洲头左缘 1 号潜坝根部至和畅洲洲头右缘，守护长度约 1300m。

（4）在和畅洲右汊下段航宽狭窄处布置疏浚工程，改善下口航道条件。疏浚底部控制高程为航行基准面下 −13.00m。疏浚区域约为 177200m²。

5.8.6　下游典型河段水生生态系统情况

水生生物调查断面的设置以主要河道整治施工作业点为重点，兼顾自然保护区和重要生境以及整个江段的生态环境条件，布设 14 个调查断面，主要分布于安庆鹅毛洲、崇文洲、铜陵、新港、芜湖、驷马河、燕子矶、世业洲、扬中、张家港、南通下。

鱼类资源调查以区域性调查为主，分设 4 个区域：铜陵淡水豚国家级自然保护区区域、南京市区域和畅洲豚类省级自然保护区区域、张家港至狼山镇咸淡水区域。

5.8.6.1　浮游生物

浮游植物是水体中能进行光合作用的低等植物，是许多鱼类或其他水生动物的天然饵料。作为水生态系统中的初级生产者，浮游植物在水体物质循环和能量流动中有着十分重要的作用。

调查区域共检出浮游植物 144 种，分别隶属于 8 门 32 科 63 属。其中硅藻门最多共 79 种，绿藻门其次共 35 种，蓝藻门 20 种，甲藻门 3 种，金藻门 3 种，裸藻门 2 种，红藻门 1 种，隐藻门 1 种。

浮游植物种类组成以硅藻门为主，其次为蓝、绿藻门，其他门种类较少。浮游植物常见种类为颗粒直链藻、桥弯藻、针杆藻、幅节藻、舟形藻等。浮游植物种类组成为典型的河流生境类型。

浮游植物密度南通下狼山断面长江左岸（通沙汽渡码头）最高，为 7.86364×10⁵ind./L，鹅毛洲安庆左岸最低，仅为 0.1514×10⁵ind./L。生物量是鹅毛洲左岸最高，为 3.218mg/L，新港镇（黑沙洲南北水道）长江左岸最低，仅为 0.275mg/L。

藻类生物多样性在镇江（世叶洲）保护区中游长江左岸（镇扬汽渡码头）植物种类数最多，为 41 种，其次为鹅毛洲安庆长江右岸，有 38 种，江心洲下断面（保护区下游）长江中（江心岛）和镇江（世叶洲）保护区中游长江右岸（镇扬汽渡码头）最低，仅为 9 种。

浮游甲壳动物种类组成，调查江段共检出浮游甲壳动物 12 科 29 属 44 种，其中枝角类 4 科 9 属 15 种，盘肠溞科占 9 种；桡足类 8 科 19 属 29 种，剑水溞科占 16 种；无节幼体较少。浮游甲壳动物中枝角类常见种为透明溞、僧帽溞、象鼻溞和盘肠溞；桡足类常见种为汤匙华哲水溞、真剑水溞和剑水溞。

长江下游安庆至江阴段浮游甲壳动物种类数从鹅毛洲至狼山呈连续"∧"变化规律（图 5.8 - 8）。铜陵大桥种类数最多，达 19 种，占总种类的 43.18%；芜湖和仪征次之，有 16 种，占总种类的 36.36%；燕子矶种类数最少，仅 3 种，占总种类的 6.82%。

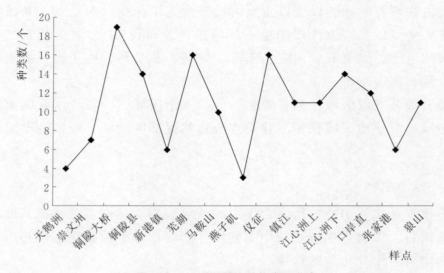

图 5.8 - 8　浮游甲壳动物空间分布

长江下游安庆至江阴段浮游甲壳动物密度变动在 0.017～2.425ind./L，生物量变动在 0.700～16.975μg/L。

枝角类密度变动在 0.017～0.325ind./L，平均 0.155ind./L，最大值出现在狼山，最小值出现在天鹅洲；生物量变动在 0.700～6.500μg/L，平均 3.135μg/L，最大值出现在狼山，最小值出现在天鹅洲。桡足类密度变动在 0.100～2.425ind./L，平均 0.906ind./L，最大值出现在马鞍山，最小值出现在天鹅洲；生物量变动在 1.725～16.975μg/L，平均 6.422μg/L，最大值出现在马鞍山，最小值出现在天鹅洲。无节幼体密度变动在 0.000～0.133ind./L，平均 0.037ind./L，生物量变动在 0.000～0.399μg/L，平均 0.110μg/L，最大值均出现在口岸直。

5.8.6.2　底栖动物

调查江段底栖动物 31 种（属或科），隶属 3 门 6 纲 8 目 16 科 24 属。其中软体动物 13 种，占 41.94%；寡毛类和甲壳动物各 5 种，均占 16.13%；多毛类 3 种，占 9.68%；未知物 1 种，占 3.23%。常见种为寡鳃齿吻沙蚕、方格短沟蜷、淡水壳菜和钩虾。

调查区域底栖动物主要分布于沿岸边滩及水流相对较缓的浅水湾、支汊等水域，主航道因水流湍急，底栖动物分布较少。

调查江段底栖动物密度和生物量总体偏低。其中底栖动物密度为（Mean ±1SE）109.21±24.88ind./m²，最大值出现在扬中断面，为 328ind./m²，最小值出现在马鞍山断面，为 16ind./m²；生物量为 2.5706±1.3530g/m²，最大值出现在新港断面，为 7.0192g/m²，最小值出现在马鞍山断面，为 0.0288g/m²。

各断面底栖动物的类群组成如图 5.8-9 和图 5.8-10 所示。由图可知：鹅毛洲、铜陵大桥、铜陵县、燕子矶、仪征和和畅洲的优势类群是寡毛类；崇文洲、张家港和狼山断面的优势类群是多毛类，均占总密度的 50% 以上。从整体来看，软体动物出现的频率为 71.43%，寡毛类出现的频率为 64.29%，多毛类出现的频率达 57.14%，甲壳动物出现的频率为 50%，水生昆虫出现的频率为 21.43%。软体动物、寡毛类、多毛类和甲壳动物为该江段的常见类群。

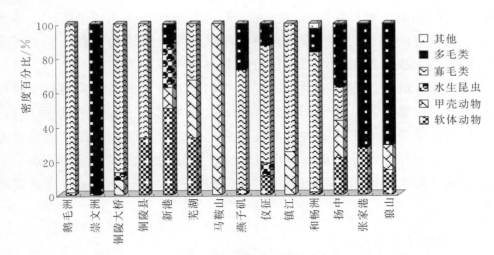

图 5.8-9 长江安庆至江阴段各断面底栖动物类群密度分布图

长江安庆至江阴江段底栖动物的生物多样性指数均不高。Margalef 指数变动在 0~2.8854 之间，最大值出现在新港断面，最小值出现在崇文洲、铜陵县和马鞍山；Shannon 指数变动在 0~1.9062 之间，最大值出现在新港断面，最小值出现在崇文洲、铜陵县和马鞍山；Pielou 指数变动在 0~1 之间，最大值出现在芜湖，最小值出现在崇文洲、铜陵县和马鞍山。由表可知：新港的生

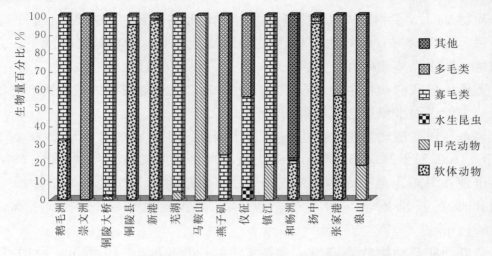

图 5.8－10　长江安庆至江阴段各断面底栖动物类群生物量分布图

物多样性最高，物种分布较为均匀，其次是狼山断面；崇文洲、铜陵县和马鞍山的生物多样性最低。

　　各断面出现的种类数均较少，最多不超过 10 种，以鹅毛洲为最多，其余断面种类数变动在 1～8 种之间，表明该江段底栖动物种类数较少。自鹅毛洲以下断面出现多毛类寡鳃齿吻沙蚕，表明长江口咸水入侵界可能已达崇文洲。和畅洲以下断面的优势种均为寡鳃齿吻沙蚕，其中和畅洲至扬中断面呈淡水种和广盐性种共存的局面，而张家港至狼山断面几乎全为广盐性种，表明张家港至狼山断面已为咸水控制区，该江段有大量海鸥出现既为佐证。

　　整体来看，调查江段底栖动物的现存生物量和生物多样性均不高。现存生物量较高的断面为新港、和畅洲和扬中断面，生物多样性较高的断面为新港、仪征和狼山。据各断面出现的种类和优势种进行综合判断，局部江段富营养化较为严重，如镇江和铜陵；局部江段处于中度污染水平，如鹅毛洲、燕子矶和仪征；局部江段出现咸水典型耐污种和富营养化指示生物小头虫，如张家港和狼山断面。

5.8.6.3　水生维管束植物

　　由于长江河道深、水流急，不适合水生植物生长，因此本书中调查的水生植物为长江滩地的湿生植物。滩地是平原河床季节性淹水的微地形，长江中下游沿江约有 60 余万 hm² 的滩地。长江中下游滩地是季节性淹水的湿地，大部分处于冬陆夏水状态，植被以草本植物群落为主，土壤为非地带性的淤积潮土，植被以芦苇、荻为主，常见莎草、水芹、益母草、泥湖菜等。

　　调查研究发现：滩地上分布的草本植物较丰富，有 11 科 25 属 25 种。其中：禾本科发现 9 个种，这些植物的特点是耐水湿、蔓延力强，有防沙固堤的功能。

航道整治过程中，通过工程措施守护和稳固洲滩、岸线将会破坏湿地的生物多样性，减少湿地的植物种类。

在护岸工程中采取生态工程的技术手段，配以植物恢复措施（植物生态护坡技术），构建稳定，生物多样性高，功能健全的非自然原生型河流生态系统，不仅可用于降低工程对滩地植物多样性的影响，还可改善水生态环境，保护好生态系统的完整性。

5.8.6.4 鱼类

据《长江鱼类》及《长江水系渔业资源》记载，调查江段所在的长江下游分布鱼类 102 种；长江下游江段的调查结果，并根据《中国动物志·硬骨鱼纲·鲤形目（中卷）》《中国动物志·硬骨鱼纲·鲤形目（下卷）》《中国淡水鱼类检索》《中国淡水鱼类图集》等文献对部分种名及分布进行校核订正，和畅洲汊道所处镇江江段分布鱼类 159 种，分别隶属于 19 目 40 科 105 属。鲤形目鱼类是本江段的主要构成类群，共有 38 属 62 种，占鱼类种数的 38.99%。

调查江段鱼类中的达氏鲟、中华鲟、白鲟、及可能分布的属兽纲鲸目的白鱀豚为国家Ⅰ级保护水生野生动物，胭脂鱼、松江鲈及鲸目的江豚为国家Ⅱ级保护水生野生动物。而达氏鲟、中华鲟、白鲟、胭脂鱼、鲥鱼、鲸、与白鱀豚、江豚均为列入中国濒危动物红皮书种类。

对长江下游安徽安庆至铜陵江段，江苏南京至镇江和畅洲保护区江段和张家港至河口江段长江干流及附属水体进行了鱼类资源现状调查。2009 年春季在长江下游安徽安庆至铜陵江段，江苏南京至镇江和畅洲保护区江段和张家港至河口江段三个区域统计渔获物分别为 85187.7g、73113.2g、108337.2g。

本河段的现场调查中，实际采集到鱼类 59 种，隶属 8 目 18 科。调查中共采集到 59 种鱼类。其中以鲤科鱼类最多，为 30 种，分别隶属于 8 个亚科。

1. 安徽安庆至铜陵段渔获物组成

安徽安庆至铜陵江段的渔获物中有 45 种鱼类。该江段的主要捕捞对象按重量计依次为瓦氏黄颡鱼、粗唇鮠、鳊、南方鲇、鲤、赤眼鳟、翘嘴鲌、圆吻鲴、鲫等，这 10 种鱼类占渔获物重量百分比的 78.53%。

安徽安庆至铜陵江段的渔获物中数量较多的种类依次为瓦氏黄颡鱼、粗唇鮠、马口鱼等，10 种鱼类占渔获物数量百分比的 77.48%。

安徽安庆至铜陵江段的渔获物中尾均重超过 100g 的有 4 种，分别为南方鲇、鲤、鲇等，其余 41 种尾均重都在 100g 以下。

2. 南京至镇江段及和畅洲保护区渔获物组成

南京至镇江段及和畅洲保护区的渔获物中有 47 种鱼类。该江段的主要捕捞对象按重量计依次为鲤、鲫、长蛇鮈、鳊、南方鲇、赤眼鳟、似鳊、鳜、红鳍原鲌等，这 10 种鱼类占渔获物重量百分比的 71.89%。

南京至镇江段及和畅洲保护区的渔获物中尾均重超过 100g 的有 3 种，分别为鲤、南方鲇、鲇，其余 44 种尾均重都在 100g 以下，其中 16 种尾均重都在 10g 以下。

3. 张家港至河口江段渔获物组成

张家港至河口江段渔获物中有 41 种鱼类。该江段的主要捕捞对象按重量计依次为鲤、鲹鱼、棒花鱼、刀鲚、南方鲇、大鳍鱊、赤眼鳟、斑尾刺鰕虎鱼、蛇鮈等，这 10 种鱼类占渔获物重量百分比的 77.1%。

数量较多的种类依次为棒花鱼、大鳍鱊、刀鲚、麦穗鱼、蛇鮈、似鳊、等，这几种鱼类占渔获物数量百分比的 87.77%。

渔获物中尾均重超过 100g 的有 10 种，分别为鲤、梭鱼、南方鲇、鳗鲡等，其余 31 种尾均重都在 100g 以下，其中 11 种尾均重都在 10g 以下。

5.8.7 下游典型河道整治工程期对水生态的影响

5.8.7.1 对水文情势和水质的影响

工程主要建筑物为护滩带、切滩及护岸加固，采用的主要构件有 D 型排、透水框架和预制混凝土六方块等，施工主要包括沉 D 型排、抛透水框架以及抛石等部分。工程施工除对镇扬河段的水文情势有一定影响，布置变坡潜坝并辅以其他组合工程方案后，河宽大幅度缩小，进口段河道阻力大幅增加，各流量条件下，左汊的分流比明显减小，右汊分流比相应增加 8.58%～8.17%。左汊进口段水域流速有所增大，分流区及各坝间深槽内流速明显减小，左汊中下段河道内流速普遍减小；右汊水流动力显著增强，沿程流速明显增加。右汊河道内水流动力明显增强，各级流量条件下，沿程流速将增加 0.20～0.80m/s，增幅较大，工程前右汊水流动力衰退的趋势将得到根本性扭转。和畅洲口门右边滩切滩后，深水航宽增加近 100m，横流流速有所降低，迎流角度将减小 5°～28°，口门入流条件有所好转；预期河床会有所冲刷，右汊河床近年来缓慢淤积的态势将得到遏制。

施工期将搅动水体，造成水体悬浮物增加，其影响主要涉及工程区及其下游附近，由于工程区域河段实测流速一般小于 2m/s，最大不超过 2.5m/s，河床完全由中细沙覆盖，床沙中值粒径为 0.21mm，悬浮物对水体水质影响有限，且悬浮后应易沉降，施工所致悬浮物影响范围有限。用于工程的材料对水体水质将产生一定的影响，已有应用情况表明这些材料对水质总体影响不大。施工期发生的生活污水量很少，且周期不长，施工营地通常搭筑临时干厕，生活污水经化粪池沉淀处理后作农家肥使用，排入长江的量很少，对河段水质基本不产生影响。施工机械、车辆清洗保养、船舶运行会产生含油废水，对水体水质会产生一定的污染；主要污染指标为悬浮物，BOD_5、COD 和石油类等指标。

航道整治工程为区域性工程，工程涉及范围较小，对水质的影响仅限于施工期，加上河流本身的自净作用，施工期对长江干流水质的影响较小，不会改变工程区域及其下游河段水质情况。

5.8.7.2 对浮游生物、底栖动物及周丛生物的影响

工程施工期对水体的搅动，将使工程区及其下游附近水体浑浊度增加，透明度下降，水体初级生产力降低，影响浮游植物的生长。工程影响区域浮游生物的群落结构仍将保持原河流特征，种类数量以硅藻门为主，蓝、绿藻门次之，其他门较少；现存量会有所下降，但随着沿程泥沙的沉降，影响将逐渐减小直至消失。

切滩、护岸会破坏底栖动物的栖息地和周丛生物的着生基质，导致工程区底栖动物、周丛生物种类、数量急剧下降，工程完工后，随着时间的推移，底栖动物、周丛生物会逐渐恢复。施工过程中造成的悬浮泥沙颗粒的沉降影响工程区下游的底栖动物和周丛生物的正常生长繁殖。

由于工程作业区域面积有限，施工期选择在枯水期，水浅，流速较缓，且对浮游生物的影响是局部和暂时的，影响范围有限，不会导致工程区域其下游浮游生物的显著变化；施工期对底栖动物、周丛生物影响较大区域仅限于工程作业区。总体上随着时间推移，工程区域江段及其下游水生生物会逐渐恢复。

5.8.7.3 对鱼类资源的影响

调查江段分布鱼类 159 种，主要经济鱼类有鲤、鲫、鲢、鳙、青鱼、草鱼、鳊、等。长江洄游性鱼类有中华鲟、鳗鲡、鲥鱼、凤鲚、银鱼、刀鲚、暗纹东方鲀、弓斑东方鲀和松江鲈鱼等 9 种洄游性鱼类，其中中华鲟、鲥鱼、刀鲚、暗纹东方鲀、弓斑东方鲀等属溯河洄游性鱼类，平时生活在海洋。多数种类的成熟亲鱼，春季或春末夏初进入长江水系产卵，产后亲鱼及幼鱼顺水入海肥育。鳗鲡和松江鲈鱼为降河洄游性鱼类，平时在淡水中生活。生殖季节，成熟洄游，在近海产卵。产卵后亲鱼和幼鱼到长江水系肥育。凤鲚和银鱼为河口

性洄游鱼类，平时生活在近海。达氏鲟、长鳍吻鮈等是长江上游特有种类。达氏鲟、中华鲟、白鲟及可能分布的白鱀豚为国家Ⅰ级保护水生野生动物，胭脂鱼及、江豚为国家Ⅱ级保护水生野生动物。达氏鲟、中华鲟、白鲟、胭脂鱼、鳤鱼、鯮、白鱀豚、江豚为列入中国濒危动物红皮书种类。

施工期对调查江段鱼类的影响主要包括施工区作业面的直接影响、噪声、悬浮泥沙及施工期间的废水污染等。施工区作业面的直接影响是施工期对鱼类的驱赶作用。施工作业时由于对鱼类活动区域的扰动，鱼类会避开作业区，工程区域鱼类数量会明显减少。施工时产生的噪声对工程区及其上下游附近水域的鱼类及其他水生动物有驱赶效果，工程区域及上下游附近水域鱼类数量会减少，随距施工区距离的增加，噪声的影响会逐渐减小直至消失。工程无爆破等突然性伤害施工工艺，加上施工准备阶段声光电等对鱼类的扰动及鱼类的主动回避等，施工对工程区鱼类的直接伤害会很有限。施工导致的悬浮泥沙影响由于施工期水体流速相对较缓，影响范围有限，基本不造成对鱼类的影响。施工期工程区域及其下游河段水质的主流态势不会改变，施工所致的水质变化对鱼类基本无影响。因此，施工期主要是施工的直接影响、噪声对鱼类的扰动和驱赶，使得工程区及其附近水域鱼类数量减少，对鱼类的影响主要是暂时改变了鱼类的空间分布，这种变化是可逆的，工程完工后，影响因素消失，工程区鱼类数量仍能恢复到原状态。另外，施工期为枯水期（11月至翌年4月），施工点多为裸露或浅水区域，此阶段鱼类多进入湖泊或长江干流深水区域，因此工程施工对鱼类的影响不会很大。

5.8.7.4 对鱼类重要生境的影响

根据调查，长江下游江阴至铜陵江段是刀鲚、凤鲚、银鱼等河口鱼类的产卵场，每年4月中旬至5月底，刀鲚、凤鲚等河口鱼类溯河入该江段进行产卵，形成渔汛。另外河道边坡及江心洲附近多为产黏沉性卵鱼类的产卵场所。工程施工及所致的声光电等对鱼类产卵场的水文情势及其他产卵条件有直接影响，会影响鱼类的产卵活动。由于长江下游鱼类产卵季节多在4月中下旬至7月，施工期为11月至翌年4月，施工期避开了鱼类繁殖期，工程施工不会对鱼类产卵产生影响。

施工期为枯水期（11月至翌年4月），由于施工点多为裸露或浅水区域，且此阶段为鱼类越冬期，鱼类多进入深水区越冬，摄食量很小，工程施工对鱼类的索饵、越冬影响不大，仅施工区干流鱼类越冬场受到一定程度的干扰。

施工对工程区上下游鱼类的洄游有一定的影响，但长江鱼类溯河洄游主要在春季，降河洄游主要在秋季，施工时间避开了鱼类洄游期。施工对鱼类洄游通道有一定的影响，但由于施工时间避开了鱼类洄游期，施工对鱼类洄游基本无影响。

5.8.7.5 对珍稀保护水生动物的影响

本江段中华鲟、白鲟及白鱀豚为国家Ⅰ级保护水生野生动物，胭脂鱼、松江鲈、江豚为国家Ⅱ级保护水生野生动物。达氏鲟、中华鲟、白鲟、胭脂鱼、鲥鱼、鯮、白鱀豚、江豚为列入中国濒危动物红皮书种类。

达氏鲟、白鲟、白鱀豚在长江干流资源量已非常稀少，濒临灭绝，工程区已多年未见其踪迹，工程施工对其基本无影响。

中华鲟为溯河洄游产卵鱼类，安庆至江阴航道整治工程区是其上溯洄游到宜昌产卵场的必经江段，施工期的直接惊扰和噪声对其洄游有一定的影响。有关试验结果表明，中华鲟在从安静环境进入噪声环境时有较强的回避倾向，而当其较长时间处于噪音环境时，对噪音的反应敏感型下降。施工直接惊扰和噪声会导致其避开施工区，改变洄游路线，不会直接对中华鲟造成危害。由于中华鲟个体大，主要洄游线路在河道中间，施工区在浅滩和岸边，施工对中华鲟的影响范围和程度有限，加上施工期避开了中华鲟洄游期（7—10月）。因此，施工期对其洄游基本无影响。施工期主要是施工惊扰、噪声对区域鱼类的扰动和驱赶，使得工程区及其附近水域中华鲟数量减少，暂时改变了其空间分布，工程施工对中华鲟的影响不大。

胭脂鱼广泛分布于长江水系的干、支流。繁殖季节为春季，产卵场分布在宜宾至重庆的长江上游以及金沙江、岷江、嘉陵江等支流下游，主要产卵场集中在金沙江、岷江、赤水河和长江交汇的附近江段。调查江段渔获物中有胭脂鱼出现，但资源呈明显的衰退趋势。施工期施工惊扰、噪声对其洄游、栖息产生一定影响，但影响程度和范围有限。

松江鲈为一年生降河洄游性鱼类。成体通常体长可达 120～150mm，一龄即达性成熟，并可产卵繁殖后代。松江鲈在近岸海水中繁殖，天然种群在 2 月中旬至 3 月中旬为繁殖期。到春季，孵化后的幼鱼向淡水中洄游，并在内陆河流中生长、肥育。到 10—11 月其又向海水洄游，进行新一轮的繁殖。施工期避开了松江鲈的洄游期，航道整治工程对其影响很小。

鲥鱼为溯河产卵的洄游性鱼类，因每年定时由海入江而得名，每年初春生殖群体由海洋溯河作生殖洄游，春末夏初当水温达 28℃ 左右时繁殖，产卵时间多在傍晚或清晨，生殖后亲鱼仍游归海中，幼鱼则进入支流或湖泊中觅食，至秋天降河入海。鲥鱼在长江的产卵场，比较集中在鄱阳湖及赣江一带，少数逆水而上到洞庭湖入湘江。施工期施工惊扰、噪声对其洄游、栖息产生一定影响，但影响程度和范围有限。

鳡在我国东南部平原地区的长江及以南各水系均有分布，生活在江河或湖泊的中下层，生殖期为4～7月。鳡为江湖洄游鱼类，成熟的亲鱼于春季即上溯至江河流水较急江段进行繁殖，幼鱼期至湖泊中育肥，近年来鳡的种群个体数量显著减少，目前已很难见到其个体。施工期施工惊扰、噪声对鳡洄游、栖息产生一定影响，但影响程度和范围有限。

5.8.7.6 对自然保护区的影响

铜陵淡水豚类国家级自然保护区位于长江下游的安徽江段，上至枞阳县老洲，下至铜陵县金牛渡，全长58km，总面积31518hm²。其中核心区面积9534hm²，缓冲区面积6360hm²，实验区面积15624hm²。

和畅洲镇江豚类省级自然保护区位于北纬32.18°～32.29°与东经119.64°～119.72°之间的区域，地跨镇江、扬州两市的辖区，镇江市丹徒县和畅洲长江北汊江段。和畅洲为长江镇江段中一沙洲，它位于镇江市区与大港之间。上距镇江港港区约20km，距扬州港港区约15km，下距大港港区约5km。它将长江分隔为南北两汊，南汊为主航道，北汊为保护区所在。

长江下游安庆至江阴段航道安庆水道整治工程位于铜陵淡水豚类国家级自然保护区的上游边缘，施工期对长江干流水质有一定的影响，但不会改变工程区域及其下游河段水质的主流态势，影响范围和程度有限，对保护区核心区水域水质基本无影响。

长江下游镇扬河段整治工程和畅洲工程位于保护区的上游边缘，施工期对长江干流水质有一定的影响，对保护区水体有一定分流作用，改变了保护区水文情势，但不会改变工程区域及其下游河段水质的主流态势，影响范围和程度有限，对保护区核心区水域水质影响有限。

施工期施工的直接影响是噪声对鱼类的扰动和驱赶，使得工程区及其附近水域鱼类数量减少，对鱼类的影响主要是暂时改变了鱼类的空间分布，这种变化对豚类和其摄食的鱼类是同步的，对豚类摄食的影响不大。工程施工对保护区及保护对象的影响是改变了保护区内保护对象的空间分布和种群数量。

5.8.8 下游典型河道整治工程运行期对水生态的影响

5.8.8.1 运行期对水文情势和水质的影响

镇扬河段的水文情势的影响主要是潜坝工程限流效果十分明显，左汊分流比显著减小，左汊进口段河道阻力大幅增加，各级流量条件下，左汊的分流比明显减小，减幅为8.58%～8.17%，右汊分流比相应增加8.58%～8.17%；

左汊进口段左岸水域流速有所增大，潜坝顶面流速小幅增加，分流区及各坝间深槽内流速明显减小，左汊中下段河道内流速普遍减小；右汊水流动力显著增强，沿程流速明显增加。对河岸及洲滩冲刷减小。

其他河段工程以守护洲滩和岸线加固为主，基本不改变高水流路，模型试验也表明工程后河道内中高水位断面流速分布未发生变化，河道深泓也未发生变化，因而不会使本河段河势发生改变，也不可能会对下游河段的河势产生影响。

总体而言，工程对河态河势及水文情势影响有限。

工程完工运行后，新基质微生境逐渐形成，随着时间的推移，生态修复后将形成稳定的生态体系，工程区域水生态环境将基本恢复到原水平，水体水质基本保持原状态。工程实施后，岸线稳定，丰水期能有效遏制洲滩剥蚀和岸线崩塌，枯水期能引导水流及时归槽，单宽流量增大，水流顺畅，有利于污染物的纵向扩散，对水质有一定的影响，但影响有限。

5.8.8.2 运行期对水生生物的影响

长江下游河道整治主要是护滩、护坡及边坡加固等。工程除对镇扬河段的水文情势有一定影响外，对其他河段不改变水道的主流模式，对河态河势及水文情势基本不产生影响。工程完工后，工程影响水生生境的因子消失，水生生境会逐渐恢复到原状态。工程影响区域浮游生物、鱼类资源、珍稀保护水生动物及鱼类产卵场、越冬场、索饵场也会基本恢复到原状态。工程实施后，岸线稳定能有效遏制洲滩剥蚀和岸线崩塌，对维护现有河态河势和水文情势有利。随着时间的推移，新基质微生境的建立，对底栖动物、周丛生物栖息环境的维持和生长繁殖有利，对产黏沉性卵鱼类的产卵基质维持和鱼类早期成活率有利，鱼类洄游通道会保持畅通。

5.8.8.3 运行期对保护区的影响

航道的开通，通航能力增加对保护区的噪声影响增大，保护区水文情势的变化，对保护对象有一定的影响。豚类是依赖回声定位能力生存的物种，水下声环境对其生存和繁衍有着重要的影响。根据有关研究结果载重大型货船航行时，即使相距 200m，其对豚类的影响亦明显；空载大型货船在 40m 处航行时，对豚亦有影响。白鱀豚主要活动于江心，而江豚主要活动于近岸带，船只运行的噪音对白鱀豚影响较大。但由于目前保护区已多年未见白鱀豚踪迹，船只运行的噪音对白鱀豚影响也不复存在。

工程实施后，通航能力增加对鱼类资源会产生一定的影响，由于对航运噪声的回避，保护区河段鱼类分布会减少，保护区核心区保护对象豚类的食物资源会减少，但随着鱼类对环境的适应，其影响会逐渐减小。总体看，工程完工后，航道的开通，对保护区保护对象的空间分布和种群数量有一定影响，随着保护对象对环境的适应，这种影响是有限的。

综上，长江下游航道整治工程对水生生态的影响，主要是施工阶段的施工扰动、噪声、悬浮物和污水等的影响和完工通航后，通航能力的增加，水文情势的改变，船舶噪音的影响增加，对保护区保护对象的种群数量和空间分布有一定影响。

工程主要影响在施工期，仅对工程区域水生态环境影响较大，特别是对作业面的底栖动物、周丛生物，但其影响是短期、局部的，且可逆。

工程完工生态修复后，水生态环境基本恢复原状。工程对底栖动物、周丛生物的栖息，对产黏沉性卵鱼类的产卵，对鱼类洄游通道的影响是正面的。工程完工后对保护区核心区的影响是负面的，对保护区有一定的负面影响，但随着鱼类及豚类对环境的适应，工程对保护区的影响将会减缓。

5.8.9　河道整治工程对水生态的影响监测

为了解分析长江中、下游江段河道整治工程实施后的水生生态变化趋势，以便分析和了解河道整治对水生态的影响情况，为今后航道整治措施提供参考，需要对工程河段的工程影响范围内的水文情势、水质、浮游生物、底栖动物、周丛生物、淡水豚类种群动态、鱼类种群动态、鱼类产卵场等进行监测，了解分析长江下游江段水生生态变化趋势。

5.8.9.1　主要监测要素

（1）水生生态要素监测。水文、水动力学特征，水体理化性质（主要为N、P各种形式组分动态及浓度场分布）；浮游植物、浮游动物、底栖动物、周丛生物的种类、现存量及时空分布。

（2）淡水豚类种群动态。淡水豚类特别是江豚种群结构、时空分布。

（3）鱼类种群动态及群落组成变化。鱼类的种类组成、种群结构、资源量的时空分布。

（4）鱼类产卵场监测。长江中、下游特别是河口鱼类产卵场的分布、繁殖时间和繁殖种群的规模。

5.8.9.2　主要监测时段

在河道整治后监测20年，水文情势及水化学要素，浮游生物，底栖动物、周丛生物在每年的1月、4月、7月、10月各监测一次。江豚种群动态和鱼类种群动态监测在3—6月、10—11月进行，每月20天左右。

6

三峡水库对长江中下游的生态补偿实践

6.1 概　　述

生态调度是伴随水利工程对河流生态系统健康如何补偿而出现的一个新概念。从河流生态安全的角度讲，生态调度概念的提出具有现实意义。它的提出有助于改变和缓解人类对强加于河流的影响，是对筑坝河流的一种生态补偿。

国外关于"生态调度"的提法主要包括通过合理的技术手段管理河流流量、控制水温和沉积物输移，以改善鱼类和野生动物的环境状况等。水库实行生态调度，即在制定水库调度操作规程时，将生态需求作为水库调度的目标之一，具体言之就是考虑水流受到调控后河流生态系统的变化以及因此造成的不利，探讨其调度和运行对河流生态系统的影响以及相应减缓不利影响的对策措施。近些年，通过改变水库调度，修复河流自然径流过程，以达到改善下游河道生态环境受到各国重视（潘明祥，2011）。

长江是世界第三大河，我国第一大河，蕴藏着丰富的水能资源和物种资源，但三峡水利枢纽工程、南水北调工程以及干、支流上许多大型水利工程的建设正在改变着长江的水动力学特性、泥沙的运动规律、水温及营养物质的输移特征，这些改变不仅直接影响河道内洄游性水生物的繁衍和长江河床的演变，还对通江湖泊和河口水情的变化产生潜在的影响。本章针对长江流域大型水库生态调度方法进行研究，通过水库生态调度的补偿方案，将大型水利工程对长江生态系统的不利影响减小到最低程度。

目前国内外学术界对"生态调度"应包括哪些内容还没有给出明确的定义。但归纳起来大致包括以下几方面的内容：大型水利工程的生态调度，即是在强调水利工程的经济效益与社会效益的同时，将生态效益提高到应有的位置；水库调度要保护河流流域生态系统健康，对筑坝给河流带来的生态环境影响进行补偿；河流水质的变化也是水库调度必须要考虑的重要问题；水利工程调度的生态准则是保证下游河道的生态环境需水量等（余文公，2007）。

Angela H Arthington 认为自然流程是江河生态学中重要的"驱动者"，并总结出自然流程的变化对生态的破坏主要表现在以下几个方面：①大量的湿地损失；②沼泽与森林鸟类的数量和物种减少；③许多水生动植物灭绝，鱼类生境被破坏；④洄游迁移鱼类数量减少或者消失；⑤水质被破坏，水华出现；⑥外来物种入侵等。要减轻大坝对生态的影响，应改变现行的水库调度方式，使其对河流的影响降到最低程度。采取制定合理的水库调度规程的办法，可以弥补或减缓其造成的对生态环境的影响（史艳华，2008）。这是近年来学术界以及有关管理部门一直关注的问题。

早在 20 世纪 30 年代，随着水库的建设和水资源开发利用程度的提高，美国鱼类和野生动物保护协会对河道内水文情势变化与鱼类生长繁殖、产量等之间的关系进行了许多研究，强调了河川径流作为生态因子的重要性。

20 世纪 30 年代，美国陆军工程师团在哥伦比亚河及斯内克河下游修建了 8 座梯级水电站，这些水电站通过各种工程措施维持鱼类洄游通道。美国渔业与野生动物局早在 20 世纪 40 年代就开始研究生态径流的计算方法。20 世纪 70 年代，在西方国家掀起了一股反对建大坝的思潮，到 90 年代，有些发达国家开始小规模地拆除大坝，生态调度的相关工作及研究逐渐展开。

Brian D Richter 等通过对罗阿诺克水坝建坝前和建坝后水文数据的分析，发现水坝对河流的水文情势产生了很大的影响，在对建坝前后的河流水文特征值分析的基础上，学者们提出，原来以发电、防洪为主的水库的运行方式应予以调整，而水库生态调度方式应实现以下四个目标：①恢复洪水；②恢复年最大流量和年最小流量的自然发生时间；③减少水流过程脉冲事件的频率和延长脉冲事件的持续时间；④降低水文值的变化率。并要求对调整后的水库运行方式的生态影响进行监测，监测的项目有：底栖大型无脊椎动物、本地鱼类和洪泛平原的植物群落等（陈启慧，2005）。1989 年，罗阿诺克河流量管理委员会决定对原水库运行方式进行部分调整，即在每年 4 月 1 日—6 月 25 日的鲈鱼产卵期内，将流量控制在建坝前日流量的 25%～75% 之间，并且使流量每小时变化率小于 $42\mathrm{m}^3/\mathrm{s}$，结果发现鲈鱼的数量明显增加（陈启慧，2005）。

格伦峡大坝位于科罗拉多河干流，建成于 1963 年。建坝前，科罗拉多河每年带走 5700 万 t 泥沙，河水呈现泥红色。建坝后，90% 以上的泥沙淤积在坝后的鲍威尔湖中，科罗拉多河水变清，流速显著降低。建坝前，河水水温在 0~32℃ 之间变化，建坝后水温基本保持在 9℃ 左右。建坝以来，3 种本地鱼已经灭绝，弓背鲑濒临灭绝，还有 60 多个物种受到威胁。从 20 世纪 90 年代初开始，在科罗拉多河上进行河流流量试验研究，在 1996 年，进行了一次人造洪水试验。在该年的 3 月 22 日—4 月 7 日，为了增大洪水，从格伦峡大坝放水，这场人造洪水，冲起了河床中多年沉积的泥沙，并使之沉积到洪水侵蚀过的河滩，恢复建坝前的沙洲与沙滩。但洪水过后仅仅几个月，河滩上淤积的泥沙又开始被冲走，一年后，绝大部分泥沙已不见踪影。经分析，失败的原因有两个：一是人造洪水的时间不当，应当在雨季之后尽早进行人造洪水试验，否则河床中存储的泥沙将减少，也就不可能形成稳定的新河滩；二是人造洪水的持续时间太长，试验开始的 2 天内，洪水已经将绝大部分泥沙沉积在河滩上，后来的人造洪水则又开始冲刷河滩，带走泥沙。2002 年，为了了解夏季稳定低流量能否使科罗拉多河的水温升高，促进鲑鱼生长，提高存活率，进行了夏季稳定流低流量试验。实验期间，干流平均水温较大坝正常运行时高 1.4~3.0℃，死水区温度高 0.3~5.3℃，因此有很明显的升温作用。

1991—1996 年，田纳西河流域管理局（TVA）在其管理的 20 个水库中，通过提高水库泄流量及水质，对水库调度运行方式进行了优化调整，具体包括：通过适当的日调节（appropriate daily scheduling）、涡轮机脉动运行（turbine pulsing）、设置小型机组（small hydro units）、再调节堰（reregulation weirs）等提高下游河道最小流量，通过涡轮机通风（turbine venting）、涡轮机掺气（turbine air injection）、表面水泵（surface water pumps）、掺氧装置（oxygen injection）、复氧堰（aerating weir）等设施，提高水库下泄水流的溶解氧浓度，对改善下游水域生态环境起了重要作用。2004 年 5 月，TVA 董事会批准了一项新的河流与水库系统调度政策。这项政策将 TVA 的水库调度的视点从简单的水库水位的升降调节转移到运用其所管理的水库，来管理整个河流系统的生态需水量。

美国加利福尼亚州的中央河谷工程（CVP）始建于 20 世纪 20 年代，包括大约 20 座水库。1937 年美国的农垦法提出，CVP 的大坝与水库"首先用于调节河流、改善航运与防洪；其次用于灌溉与生活用水；第三用于发电。"最近 CVP 修改了 1937 年法规并专门指出，CVP 的大坝与水库现在应当："首先用于调节河流、改善航运与防洪；其次用于灌溉与生活用水及满足鱼类与野生动物需要，用于保护与恢复的目的；第三用于发电和增加鱼类与野生动物。"

2001 年，在非洲南部的津巴布韦，研究人员在奥济河的 Osborne 水库观测站开展研究，运用 Desktop 模型，估算河流的生态环境需水量，为水库生态调度提供切实可行的依据。1997 年日本对其河川法做出修改，不仅治水、疏水，而且"保养、保全河川环境"也写进了日本的新河川法。大古力水坝（Grand Coulee Dam，GCD）是哥伦比亚流域水工程（CBP）的主要项目，1983 年提出保护鱼类和野生动物项目，认为考虑溯河产卵鱼类问题是流域管理的主要问题。从 1990 年开始，GCD 和哥伦比亚流域其他水利工程的调度主要集中在充分满足维持或增强溯河产卵的鱼类种群的寻址需求。1995 年，海洋渔业局提出的生物学意见成为了决定水利工程调度的主要依据。

从上述国外大型水库调度情况可以看到，在以美国为代表的西方发达国家，实施水库调度时均考虑到众多因素的影响，除了发电、防洪、灌溉、改善航运、提供生活用水以外，还包括下游堤岸保护、维持或增强溯河产卵的鱼类种群的寻址需求、生物栖息环境、水质保护、湿地改良、旅游休闲等因子。这足以说明，历史发展到现阶段，生态因子在制定水库调度规程中应该具有十分重要的地位，而不再是可有可无。

自 20 世纪 70 年代以来，长江干流鱼类资源就呈现衰退现象，主要是由于在通江湖泊大量筑坝、建闸，造成江、湖隔绝；干支流水利枢纽的建设改变水文情势，水利工程建设引起生物生境的碎片化。国内大型水库调度也并不是完全忽视生态问题的存在，只不过在巨大的防洪压力以及持续不断的电力需求情况下，相比国外，河流生态问题没有引起有关管理部门应有的重视。目前国内大型水利工程的水库调度基本上是以防洪、发电和改善航运为主，"适当兼顾其他如水产、旅游以及改善中下游水质等要求"。"生态调度"在国内目前仍停留在理论探讨以及初步的尝试阶段。

2005 年 12 月长江水利委员会蔡其华主任提出现行水库调度方式主要存在着两方面的问题，一是大多数的水库调度方案没有考虑坝下游生态保护和库区水环境保护的要求；二是缺乏对水资源的统一调度和管理。并分析了三峡水库调度运行面临的问题和沱、岷江流域梯级开发及水库调度存在的问题，提出完善水库调度方式的基本思路和对策：①充分考虑下游水生态及库区水环境保护、确定合理的生态基流、控制水体富营养化、控制"水华"爆发及咸潮入侵；②充分考虑水生生物及鱼类资源保护，可采取人造洪峰调度方式并根据水生生物的生活繁衍习性进行灵活调度，控制下泄水的温度及水体气体过饱和；③充分考虑泥沙调控问题；④充分考虑湿地保护的需求。

小浪底水库为保证黄河下游生活、生产和生态用水以及黄河不断流，电调服从水调。2000 年枯水期，弃电放水 12.2 亿 m³，付出了日损失发电效益 90 万元的代价。2001 年，黑河流域中游取水口 8 处"全线闭口，集中下泻"，分水至下游额济纳旗，滋润林草地，挽救胡杨树，干涸十年之久的黑河间东居沿海两度进水，重现波涛；实现国务院批准的中下游分水方案，保证流域下游生态用水量，保护生态系统的目标。

随着水库带来的生态问题的凸显，生态调度的研究也在逐步开展。2004 年，前水利部部长汪恕诚在《论大坝与生态》一文中指出，水利水电工作者必须高度重视水利水电发展中的生态问题，正确认识开发与生态的关系，系统评价大坝可能导致的生态环境问题，用科学发展观和人与自然和谐相处的理念指导水利、促进水利可持续发展。2003 年，董哲仁指出水利工程对于生态系统胁迫的主要原因，是由于水利工程在不同程度上造成河流形态的均一化和不连续化，从而导致生物群落多样性下降。提出为消除水利工程对于生态系统的负面影响，从技术上应重视和研究的方向，讨论了如何结合我国国情研究和实施河流生态恢复。2005 年，毛战坡等人分析了筑坝对河流水文水力特性、生源要素（氮、磷、硅等）、水生态系统结构和功能的影响。2006 年，傅菁菁等提出了维持锦屏二级水电站下游减水河段水生生态系统稳定的生态环境流量，在工程枢纽中布置了确保生态径流持续泄放的设施，结合鱼类繁殖习性，指定了具体的流量下泄过程。

生态调度的确切内涵还有待进一步探讨，加强对水利工程生态调度及相关理论的系统科学研究，以科学系统的理论来指导实践具有十分重要的意义。

6.2 三峡水库修建前后的径流变化

水文变化指标（Indicators of Hydrologic Alteration，IHA）是指与河流生态紧密相关的流量参数，该指标体系可归纳为月流量状况、极端流量现象的大小与历时、极端流量现象的出现时间、高低流量脉冲的频率与历时、流量的变化率与频率等具有生态意义的 5 组 32 个参数，水文变化指数的流量参数及其对生态系统的影响见表 6.2-1。该方法的优点在于 32 个流量参数易于人为调节和管理，在河流管理与水生态理论之间构筑了一条通道，缺点是只考虑了流量单因素，并且还需要具有较长的历史流量资料，如果数据不足，就要延长观测，或利用水文模型模拟。此处采用大自然保护协会开发的 IHA 软件对长江干流关键点进行计算分析。

为量化水文变化指数受水利工程影响的改变程度，可用水文变化度（Degree of hydrologic alteration）D 来表示：

$$D = \left| \frac{N_0 - N_e}{N_e} \right| 100\% \qquad (6.2-1)$$

$$N_e = r N_T \qquad (6.2-2)$$

式中　D——水文变化指数的水文变化度；

　　　N_0——干扰后水文参数值仍落入 RVA 目标范围内的年数；

　　　N_e——干扰后水文参数值落入 RVA 目标范围内的预测年数；

　　　r——干扰前即自然状态下水文参数落入目标范围内的年数的比例；

　　　N_T——干扰后受影响的总年数。

6.2.1　控制站点

选择寸滩站、宜昌站、汉口站和大通站作为长江干流关键点，该 4 站能够反映长江干流从上游至下游河流整体的径流变化特征，从而进行对比分析；水文序列有 50 年左右，从 20 世纪 50 年代至 2006 年，历史流量资料比较长，可以全面反映长江干流干扰前后水文变化情况。

各控制点时间段的划分须一致，这样既能反映大型水利工程建设对水文情势的改变影响，又能反映长江干流水文整体变化情况。自 90 年代以来，长江干流的水利工程开发呈加速趋势，因此选择 1950—1980 年的水文序列作为河流生态系统基本处于"自然变化阶段"，简称干扰前；1989—2006 年的水文序列作为"受人类活动干扰阶段"，简称干扰后（不考虑 1981—1988 年水文资料，以避免由葛洲坝在建时期对水文的渐近影响，资料来源：长江水利委员会）。

通过对长江干流 4 个关键点多年日径流资料计算，得到各控制点的 32 个水文参数值及其变化程度，分析长江干流流量格局的变化情况和潜在的生态影响。

6.2.2　多年平均月流量分析

寸滩站、宜昌站、汉口站和大通站 4 个关键点干扰前、干扰后和多年长系列 3 个不同时期的平均月流量变化能够反映干扰前后年内 12 个月径流的分配情况，从而可以分析各控制点来水的变化趋势。干扰后的年内径流分配过程（蓝、绿色线）表明，1—4 月枯季流量增加，6—7 月汛期流量增加；寸滩和宜昌流量减少主要集中在下半年 8—11 月；汉口和大通流量减少月份推迟，主要集中在 10—11 月，如图 6.2-1 所示 4 个关键站点不同时期多年平均月流量。

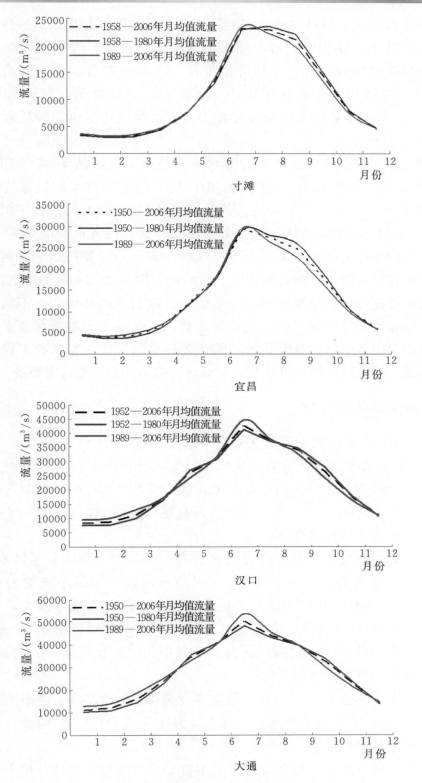

图 6.2-1 关键水文站点月径流变化

分析寸滩站和宜昌站曲线相似的原因，一是地形地势以及地理位置较为接近，两站均处于长江干流上游，位于地势第二级阶梯，海拔在 500～2000m；二是降雨情况也比较接近，平均降雨量在 1000mm 左右；而汉口站和大通站曲线相似，两站均处于长江干流中、下游，位于地势第三级阶梯，海拔在 500m 以下，地形地势以及地理位置较为接近，降雨情况也比较接近平均降雨量在 1200～1400mm。

叶柏生等研究认为四川境内的降水减少是引起宜昌站 48 年（1951—1998 年）流量减少的主要原因；而王德瀚用 1882—1992 年月平均流量资料研究长江宜昌站枯季（1—3 月）平均流量的长期变化特征表明：1922—1988 年为少水期，1989—1992 年可能是另一个多水期的开始。两者观点虽然不完全一致，但在少水期的年份上存在交叉点，即宜昌站 1951—1980 年降雨量普遍减少，该时段与本文宜昌站的干扰前时段相同，此结论与图 5.3 - 15 中宜昌站 1—4 月流量干扰前比干扰后少的结果相吻合。虽然 4 个控制点的具体情况不同，多年平均月流量情况也不尽相同，但是受地形地势、降雨量、支流来水和水利工程蓄水等共同因素的影响，流量变化的趋势主要还是气候变化和水利工程建设综合作用的结果，只是目前给出自然和人类活动影响的比例问题还需要进一步研究。

6.2.3   水文变化度分析

采用 IHA 法计算长江干流关键点 1950—1980 年干扰前和 1980—2009 年干扰后 32 个水文参数的平均值及水文变化度（冯瑞萍等，2010），并将水文变化度分为三个等级：0～33% 为无变化或低度变化（L，low）；34%～66% 为中度变化（M，middle）；67%～100% 为高度变化（H，high）。据表 6.2 - 1 分析各控制点水文变化度如下：

寸滩站低度改变占主导。高度变化只有一个参数，即流量逆转次数增加；中度变化有七个参数，1—4 月和 6—7 月流量增加；年最小流量的平均值增加；5 月、8—11 月、年最大流量平均值减少，连续日上涨率减少，下降率增加；低度变化有 24 个参数。年最小、最大一日流量分别提前了 15 天和 10 天左右，分别从 2 月初（干扰前）提前到 1 月中旬（干扰后），从 7 月中旬（干扰前）提前到 7 月初（干扰后）。

宜昌站中度变化有 9 个参数，低度变化有 22 个参数，年最小一日流量提前了 10 天，从 3 月初（干扰前）提前到 2 月下旬（干扰后）。除此之外，变化情况与寸滩站基本相同。

汉口站中度、低度变化参数数量基本持平。虽无高度变化，但中度变化有14 个参数，出现在第 1、2、3、5 组参数中，1—4 月和 6—8 月流量增加；年最小流量、年最大流量的平均值增加；5月、9—11月流量平均值减少，连续日上涨率减少，下降率增加；低度变化有18个参数。年最小一日流量出现时间属于中度变化，发生时间提前15天左右，从2月上旬（干扰前）提前到1月下旬（干扰后）。

表 6.2-1 长江干流关键点水文变化指数（IHA）统计表（冯瑞萍，2010）

水文变化指数	水文参数	生态响应
年极端水文状况的大小和历时	年最小1日平均流量 年最小连续3日平均流量 年最小连续7日平均流量 年最小连续30日平均流量 年最小连续90日平均流量 年最大1日平均流量 年最大连续3日平均流量 年最大连续7日平均流量 年最大连续30日平均流量 年最大连续90日平均流量 年最小连续7日流量/年平均流量	1. 对厌氧植物的压力，动物脱水 2. 河流与洪泛平原间营养物质的交换 3. 平衡各竞争种群间的数量 4. 通过非生物因素对生物的影响决定水域生态系统的结构 5. 影响植物群落在池塘、湖泊和洪泛平原的分布
年极端水文状况出现时间	年最小1日流量出现时间 年最大1日流量出现时间	1. 洄游鱼类产卵信号 2. 水生生物的生命周期
月流量	月平均流量或中值流量	1. 水生生物栖息地的有效性 2. 为岸边植物提供必要的土壤湿度 3. 为陆生动物提供水源
高流量和低流量的频率和历时	年出现高流量脉冲事件的次数 年出现低流量脉冲事件的次数 年高流量脉冲事件的平均历时 年低流量脉冲事件的平均历时	1. 对植物产生土壤湿度压迫的频率率与历时 2. 对植物产生厌氧压迫的频率和历时 3. 泛洪平原作为生物栖息地的有效性 4. 营养及有机物质在河道和洪泛平原间的交换
水文条件改变的变化率和频率	连续日流量上涨率 连续日流量下降率 流量逆转的次数	1. 下降等级上对植物产生的干旱压力 2. 上涨等级上营养物质在洪泛平原的截留

大通站低度改变占主导。无高度变化，中度变化有9个参数，出现在第1组至第3组参数中，1—4月和7—8月流量增加；年最小流量、年最大流量的平均值增加；5月、9—11月流量平均值减少；低度变化有23个参数。年最小一日流量出现时间属于中度变化，发生日期提前7天，最大一日流量发生日期相差不大。四站在水文参数变化上的特点：

（1）寸滩、宜昌和大通均为低度改变占主导地位，而汉口站较为特别，中、低度改变的参数数量大致相等。

（2）寸滩站和宜昌站均有一个高度变化的参数，即流量逆转次数增加，而汉口站和大通站均无高度变化的参数。

（3）库区寸滩站及下游三站中度变化的参数分布的不同点：寸滩站主要集中在年最大流量状况和年最大一日流量日期；下游三站主要集中在年最小流量状况和年最小一日流量日期。

（4）多年流量平均值的变化主要是：1—4 月枯季流量增加，5 月流量减少，6—7 月汛期流量增加，最小流量参数组的平均值增加；寸滩和宜昌年年最大流量参数组的平均值减少，流量减少主要集中在下半年 8—11 月；汉口和大通年最大流量参数组的平均值增加，汉口和大通流量减少月份推迟，主要集中在 10—11 月。

（5）年最小一日流量日期均提前，分别提前 15 天、10 天、17 天和 7 天。

（6）干扰后呈现连续日上涨率减小，下降率增加的趋势。大通站上涨率略有减少，其余三站明显减少；寸滩站下降率明显增加，其余三站略有增加。

6.3　生态影响分析

由于生物对水流改变的反应可能存在滞后效应，目前还是很难判定某个水文参数的改变所能直接引发的具体的生态影响：

（1）生物多样性可能会降低。河流中受调控的河段与内陆相对未受干扰的河流相比，生物多样性降低。

（2）大型水生植物丰度增加。河流的水流变化均不同程度使大型植物的丰度增加。

（3）大型无脊椎动物现存量和丰度减少。水电站高流量下泄使小型的昆虫若虫和无脊椎动物不能承受巨大的流速而在下游河段数量偏低；流量的陡增会引发灾难性的下游漂流，使一些水电站下游的底栖生物群现存量出现每月高达 14％的灭绝；水电站以下受调控的河段水流模式不稳定，而大型无脊椎动物很容易受到水流剧烈日变化的影响，因此这类河段通常的特点是大型无脊椎动物群落物种稀少。

（4）对产漂流性卵的鱼类影响较大，产卵地的淹没造成鱼类数量下降；本地物种消失，外来物种入侵。外来鱼种更有可能在被人类活动永久改变的水生系统内长期存活，例如大坝修建形成的库区静水生境；本地物种中，对水流条件要求比较高，需要更多变水流条件才能生存的物种其竞争力远不如生存条件要求低的物种，如长江珍稀鱼类中华鲟和特有鱼类四大家鱼。

（5）动植物生活史模式发生变化。水位波动率、干扰频率（洪水和突发洪水）和强度（流速和剪应力）的改变可影响秧苗成活率和植物生长率；洪水影响河鱼产卵和孵化所需的稳定低水流；水流上涨的时间是鱼类产卵和迁徙的信号或触发点；大坝影响下的水温导致鱼类产卵期延迟，昆虫孵化模式被破坏，底栖现存量减少，水温敏感鱼类物种灭绝。

6.4 水库多目标生态调度方法

生态调度在国外也有一个被认识和被接纳的过程。最初的水库调度无一不是从直接的需求（如发电、灌溉、防洪等）出发，追求的是经济利益的最大化。但随着时间的推移，大型水利工程对河流生态系统的负面影响凸现之后，解决筑坝河流的生态受损问题得到了重视，水库生态调度也应运而生。目前国内外学术界对"生态调度"应包括哪些内容还没有给出明确的定义。

截至 2005 年，长江流域已修建各类水库 45694 座，其中大型水库 151 座，中型水库 1111 座，小型水库 44432 座。在长江上修建多座大型水利工程后，对于河流上下游生态环境的负面影响反映在两个方面：一方面是栖息地特征变化，进而影响生境质量；另一方面是生态水文过程的变化，即流量、流速、水温、水质和水文情势等变化。前者主要依靠河流生态修复工程加以解决；后者可通过水库生态调度方法进行调整。

长江流域水库多目标生态调度的基本思路是统筹防洪、兴利与生态，在满足坝区及下游生态保护要求的基础上，充分发挥水库的防洪、发电、灌溉、供水、航运、旅游等功能，使水库对河流生态系统的负面影响控制在可承受的范围内，并逐步修复生态与环境系统。

6.4.1 水库生态调度方法及分类

1. 河流生态需水量调度

以满足河流生态需水量为目的，保持河流适宜生态径流量。生态径流量按其功能的不同又有所不同，包括提供生物体自身的水量和生物体赖以生存的环境水量；维持河流冲沙输沙能力的水量；保持河流一定自净能力水量；防止河流断流和河道萎缩的水量。除此之外，还要综合考虑与河流连接的湖泊、湿地的基本功能需水量，考虑维持长江河口生态以及防止咸潮入侵所需的水量。分析计算长江重点河段的各种生态径流过程是水库生态调度的基础。长江的天然径流过程是在一定的范围内随机变化，现有的生态系统是根据河流天然径流变化的特征响应。河流生态径流可分为最小生态径流量、适宜生态径流量。河流生态需水量调度，就是通过水库调度使河流径流过程落在适宜生态径流过程区间上，不允许低于最小生态径流量。

2. 模拟生态洪水调度

水库的建设改变了河流的自然水文情势，使得水文过程均一化。为缓解由水文过程均一化而导致的生态问题，可考虑改变水库的泄流方式，通过人工调度的方式模拟人造洪峰，产生适宜于四大家鱼类产卵的涨水过程，为水生生物繁殖、产卵和生长创造适宜的水力学条件。该工作的基础是弄清水文过程与生态过程的相关性，建立相应的数学模型。需要掌握水库建设前水文情势，包括流量丰枯变化形态、季节性洪水峰谷形态、洪水过程等因子对于鱼类和其他生物的产卵、育肥、生长、洄游等生命过程的关系。调查、掌握水库建成后由于水文情势变化产生的不利生态影响。还需要对采取不同的水库生态调度方式对生态过程的影响进行敏感度分析。

3. 防治水污染调度

为应对突发河流污染事故，防止水库水体富营养化与水华的发生，控制河口咸潮入侵而进行的水库调度。为防止水体的富营养化，可以考虑在一定时段内加大水库下泄量，降低坝前蓄水位，带动库区内水体的流动，使缓流区的水体流速加大，破坏水体富营养化的条件，达到防止水体富营养化的目的。

长江干流和主要支流水质总体较好，但局部江段与湖泊污染严重，流域整体水质呈恶化趋势。针对这一情况，可对长江流域梯级水库群实施水污染防治的调度运用，一方面保证社会经济用水需求；另一方面兼顾污染防治的目标。由于水库水质分布具有时间分布特征和竖向分层特征，因此，根据污染物入库的时间分布规律制定相应的泄水方案，通过水坝竖向分层泄水，能将底层氮、磷浓度较高的水排泄出去，利用坝下流量进行稀释，可以有效防治库区水污染，避免污染水量的聚集，通过稀释和降解作用减轻汛期泄洪造成的水污染。另外，为防止干流、支流的污水叠加，采取干支流水库群错峰调度，以缓解对下游河湖的污染影响。同时加强水质监测，及时进行信息反馈，以制定科学的释放水策略。

4. 控制泥沙调度

为减缓水库淤积，我国经过几十年的研究和实践，已经总结出行之有效的"蓄清排浑"的水库调度运行技术。"蓄清排浊"控制河床抬高或冲刷，保持一定的河势稳定，维持河流水沙平衡，延长水库寿命。

5. 生态因子调度

合理运用大坝孔口的泄水方式，对生态因子如水温、溶解氧等进行调节调度。在汉江流域，由于水温的影响，鱼类产卵的时间较自然水温情况下延迟了一个月。合理运用大坝孔口以降低温度分层对鱼类的影响。根据水库水温垂直分布结构，结合取水用途和下游河段水生生物的生物学特性，利用分层取水设施，调整利用大坝的不同高程的泄水孔口的运行规则。针对冷水下泄影响鱼类产卵、繁殖的问题，可采取增加表孔泄水的机会，满足水库下游的生态需求。

高坝水库泄水，特别是表孔和中孔泄水，因考虑水流消能导致气体过饱和，对于水生生物产生不利影响。特别是鱼类繁殖期，造成仔幼鱼死亡率提高，对于成鱼易发"水泡病"。针对这个问题，可以在保证防洪安全的前提下，延长泄洪时间，降低最大下泄流量，减缓气体过饱和的影响。研究优化开启不同高程的泄流设施，使不同掺气量的水流掺混。另外，可采取梯级水库及干支流水利枢纽联合调度的方式，降低下游汇流水体中溶解气体含量。

6. 水系连通性调度

长江流域目前大型通江湖泊仅有鄱阳湖和洞庭湖两个，江湖阻隔严重影响了洄游鱼类的生长与繁殖，而水库的修建则破坏了河流上下游的连通。为能解决由水系连通受阻而引起的各类生态问题，需要通过统一制定长江流域水库群的调度运行方式，恢复河流与湖泊的连通性、干流与支流的连通性，缓解水利工程建筑物对于干支流的分割以及河流湖泊的阻隔作用。必要时可以辅以工程措施增加水系、水网的连通性。

6.4.2　水库生态调度的工程措施

（1）为减小筑坝对洄游鱼类过坝的影响而建立相应的保护工程。比如鱼梯、幼鱼下行旁路等。其中鱼梯由一系列的台阶和水池形成一个缓慢上升的通道，连接大坝上下游水面，供溯河产卵的成鱼越坝上行。而幼鱼下行旁路一般在水轮机进水道内设置淹没式过滤网，引导幼鱼进入竖井，上升并通过侧口进入横穿大坝的旁路水道中，再下行进入坝下河道。

（2）设置小型机组、再调节堰等设施，提高下游河道最小流量。设置小型机组是在坝下设置专门的小机组用于下泄最小生态径流，但成本较高。再调节堰主要是在坝下足够远的位置进行设置，用于调节流量，特别是在电站不发电或发电较少的时候，由再调节堰向下游放水，以满足最小生态径流的需求。但再调节堰的设置提高的坝下水位，降低了发电水头，会影响机组的发电效率。

（3）通过涡轮机通风、涡轮机掺气、表面水泵、掺氧装置、复氧堰等设施提高水库下泄水流的溶解氧浓度。涡轮机通风取用水轮机真空制动装置中的低气压之变，抽取气泡进入涡壳。当通风管道压力不足以吸取外界气体时，使用涡轮机掺气设施。表面水泵使水中含气量增加，掺氧装置增加水体的溶解氧浓度。

水库调度不再是从前所认为的简单的水库水位的升降问题，而是关系到全流域、尤其是坝下区域生态的重大事件。水库调度必须从河流系统整体出发，充分考虑河流生态环境需水量要求。在建有梯级水库的河流上，各水库之间要在统一规划的基础上，实行联合调度，共同承担河流系统的生态需水量的释放。

通过水库生态调度，保持中下游适宜的生态径流，着重解决水库库区及下游的生态环境问题，使水库下游河道呈现丰水期水丰、枯水期水枯和适当洪水的天然特性，长江上的大型水利工程在实现防洪、发电、航运效益的同时，要结合保护健康长江生命的目标，尽量减小水库建设对下游生态的影响，恢复长江的生态健康。

6.5　四大家鱼自然繁殖的水文条件

三峡水库蓄水，改变了河流天然的水流情势，尤其是四大家鱼自然繁殖所需要的涨水时间以及水温条件发生了变化，具体为：高流量过程持续时间变短，同时，由于水库下泄水温较低，也导致了水库下游水温变化。

三峡水库蓄水运用前后相比，坝下游主要水系在三峡水库蓄水前后年均径流量比例组成并没有发生显著变化。但是，梯级水库运行将使坝下河流月均流量在 5 月和 6 月上旬明显增加高流量和低流量过程明显改变，对于四大家鱼自然繁殖影响较大。利用 IHA 计算，其中低流量脉冲事件次数由建坝前 3 次/a 增加到 5 次/a，平均历时由建坝前的 10 天变为到 4 天；高流量脉冲事件由建坝前 6 次/a 减少到 5 次/a，水文变化度 45.92%，平均历时由建坝前的 9 天变为到 5.5 天，持续时间变化较大，连续日流量上涨率由 480m³/s 减小到 340m³/s，水文变化度为 65.58%。

此外，水位波动变大，水位逆转数由建坝前 84 次/a，增加到 146 次/a，水文变化度 100%（见表 6.5-1）。

表 6.5-1　　　　　　建坝前后相关水文情势变化

IHA 参数	指标	均值		水文变化度/%
		建坝前(1958—2008 年)	建坝后(2009—2011 年)	
1. 高流量和低流量的频率和历时	年出现低流量脉冲事件的次数	3	5	-52.68
	年低流量脉冲事件的平均历时	10	4	-20.3
	年出现高流量脉冲事件的次数	6	5	-45.92
	年高流量脉冲事件的平均历时	9	5.5	19.55
	低流量限值/(m³/s)	4880		
	高流量限值/(m³/s)	20000		

续表

IHA 参数	指标	均值		水文变化度/%
		建坝前(1958—2008 年)	建坝后(2009—2011 年)	
2. 水文条件改变的变化率	连续日流量上涨率	480	340	−65.58
	连续日流量下降率	−300	−320	−9.143
	水位逆转转次数	86	146	−100

三峡水库为弱分层型水库，其蓄水后对河流水温有一定的调节性。在库区江段，水温在降温季节 9 月至次年 2 月高于三峡水库蓄水前表层水温，而在升温季节 2—6 月则相反。而在坝下临近江段，蓄水后"四大家鱼"在产卵季节的水温小于蓄水前，据 1996—2009 年宜昌站水温日监测资料，三峡水库蓄水后，5 月中旬的平均水温大于 18℃，蓄水前后 5 月中旬平均水温变化在−0.33～−1.75℃之间，并跟水库蓄放水密切相关，但是随着离大坝的距离越远其水温变异的幅度逐渐减小。

目前，对四大家鱼自然繁殖的水文条件、影响因子等方面已有较多研究，四大家鱼自然繁殖所需的水文、水力学条件主要有：

（1）水位上涨。天然涨水过程的刺激是促使家鱼能够在合适的产卵场进行繁殖的必要条件。涨水幅度影响产卵规模，大多数亲鱼一般选择在涨水时产卵，且涨水幅度较大、产卵规模也大。家鱼一般在涨水 0.5～2 天开始产卵，如江水不继续上涨或者涨幅很小，产卵活动即终止。

（2）流速增大。家鱼在江水上涨后，经过一定的时间才开始产卵，洪水开始上涨到开始产卵之间相隔时间的长短与流速大小有关。流速大，刺激产卵所需要的时间短；流速小，刺激产卵所需要的时间长（曾祥琮等，1990）。而且四大家鱼卵为半浮性，也需要一定的流速，其在水流流速低于 0.3m/s 时开始下沉，低于 0.15m/s 全部下沉（唐会元，1996）。

（3）紊乱流态。深潭和岩礁能为繁殖亲鱼提供栖息的场所，待产卵的水文条件满足时，水流冲击河底深潭或岩礁形成紊乱的流态，亲鱼即进行繁殖。基于四大家鱼产卵对水流条件的需求及其卵漂浮性的特性，其产卵场通常位于大江两岸地形发生较大变化的江段。发生洪水时，这样的地形特点能使水流处于上下翻滚、垂直交流的紊乱流态，并使卵不致下沉，从而保证了卵的受精和正常孵化。

（4）水温。水温是四大家鱼自然繁殖的限制因子，18℃是产卵的下限水温。家鱼的繁殖季节，长江干流水温变动在 18～28℃之间，21～24℃为产卵盛期，27～28℃还能见到家鱼产卵。

（5）水体透明度下降。2004年和2007年汉江四大家鱼早期资源监测资料表明，10次洪水过程中，水体透明度较低的洪水过程均监测到四大家鱼鱼卵，而透明度较高的洪水过程，在水温达到需求，洪水上涨幅度也足够大时，也未监测到四大家鱼鱼卵。

6.6　三峡水库针对四大家鱼的生态调度实践

6.6.1　水库生态调度方案

水温达到18℃是四大家鱼产卵的必要条件，四大家鱼只在洪水过程的上涨阶段产卵，洪水的涨幅、上涨持续时间是充分条件，洪水过程的大小由日上涨率和上涨持续时间决定，监利站点四大家鱼自然繁殖对水文过程的需求是为洪水上涨持续时间10天以上，平均日上涨率为0.26m以上。

依据监利水位与宜昌站水位变化特点，当监利站日水位增加0.3m时，推算宜昌站日水位需增加0.4m左右。

结合三峡水库蓄水前后四大家鱼自然繁殖情况及水文情势变化特点，提出针对四大家鱼自然繁殖提出生态调度方案，调度分为较好方案和适中方案，调度方式如下。

1. 较好方案

调度的时间分别为5月上旬、5月下旬和6月下旬，调度3次。

5月1日开始预调度1次，目的是制造一次小的洪水过程以利于四大家鱼的洄游及群聚，三峡水库将下泄流量以500m³/s的日流量增长率加大泄量，持续5天，然后恢复正常调度。

5月下旬，当下泄水温达到18℃以上时，根据来水情况，当宜昌流量在10000m³/s到15000m³/s之间时，三峡水库相机开始调度增加泄流量，调度时保持水位持续上涨，持续10天时间，宜昌断面水位日上涨率不低于0.3m。

6月下旬，当宜昌流量达到12000m³/s以上时，三峡水库泄流逐步增加流量，使宜昌站水位日上涨率不低于0.5m，上涨持续时间4天。

2. 适中方案

适中方案不进行预调度，调度2次，分别为5月下旬和6月下旬，当下游水温达到18℃以上时实施调度。5月下旬，根据来水情况，当宜昌流量在10000m³/s到15000m³/s之间时，三峡水库相机开始调度增加泄流量，调度时保持水位持续上涨，持续8天时间，宜昌站水位日上涨率不低于0.3m。

6月下旬，当宜昌流量达到10000m³/s以上时，三峡水库泄流逐步增加流量，使宜昌站水位日上涨率不低于 0.5m，上涨持续时间 4 天。

结合 2011 年 6 月三峡水库以上来水和水文预报实际情况，设计试验性生态调度开始时间选择在 2011 年 6 月 16—20 日之间，调度持续 6 天（长江防汛抗旱总指挥部办公室，2015）。

调度方式是三峡水库通过调度加大下泄流量，使葛洲坝下游产生明显的涨水过程，以宜昌站流量 11000m³/s 作为起始调度流量，在 6 天内将宜昌站流量增加 8000m³/s，达到 19000m³/s，调度时保持水位持续上涨 6 天，日涨率不低于 0.30m。日调度过程见表 6.6-1，其中水位流量由宜昌站水位流量关系曲线查得。

表 6.6-1　　　　　　　　　　　　试验性生态调度方案

时间	下泄流量/(m³/s)	流量增量/(m³/s)	水位/m	水位上涨率/m
第 1 天	12000	1000	42.6	0.5
第 2 天	13500	1500	43.17	0.57
第 3 天	15500	2000	43.92	0.75
第 4 天	17500	2000	44.65	0.73
第 5 天	18200	700	44.9	0.25
第 6 天	19000	800	45.2	0.3

6.6.2　水库生态调度监测方案

按照生态调度计划，2011 年监测时段为：6 月 16 日至 7 月 15 日，该时段覆盖 2011 年试验性生态调度全过程，是三峡蓄水以后四大家鱼自然繁殖的主要时段。

鱼类早期资源监测设置南津关，宜都，监利三洲，松滋涴市，洪湖燕窝 5 个站点（图 6.6-1），每日 6 时、12 时、18 时、24 时进行连续 30 分钟采集，监测四大家鱼卵苗的采集时间、种类、发育期、数量，断面分布监测，同时监测水温、透明度等水环境因子。

结合长江中游已有水文站点，配合早期资源监测进行水文要素监测，设定 10 个监测站点（黄陵庙、宜昌、枝城、监利、沙市、螺山、城陵矶、新江口、沙道观、汉口），逐日连续进行控制性断面水文要素监测，监测指标包括控制断面水位、流量、水温、透明度的变化。

结合早期资源监测成果，依据卵苗发育时间，推算产卵场，在确认为产卵场的典型江段虎牙滩、沙市江口上下游断面间采用 ADPC 进行流场测定。虎

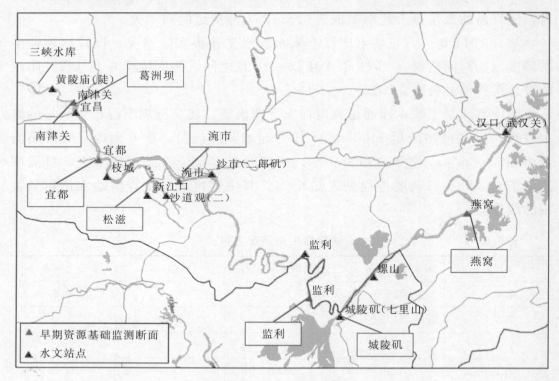

图 6.6-1 监测站点设置

牙滩江段进行鱼类繁殖群体资源监测，繁殖群体数量监测与繁殖江段的流场调查择机进行。

6.6.3 水库生态调度监测方法

6.6.3.1 四大家鱼早期资源监测

四大家鱼早期资源连续监测站点，逐日连续进行定点采集，分别在每日 6 时、12 时、18 时、24 时进行连续 30min 的采集。记录卵苗的采集时间、种类、发育期、数量、水温、透明度等数据；在苗汛期间，进行断面采集，获得的数据用于分析四大家鱼卵苗的断面分布情况，推算四大家鱼卵苗径流量（曹文宣等，2007）。

6.6.3.2 四大家鱼繁殖群体监测

采用 Simrad EY60 型鱼探仪（分裂波束式换能器：工作频率 120kHz，半功率角为 7°），对红花套至虎牙滩的四大家鱼产卵场进行了走航式探测。依据四大家鱼亲体分布水层和个体大小，结合鱼探仪监测结果，分析鱼类繁殖群体空间分布状况，并进行渔获物调查，查找亲鱼产卵情况，从而分析四大家鱼繁殖群体状况。

6.6.3.3　四大家鱼产卵场监测

采用多普勒流速仪进行走航式探测，GPS同步记录航迹和断面坐标，其中红花套至磨盘溪江段施测断面21个，江口至洈市江段施测断面41个，提取相对水深0.0、相对水深0.2、相对水深0.4、相对水深0.6、相对水深0.8、底层流速1.0不同垂线的流速和方向。

6.6.4　水库生态调度数据分析

6.6.4.1　早期资源量分析

四大家鱼鱼卵径流估算方法：

（1）鱼卵径流量：

$$M = \frac{mQC}{0.39V} \qquad (6.6-1)$$

式中　　M ——某采样时段内该断面四大家鱼的卵数；

　　　　m ——进网鱼卵数；

　　　　Q ——江断面流量；

　　　　V ——网口流速；

　　　　C ——江断面多采点鱼卵平均密度与固定采点的相比系数。

（2）网口单位时间的鱼卵径流密度：

$$A = \frac{m}{0.39V}t \qquad (6.6-2)$$

式中　　A ——鱼卵进网密度；

　　　　m ——采集进网鱼卵数，粒，0.39（m^2）× 网口流速 m^2/s 为网口流量；

　　　　t ——采集时间，s。

（3）江断面鱼卵径流密度均值与固定采点的密度相比系数：

$$C = \frac{\Sigma \overline{B}}{B_1} \qquad (6.6-3)$$

式中　　C ——鱼卵平均密度相比系数；

　　　　B_1 ——固定采样点进网卵数；

　　　　$\overline{B}$ ——某断面各采样点的平均进网卵数。

（4）采样相隔时段鱼卵径流量的插补法：

$$M' = (M_1 + M_2)\frac{t'}{2} \qquad (6.6-4)$$

式中　　M'——上下两采号之间的鱼卵径流量；

　　　　M_1——上采号卵径流量；

　　　　M_2——下采号卵径流量；

　　　　t'——两号之间相隔时间。

（5）日产卵量计算：

$$\sum M_N = M_1 + M_1' + M_2 + M_2' + M_3 + M_3' + \cdots + M_n + M_n'$$

$$\sum M_N = \frac{QC}{0.39}(B_1 + B_1' + B_2 + B_2' + B_3 + B_3' + \cdots + B_n + B_n')$$

（6.6−5）

式中　　　　　　$\sum M_N$——某产卵场四大家鱼产卵数量；

　M_1、M_2、M_3、M_n——各采时四大家鱼产卵量；

　M_1'、M_2'、M_3'、M_n'——相隔时间插补产卵量，累计为 24 小时止；

　B_1、B_2、B_3、B_n——采集时段相当 1 秒的鱼卵径流量；

　B_1'、B_2'、B_3'、B_n'——相隔时间内相当 1 秒的鱼卵量，再乘以河水流量

　　　　　　　　　　Q、密度相比系数 C，除以网口面积，同样为一

　　　　　　　　　　天产卵量。

（6）一个产卵江汛或一个月、繁殖期的产卵量：

$$\sum M_D = \sum M_1 + \sum M_2 + \sum M_3 + \cdots + \sum M_n$$

（6.6−6）

式中　　　　　　$\sum M_D$——一个江汛或一个月、繁殖期的某产卵场四大

　　　　　　　　　　家鱼的产卵量；

　$\sum M_1$、$\sum M_2$、$\sum M_3$、$\sum M_n$——每天产卵量。

上述计算方法参考自易伯鲁等（1988）和余志堂等（1985）等文献。

6.6.4.2　四大家鱼繁殖群体分析

通过 Sonar−5 分析软件（Lindem Data Acquisition，Oslo，Norway）对声学数据进行分析。

鱼类资源量估算采用 Kieser 和 Mulligan（1984）回声计数方法进行鱼类密度的估算，算法如下：

$$\left.\begin{array}{l} V = \dfrac{1}{3}\pi \tan\left[\dfrac{\theta'}{2}\right] \tan\left[\dfrac{\varphi}{2}\right] (R_2^3 - R_1^3) \\[3mm] \varphi = \dfrac{N}{pV} \end{array}\right\}$$

（6.6−7）

式中　　N——探测到的鱼类的数目；

　$\varphi = f/m^3$——单位体积水体或者单位面积水面鱼类数量，即鱼类体积密度

　　　　　　　　或鱼类面积密度；

　　　　V——每一个 $ping$ 探测的水体体积；

p —— 分析数据的 $ping$ 数量；

θ'、φ —— 换能器的横向和纵向方向的有效检测角度，其为回波在声学截面方向上获得最大增益补偿（MGC）时的张角；

R_2 —— 探测位置水深；

R_1 —— 换能器 1m 以下的水深。

使用 ArcGIS9.3 软件进行鱼类时空分布密度的 GIS 建模，计算每个网格所代表的水体体积。通过计算各个鱼类密度网格的密度和水体体积之积，可获得鱼类总数，具体算法如下：

$$B = \sum_{i=1}^{k} \varphi_i V_i \qquad (6.6-8)$$

式中　B —— 探测区域的鱼类生物量；

　　　i —— 被分析的栅格的序号；

　　　φ_i —— 第 i 个网格内鱼类的密度，来源于鱼类时空分布的 GIS 模型获得的栅格化的数据；

　　　V_i —— φ_i 范围内获得的水体体积，由第 i 个网格所代表的水面面积和该网格的实际探测的水深获得。

6.6.4.3　四大家鱼产卵场推算

根据曹文宣等著的《长江鱼类资源》一书中所明确的采集卵苗发育期的鉴定方法，结合采集时江水水温数据，推算发育时间，结合该时段江水平均流速，推算产卵场，采用以下公式：

$$S = VT \qquad (6.6-9)$$

式中　S —— 鱼卵漂流距离；

　　　V —— 江段平均流速；

　　　T —— 相应水温条件下的四大家鱼胚胎发育时间。

6.6.4.4　产卵场状况

根据家鱼卵苗发育时间，以及江水流速，推测四大家鱼产卵场位置为：

葛洲坝下十里红到虎牙滩，江段长度约 17km；红花套镇到吴家岗江段，长约 7km；涴市上游江段江口—涴市和羊溪镇—枝江两个江段；新厂—石首江段（三洲以上 130km），调关—石首江段（三洲以上 95km）；距离燕窝90km 左右的白螺镇—螺山江段，江段长度约 20km；监利三州—荆江门江段，长约 15km。同时发现三峡大坝与葛洲坝之间江段存在四大家鱼产卵场。

对四大家鱼产卵场红花套至磨盘溪江段的流速场进行监测，监测时采用多普勒流速仪进行走航式探测，同时 GPS 同步记录航迹和断面坐标，其中红花套至磨盘溪江段施测断面 21 个，断面垂线间距 100m，对原始数据提取出相对水深 0.0、相对水深 0.2、相对水深 0.4、相对水深 0.6、相对水深 0.8、底层流速 1.0 不同垂线的流速和方向。

红花套至磨盘溪江段河道较为顺直，水流基本上沿着河道主槽方向，表层、中层和底层的流速方向基本一致，没有太大变化。表层水流最大，河道中泓流速最大流速达到 2.0m/s 以上，底层流速与表层和中层流速相比要小，大多数在流速在 1.0m/s 以下，具有明显的自然河流流速分布特征。横向断面流速分布上，靠近两岸的流速比起主流偏小，右岸流速比左岸流速偏大。

总体来讲，红花套至磨盘溪江段流速场分布顺直和集中，不同水深的流速方向基本一致，底层流速明显偏小，断面流速呈现河道中部大，两岸小的特点。

6.6.4.5　产卵状况

监测期间共出现 2 次鱼汛，第一次为调度涨水产生；第二次为 6 月 24 日自然洪水产生。两次鱼汛对涨水的响应时间如下。

调度过程中：各监测站点的苗汛在调度涨水第 1～3 天发生，其中，鱼卵发生时间分别为宜都、浠市站点在调度开始 3 天产生，燕窝站则在涨水第 1 天即有鱼卵发生。鱼苗出现时间分别为监利、燕窝站在开始涨水第 1 天即有鱼苗产生。

第二次涨水过程：宜都、浠市站点在涨水第 2 天、退水初期发现家鱼鱼卵。监利和燕窝站点则是在涨水开始 3～4 天发现家鱼鱼苗。

综上，以鱼苗监测结果来看，各监测站点的苗汛在调度涨水第 1～3 天发生。

以鱼卵监测结果来看，各监测站点的鱼卵在调度涨水第 1～3 天发生，其中，燕窝站则在开始涨水第 1 天即监测到鱼卵，与历史自然涨水的响应时间基本一致。

6.6.5　水库生态调度效果

6.6.5.1　四大家鱼卵苗径流量

两次涨水过程相比，初始水位、日水位上涨率、涨水持续时间等均不相同，不同的水文情势条件下，四大家鱼的卵苗径流量有不同的响应。

1. 鱼卵径流量

宜都、浠市、燕窝三个站点的鱼卵径流量总量以第二次涨水过程最多，家鱼卵总径流量为 3328 万粒，第二次涨水过程伴随的卵苗径流量为 3920 万粒，为调度过程鱼卵径流量的 1.18 倍。

洪水上涨持续时间是影响四大家鱼自然繁殖规模大小的一个重要因素，以上两次涨水过程相比，涨水持续时间较长的涨水过程，家鱼卵径流量较大；在涨水持续时间相同条件下，水位上涨率较高的第二次涨水鱼卵径流量较大。两次涨水过程相比，透明度较低的自然涨水过程，鱼卵径流量较高。

2. 卵苗总径流量

宜都、浣市、监利、燕窝四个站点的卵苗径流量总量以调度涨水过程最多，家鱼卵苗总径流量为 85862 万尾（粒），第二次涨水过程伴随的卵苗径流量为 22920 万尾（粒），为调度过程卵苗量的 26.69％。

总体来看，宜都、浣市、监利、燕窝四个站点的卵苗径流量总量以调度涨水过程最多，家鱼卵苗总径流量为 85862 万尾（粒），第二次涨水过程伴随的鱼汛总径流量为 22920 万尾（粒），为调度过程鱼汛卵苗量的 26.69％。

2011 年调度起始于 6 月 16 日，在此之前宜昌站已于 6 月 14 日水位开始上涨，其他各监测站点前期也均有涨水，可能有部分卵苗未能监测到，所以本年度监测的卵苗数量可能比实际数量小。

本次监测中坝下早期资源监测站和对应水文站点的距离较远，范围为 26～96km，具体为宜都至宜昌水文站约 26km；浣市至枝城水文站约 43km；监利至监利水文站约 70km；燕窝至螺山水文站约 96km；早期资源监测站和对应水文站点的流量的差别以及流速的变化会使得四大家鱼卵苗径流量推算过程中产生较大的误差。虽然监测中对于家鱼卵苗径流量估算有误差，但是总体趋势仍然能够说明不同涨水对四大家鱼自然繁殖的促进作用。

6.6.5.2 四大家鱼卵苗种类组成

四大家鱼种类组成以鲢鱼比例最大，青鱼次之，鳙鱼最少。青、草、鲢、鳙的比例分别为 31.49％、15.86％、48.51％、4.14％。与 2010 年相比，除鲢鱼比例下降之外，其他三种比例均升高，其中，青鱼比例上升最大。

各站点鱼汛出现时间多在涨水开始 2～3 天，个别站点鱼汛出现在退水初期，如浣市站第二次鱼汛，家鱼卵发生开始于退水第一天，鉴别鱼卵种类发现为青鱼、草鱼；燕窝站点则在调度开始即监测到家鱼鱼卵，鉴定鱼卵种类为青鱼。五个早期资源监测站点起始鱼汛鱼卵鉴定结果：只有宜都站点第二次鱼汛发现鳙鱼鱼卵，此次洪峰日水位变化为 1.78m 以上，持续涨水两天时发现鳙鱼鱼卵。同时，监测期间也发现一些零星的鱼卵，如浣市 7 月 6 日，主要种类为青鱼，发生于平水期间。

本年度监测结果表明，四大家鱼卵苗量与洪水过程涨水持续时间、日水位上涨率及水体透明度等几个环境因子有关，具体如下。

1. 涨水持续时间

洪水过程涨水持续时间在影响家鱼产卵行为过程中起着重要的作用，与四大家鱼卵苗总量呈显著性正相关，相关系数为 0.69（见表 6.6-2），与已有研究结论一致（图 6.6-2）。

表 6.6-2   四大家鱼早期资源与涨水持续时间相关性分析

卵苗类型	鱼卵总量	总苗量	卵苗总量
相关系数	0.67*	0.69*	0.69*

注   采用皮尔逊相关分析，* 表示 $\alpha > 0.05$。

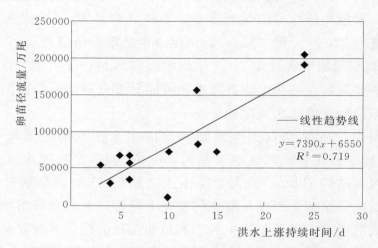

图 6.6-2   1997—2002 年监利卵苗径流量与洪水上涨时间关系

2. 涨水持续时间

宜都、沙市站监测结果同时表明，在涨水持续时间相同的条件下，日水位上涨较高的涨水过监测到的早期资源量也较高。

从本次监测结果看出家鱼的产卵和江水的上涨时间呈正相关关系，但这种关系还难以表述为确定的函数关系。而且本次调查启动时间较晚，数据量不是很充分，还需进一步研究，采用完整早期资源监测数据进行分析。

3. 透明度

宜都、沙市、燕窝站点家鱼鱼卵密度和透明度情况如图 6.6-3 所示，其中，监利站点未监测到家鱼鱼卵不做分析。

前两次涨水过程相比，透明度较低的自然涨水过程，鱼卵径流量较高。主要原因是在自然环境下，洪水过程中水体透明度减小，幼鱼比较容易避险，与汉江四大家鱼已有研究结论相同。

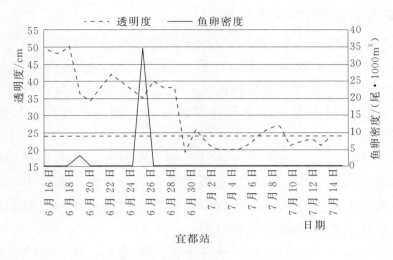

宜都站

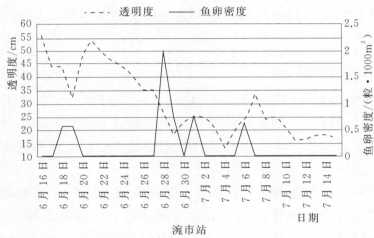

沔市站

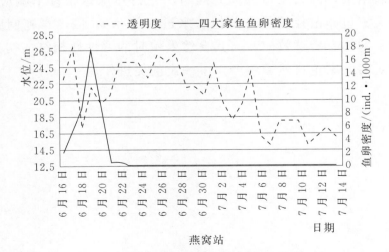

燕窝站

图 6.6 - 3 家鱼鱼卵密度和透明度情况

215

6.6.5.3　四大家鱼产卵场分布特点

依据早期资源情况推算宜昌江段产卵场为葛洲坝下十里红到虎牙滩，江段长度约 17km，红花套镇到吴家岗江段，长约 7km，该江段河道地形相对固定，产卵场的特征主要由水流条件决定，对比分析四大家鱼产卵场与非产卵场之间的差异，在纵剖面上，历史产卵场的分布范围与长江中游反复出现的深潭－浅滩序列具有较强的重合性，在横断面上，历史产卵场相比于非产卵场江段断面复杂，变化较大，而非产卵场江段则基本顺直，断面形态变化较小。说明产卵场的地形特征对四大家鱼自然繁殖群体的分布和产卵行为可能不是决定性因素，影响四大家鱼自然繁殖的是流量的变化过程导致的产卵场江段水力学条件和流速变化过程及水温的变化过程。

一般来说，复杂多变的地形形成复杂的河流流态，江心洲的存在导致火箭洲横断面为复式断面，相应的栖息地河流环境更为多样性，鱼类能够找到更为多样化的栖息环境。

6.6.5.4　效果初步评估

2011 年试验性生态调度试验工作从 6 月 16 日开始，6 月 19 日截止，从调度持续时间看，设计试验调度时间为 6 天，本次试验调度比原设计调度水位持续上涨时间少 2 天；从日水位上涨率看，宜昌站水位日变化率基本达到设计方案（水位日上涨不低于 0.3m）要求。

在试验性调度方案条件下，试验性调度效果分别以四大家鱼响应时间、卵苗径流量等要素评价，调度使得中下游不同站点水位持续上涨 4～8 天，根据早期资源监测结果，四大家鱼产卵时间与历史自然涨水条件下响应时间一致；调度期间四大家鱼卵苗径流量是其他涨水过程的 3.75 倍，实施调度后，四大家鱼自然繁殖群体有聚群效应，与其自然繁殖时的习性性相符。初步证明试验性生态调度对四大家鱼自然繁殖产生了一定的促进作用。

7

长江流域典型区域重要环境生态问题监测

7.1 概　　述

随着我国经济的快速发展，大气、土壤、水环境承受的压力越来越大，相应而来的就是严重的环境污染和随之而来的生态环境破坏的问题。因此环境保护显得尤为重要。在采取环境保护的措施之前，环境监测是十分必要的，做好环境监测工作有利于环境保护工作的进行。生态环境监测是环境监测中一个新的概念，生态监测在生态建设中起着至关重要的作用，是环境生态建设的事实依据和技术保证，本章主要从生态环境监测内容以及站点布设等方面来论述。

7.2　湖、库水环境监测系统

7.2.1　概述

长江流域水环境监测站网于 20 世纪 70 年代末开始组建，目前成员单位已发展到 116 个，包括 1 个流域中心、8 个流域分中心和流域片 17 个省级水环境监测中心和 90 个地市分中心，监测站点覆盖长江干支流 2800 多个断面，监测内容涵盖省（国）界水体监测、水功能区监测、入河排污口监测、饮用水水源地监测、地下水水质监测、应急调查监测、水生态监测等方面，基本形成了

"常规监测与自动监测相结合、定点监测与机动巡测相结合、定时监测与实时监测相结合"的监测体系。流域水资源保护监控中心初步建成，与已建的自动监测设施、长江"水环监 2000"监测船、移动实验室等监控设施联网，初步实现了流域机构对重点区域水质、水生态和主要入河排污口的动态监控，增强了对重大水污染事件的应急响应能力，成功应对多起突发水污染事件。

水库监测水环境现状，可以用于了解人类活动影响，积累长序列资料，分析水环境现状，预警预测，为水环境保护及水资源管理决策提供信息支撑。

7.2.2　监测内容及手段

7.2.2.1　水文水质同步监测

水质及影响水质因素，包括自然因素（含水文）和人类活动因素。水质监测包括干支流水质、水源地水质、取水口水质、近岸污染带水质、突发水体污染事故监测及底质监测等；富营养化监测主要包括库区一级支流库湾、回水末端等敏感区域的水文、水质、底质、叶绿素 a 含量、浮游植物种类及其生物量等。水华监测包括水华发生时间、持续时间、发生地点及其影响范围、水华种类等。

影响因素监测包括点源、面源、流动源监测。点源监测包括工业污染源、生活污染源、污水处理厂排污口、垃圾填埋场、投饵养殖污染源；面源监测包括库区径流场、典型径流场、小流域监测、农药化肥与养殖业污染源调查；流动源监测包括库区典型船舶污染物排放浓度和总体排污量监、库区船舶污染事故应急监测。

水质监测项目与监测频率参照《地表水环境质量标准》（GB 3838—2002）及《环境监测技术规范》（地表水），并结合三峡工程的实际情况确定，由于各地受工程影响的情况不同，各站的水质监测频率亦有所不同。地表水质量标准基本项目共 28 项，分别为水温、水色、pH 值、浊度、透明度、溶解氧、高锰酸盐指数、化学需氧量、五日生化需氧量、总磷、可溶性磷、总氮、氨氮、氟化物、铜、锌、硒、砷、汞、镉、铬（六价）、铅、氰化物、挥发酚、石油类、阴离子表面活性剂、硫化物、粪大肠菌群。其中对高锰酸盐指数、磷、砷、汞、铜、铅、镉等 7 个项目分别进行清、浑样分析。

底质监测要素：总汞、总砷、总铅、总锰、总钾、总磷、有机质、有机氯农药（8 个组分）、有机磷农药（5 个组分）。

水文观测：水位（水深）、流量、断面平均流速。

监测时间与监测频率：水质和水文同步监测，监测时间每月月初，每年

12 次。上海吴淞口断面单月监测涨、落潮各 1 次，全年 6 次；每 3 年开展一次清、浑样分析。

底质：每年监测 4 次，于 1 月、4 月、7 月、10 月进行。

7.2.2.2　水库库区面源监测

（1）站点布设。包括库区江津、巴南、渝北、长寿、武隆、涪陵、丰都、石柱、开县、忠县、天城、云阳、奉节、巫山、巫溪、巴东、秭归、兴山、夷陵在内的共 182 个乡镇。

（2）监测方法。农村生活污水调查，农村生活垃圾，化肥农药污染调查，畜禽养殖污染物排放调查根据《畜禽养殖业污染物排放标准》（GB 18596—2001），以排污系数法进行计算，化肥、农药污染调查，根据农业手册折算成其施用量有效成分，并按一些参数计算随水流失量。

7.2.2.3　湖、库区船舶污染事故应急监测

快速掌握船舶污染事故排放污染物种类、污染物、溢出量、污染水域的范围等；同时开展污染水域的应急监测，了解污染物在水体中的浓度，监测项目包括石油类、pH 值、COD、BOD$_5$ 以及肇事船舶装载的主要污染物质等；判断可能对库区水体产生的影响，对事故影响做出分析。

监测时间与频率：事故发生时及时监测。

7.2.3　监测点布设

以库区水域、库周的生态屏障区为重点，以及三峡工程所涉长江中下游相关水域。

1．水质站点布设

（1）长江干流。重庆上游朱沱、重庆铜罐驿、重庆寸滩、长寿、丰都、忠县、万州沱口、云阳、奉节、巫山、巴东官渡口、秭归、宜昌南津关、汉口 37 码头、洞庭湖湖口、鄱阳湖湖口、大通、上海吴淞口共计 18 个断面。除上海吴淞口设 5 条垂线 15 个测点外，其余断面均设 3 条垂线和 9 个测点。每条垂线设上、中、下 3 个垂直采样点。

（2）主要支流。嘉陵江临江门、乌江涪陵清溪场、御临河、龙河、汝溪河、苎溪河、小江、汤溪河、磨刀溪、梅溪河、大宁河、神农溪和香溪河 13 条支流入库江口共 14 个监测点。每个监测点分入库（175m）和入江 2 个监测断面，另加嘉陵江北碚和乌江武隆 2 个监测断面共计 28 个监测断面。每个监测断面设 3 条垂线和 9 个测点，每条垂线设上、中、下 3 个垂直采样点。

（3）底质监测。每个断面的 3 条垂线的河床上采集样品。

2. 水文观测范围

（1）长江干流。重庆上游朱沱、重庆铜罐驿、重庆寸滩、长寿、丰都、忠县、万州沱口、云阳、奉节、巫山、巴东官渡口、秭归、宜昌南津关、汉口37码头、洞庭湖湖口、鄱阳湖湖口、大通、上海吴淞口共计 18 个断面。

（2）主要支流。嘉陵江临江门、乌江涪陵清溪场、御临河、龙河、汝溪河、苎溪河、小江、汤溪河、磨刀溪、梅溪河、大宁河、神农溪和香溪河 13 条支流入库江口共 14 个监测点。每个监测点分入库（175m）和入江 2 个监测断面，另加嘉陵江北碚和乌江武隆 2 个监测断面共计 28 个监测断面。

7.3　水库库区局地气候监测系统

7.3.1　概述

气候是生态系统演变的宏观驱动因子。依据系统监测结果，三峡水库仅对水库周边地区气候形成一定程度的改变。在三峡工程正常运行期，适当缩小常规气候监测范围，重点加强三峡库区局部气候与立体专项的监测工作，增加三峡工程对局地气候监测资料的积累，正确评价三峡工程所导致的库区局地气候变化。

7.3.2　监测点布设

局地气候监测主要在三峡库区范围内进行，依托在库区沿江现有重庆、长寿、涪陵、丰都、忠县、万州、云阳、奉节、巫山、巴东、秭归、坝河口、宜昌、建始、梁平、恩施等气象台站为基础开展长期观测，并在宜昌、涪陵、万州等区域开展立体专项监测工作。

7.3.3　监测内容

1. 库区常规气候和局部气候监测

（1）监测要素。气压、气温（最高、最低、平均）、湿度、风向、降水与蒸发、日照时数、天气现象（雾、雷暴）、酸雨。

（2）监测时间与频次。每日 2 时、8 时、14 时、20 时，每日 4 次。

2. 立体气象专项监测

（1）监测要素。地面观测要素（温度、湿度、风向等）与低空探测要素（气压、风向、风速等）。

（2）监测时间与频次。每两年的 1 月、4 月、7 月、10 月的每日，地面观测每日 8 次，低空探测每日 2 次。

7.4 水库库区水域生态监测系统

7.4.1 监测内容及手段

监测水域生态与生物多样性现状、变化、人类活动及其他影响因素，积累长序列资料，预警预测，为水域生态及生物多样性管理决策提供信息支撑。

7.4.2 监测点布设

主要监测站点布设如下：

库区上游干流及主要支流、三峡水库、长江中下游干流、洞庭湖、鄱阳湖、长江口及邻近海域。宜宾、巴南、万州、巫山、秭归、巫溪。监利三洲、武穴、枝城、龙州、嘉鱼。洞庭湖（东洞庭湖、西洞庭湖、南洞庭湖）、鄱阳湖（都昌、波阳、星子）。宜宾、合江、木洞、巫山。河口：东经 $121°10'\sim123°30'$、北纬 $30°45'\sim32°00'$。流动站点布设：长江自金沙江下游至崇明岛的干流江段的流动监测，含宜昌和崇明两个固定点。

监测内容包括水生动植物种类、分布、生境状况、资源量，其中珍稀、濒危物种濒危状况；水体食物网结构及其功能特点。同时也要考虑人类活动影响包括渔业利用方式、增殖放流、工程建设、污染、航运等；外来入侵物种种类、数量、分布及入侵途径等。

具体内容划分为渔业资源、鱼类和珍稀水生动物、浮游和底栖生物以及渔业水质四个方面开展。具体监测内容见表7.4-1。

表 7.4-1 监 测 内 容

序号	监测项目	主要内容
1	渔业资源	经济鱼（蟹）类的渔获量、资源量、生物量；渔获物组成、渔获物比例、渔获量、主要经济鱼类生物学（体长、体重、年龄）；鱼类区系组成、群落结构及资源量。四大家鱼卵（苗）发生量、产卵条件。渔区渔业产量、资源动态；湖区面积、鲤鲫鱼产卵场面积及生境状况、索饵场面积及生境状况。渔获物组成、渔获物比例、渔获量、主要经济鱼类生物学（体长、体重、年龄）
2	特有鱼类和珍稀水生动物	鱼类种类组成，渔获物的种类、数量、重量结构，渔获量，特有鱼类资源量年际变化；特有鱼类的食物组成、繁殖习性等生活史特点及其与环境关系；特有鱼类的人工繁育技术。鱼类早期资源的种类组成和比例，早期资源的时空分布，家鱼的江讯，家鱼早期资源的径流量，家鱼早期资源的来源（主要产卵场的贡献）。流动监测白鲟、达氏鲟、胭脂鱼的资源状况，珍稀鱼类误捕尾数及个体大小、误捕位置。中华鲟繁殖群体数量、繁殖时间与规模，食卵鱼类的组成、数量与食卵强度，长江口幼鱼资源量

序号	监测项目	主要内容
3	浮游和底栖生物群落	叶绿素 a 定量分析及浮游植物定性和定量、优势种鉴定、浮游动物定性和定量、底栖动物及着生藻类和水生维管束植物定性分析
4	渔业水质	水文物理：温度、盐度、水深、透明度、水色、锋面、跃层、悬浮物、径流量、底质。水质：水温、pH 值、透明度、悬浮物、氯化物、溶解氧、高锰酸盐指数、盐度、氨氮、总氮、总磷、总碱度、磷酸盐、颗粒有机碳、硅酸盐、五日生化需氧量、石油类、挥发酚、硫化物、铜、锌、铅、镉、铬（六价）、砷。渔业重金属残留：铜、锌、铅、镉、铬（六价）、汞、挥发酚、砷共 8 项

7.5　水库库区湿地生态监测

7.5.1　概述

　　监测湿地生态与生物多样性现状、变化、人类活动及其他影响因素，积累长序列资料，分析生态现状，预警预测，为科学认知和湿地生态保护及其资源管理决策提供信息支撑。

7.5.2　监测内容及手段

　　湿地类型及其功能特征、主要生物资源的状况和变化，以及人类活动的影响。尤其是要注意分析三峡工程运行的影响。湿地生态监测包括水库消落区、湖泊消落区、沼泽等湿地的动植物种类、分布、数量和生境状况，尤其是珍稀两栖类、爬行类和鸟类的生活史特征和濒危状况。影响因素监测包括人类对湿地的占用、水体污染和其他干扰，湿地珍稀濒危生物的保护措施及其效果。具体监测要素包括：植物群落；动物群落；鼠类；钉螺；土壤指标监测等。

　　监测时间与频率：每年 2 次，在水库退水后和水库蓄水前各 1 次。每个监测点分 145～155m，155～165m、165～175m 三个梯度，针对其出露时间的不同，开展立体监测。

7.5.3　监测点布设

　　消落区监测点选择主要考虑地理环境，包括城镇监测点、支流监测点和岛屿监测点三类。城镇监测点拟设在坝区、秭归、巴东、巫山、奉节、云阳、万州、丰都、涪陵、长寿、渝北的长江干流的城镇附近。支流监测点拟设在秭归兰陵溪、兴山香溪河、巫山大宁河、奉节朱依河、开县小江、忠县石宝寨、长寿龙溪河。岛屿监测点拟设在奉节白帝城、开县铺溪、忠县顺溪、涪陵河岸、重庆城区。在各监测点内设立固定监测样地三个，分别位于 $145\sim155\mathrm{m}$、$155\sim165\mathrm{m}$、$165\sim175\mathrm{m}$ 等三个海拔区间，各监测样地的面积为 $0.1\mathrm{hm}^2$，确定样地边界并做好标记。

7.6　重要湖泊水土保持监测系统实施与构建

7.6.1　监测点布设

依据《江西省监测网络与信息系统建设工程可研报告》《江西省水土保持监测及信息网络规划》和《江西省水土保持监测网络建设实施方案》，鄱阳湖区水土保持监测网络结合江西省水土保持监测网络一起建设，在充分利用江西省水土保持监测总站、九江站和上饶监测分站、德安监测点和江西水土保持生态科技园监测点等三个监测点（由两个径流场和一个控制站组成）的基础上，再增设余干和新建等六个监测点。

鄱阳湖生态经济区水土保持监测网络由一个监测总站（江西省水土保持监测总站）、两个监测分站（九江监测分站和上饶监测分站）和九个监测点（德安监测点、江西水土保持生态科技园监测点、余干监测点和新建监测点等九个监测点）组成。

江西省水土保持监测总站布设在南昌市，九江和上饶监测分站站址设在各设区市政府所在地。监测总站和分站建设任务是配置数据采集及处理设备、数据管理和传输系统、水土保持数据库和应用系统等。

监测点是为完成某一项特定的监测任务而设置的监测点。德安监测点布设控制站，江西水土保持生态科技园布设第四纪红壤侵蚀区监测点，余干县布设第三纪红砂岩侵蚀区监测点，新建县布设风力侵蚀监测点。监测点建设任务是配备相应水土流失观测和试验设施等。

7.6.2　信息系统建设

由于生态环境问题本身的复杂性，随着科学技术的发展和人们认识水平的不断提高，对生态环境监测成果的时效性、准确性要求也相应提高。为实现一流的监测系统建立，必须加生态环境实时化、在线化、可视化监测能力的建设，建立一套综合的监测资料仍需更加科学化、在线化管理，以及高效、快捷的信息服务和共享平台。

水土保持监测网络建设遵循先进实用、安全可靠的原则，在不影响网络安全和可靠性的情况下，尽量采用标准化的技术和产品，保证网络系统具有良好的开放性和可扩充性。网络支持相同和不同系统的文本文件和二进制文件的传输；支持多任务、多进程系统的远程登录操作；向各级水土保持监测部门的工作人员提供 E-mail 服务，提供方便的信息查询和信息发布以及网上报送业务。

水土保持监测网络的建设目标是实现一个水土保持监测总站和两个监测分站的水土保持监测信息的自动交换和共享，全面提高水土保持监测自动化的水平和工作效率，为水土保持监测信息畅通提供有效的计算机网络通信保证。

水土保持监测网络覆盖各级水土保持监测机构，是水土保持监测网络的建设基础，支撑着各级水土保持监测机构各类应用系统的正常运行和高效服务。根据信息流程及各级节点职能，系统广域网拓扑结构采用星型连接，共分为三级节点，第一级节点为水土保持监测总站；第二级为监测分站；第三级节点为水土保持监测点。总站作为行政区划内监测数据汇集点，负责上报其所属监测站点的监测数据、同时上报区划内监测数据，形成一个多流向、单汇集的星形广域网拓扑结构。

7.6.3　政策法规

要深入贯彻落实水土保持法律、法规和相关文件，同时制定水土保持配套法规，促进水土保持生态建设工作的顺利开展。要加强制度建设，制定优惠政策，调动广大农民转变生产方式、积极参与生态建设和环境保护的积极性。一是建立水土保持生态建设长效补偿机制；二是加强水土保持工程项目监管体制；三是建立水土流失防治公众参与、社会共管的激励机制。要加强水土流失预防监督力度，严格执法，保护、巩固治理成果。

7.6.4　技术保障

科技成果向现实生产力的转化，日益成为现代生产力中最活跃的因素。随着知识经济时代的到来，为保证本监测系统建设圆满实施，必须高度重视科学技术的作用，全面实施科教兴水保战略，加强水土保持科研机构和科技人才队伍的建设，加大水土保持人才培养力度；加强科学研究和科技攻关，积极开展新技术、新材料，特别是水土保持应用技术的研究，解决当前水土保持工作实践中的热点、难点和重点问题；加强高新技术研究与引用，提高水土保持工作效率，促进水土保持由传统向现代的转变；大力推广先进实用的水土保持科技成果，推进科技成果向现实生产力的转化，提高水土保持的科技含量，推动水土保持事业的发展。

参 考 文 献

［1］　周文彰. 长江经济带保护，关键在哪里？［J］. 中国生态文明，2016（2）. 77.

［2］　吴舜泽，王东，姚瑞华. 统筹推进长江水资源水环境水生态保护治理［J］. 环境保护，2016，44（15）：15 - 20.

［3］　杜耘. 保护长江生态环境，统筹流域绿色发展［J］. 长江流域资源与环境，2016，25（2）：171 - 179.

［4］　蔡卓夫. 从古云梦泽的消亡看洞庭湖面临的危机——生态湖南视野中的洞庭湖治理［J］. 湖南民族职业学院学报，2012（2）：44 - 49.

［5］　陈进，黄薇. 水资源与长江的水环境［M］. 北京：中国水利水电出版社，2008.

［6］　陈玉冬. 洞庭盆地东部地表垂直形变空间分布及原因分析［D］. 长沙：湖南师范大学，2014.

［7］　孙荣. 龙感湖演变驱动力分析及生态保护策略［J］. 华侨大学学报（自然版），2012，33（4）：412 - 416.

［8］　刘星，朱武. 浅谈鄱阳湖湖泊演变［J］. 九江学院学报（社会科学版），2009，28（5）：28 - 30.

［9］　李平华. 三角洲的顶点城市研究——以南京为例［D］. 南京：南京师范大学，2005.

［10］　Poff N L，Allan J D，Bain M B，*et al*. 1997 The natural flow regime - a paradigm for river conservation and restoration. *Bioscience*，47：1163 - 1174.

［11］　蔡晓明. 生态系统生态学［M］. 北京：科学出版社，2000.

［12］　陈竹青. 长江中下游生态径流过程的分析计算［D］. 南京：河海大学，2005.

［13］　陈阅增. 普通生物学：生命科学通论［M］. 北京：高等教育出版社，2002.

［14］　董哲仁. 河流生态系统研究的理论框架［J］. 水利学报，2009，40（2）.

［15］　董哲仁，孙东亚，赵进勇，等. 河流生态系统结构功能整体性概念模型［J］. 水科学进展，2010，21（4）：550 - 559.

［16］　刘建康. 高级水生生物学［M］. 北京：科学出版社，2000.

［17］　刘焕章，陈宜瑜. 淡水生态系统中的 TOP - DOWN 效应与生物多样性保护［J］. 生物多样性，1996，4（2）：109 - 113.

［18］　栾建国，陈文祥. 河流生态系统的典型特征和服务功能［J］. 人民长江，2004，35（9）：41 - 43.

［19］　易伯鲁，余志堂，梁秩燊. 水利枢纽建设与渔业生态研究专集，葛洲坝水利枢纽与长江四大家鱼［M］. 武汉：湖北科学技术出版社，1988.

［20］　毛战坡，彭文启，周怀东. 大坝的河流生态效应及对策研究［J］. 中国水利，2004（15）：43 - 45.

［21］　长江水利委员会. 长江流域及西南诸河水资源公报：2015［M］. 武汉：长江出版

社，2016.

[22] 长江水利委员会. 长江流域及西南诸河水资源公报：2014 [M]. 武汉：长江出版社，2015.

[23] 长江水利委员会. 长江流域及西南诸河水资源公报：2013 [M]. 武汉：长江出版社，2014.

[24] 长江水利委员会. 长江流域及西南诸河水资源公报：2012 [M]. 武汉：长江出版社，2013.

[25] 长江水利委员会. 长江流域及西南诸河水资源公报：2011 [M]. 武汉：长江出版社，2012.

[26] 长江水利委员会. 长江流域及西南诸河水资源公报：2010 [M]. 武汉：长江出版社，2011.

[27] 周文斌. 鄱阳湖江湖水位变化对其生态系统影响 [M]. 北京：科学出版社，2011.

[28] 胡春华. 鄱阳湖水环境特征及演化趋势研究 [D]. 南昌：南昌大学，2010.

[29] 秦迪岚，罗岳平，黄哲，等. 洞庭湖水环境污染状况与来源分析 [J]. 环境科学与技术，2012（8）：199-204.

[30] 张硕辅. 基于健康理论的洞庭湖生态系统评价、预测和重建技术研究 [D]. 长沙：湖南大学，2007.

[31] 杨诗君，李广源. 洞庭湖水环境质量评价及水环境容量分析 [J]. 水文，2006，26（5）：83-85.

[32] 张季，翟红娟. 洞庭湖湖区水资源保护规划 [J]. 人民长江，2011，42（2）：56-58.

[33] 毛战坡，王雨春，彭文启，等. 筑坝对河流生态系统影响研究进展 [J]. 水科学进展，2005，16（1）：134-140.

[34] 毛战坡，彭文启，周怀东. 大坝的河流生态效应及对策研究 [J]. 中国水利，2004（15）：43-45.

[35] 刘丛强，汪福顺，王雨春，等. 河流筑坝拦截的水环境响应——来自地球化学的视角 [J]. 长江流域资源与环境，2009，18（4）：384.

[36] 郭小虎，李义天，刘亚. 近期荆江三口分流分沙比变化特性分析 [J]. 泥沙研究，2014（1）：53-60.

[37] 赖旭. 三峡工程影响下洞庭湖湿地水位与植被覆盖变化研究 [D]. 长沙：湖南大学，2014.

[38] 胡光伟，毛德华，李正最，等. 三峡工程建设对洞庭湖的影响研究综述 [J]. 自然灾害学报，2013（5）.

[39] 邱训平，穆宏强，支俊峰. 长江河口水环境现状及趋势分析 [J]. 人民长江，2001，32（7）：26-28.

[40] 中华人民共和国环境保护部. 长江三峡工程生态与环境监测系公报 [R]. 2004.

[41] 中华人民共和国环境保护部. 长江三峡工程生态与环境监测系公报 [R]. 2007.

[42] 中华人民共和国环境保护部. 长江三峡工程生态与环境监测系公报 [R]. 2008.

[43] 中华人民共和国环境保护部. 长江三峡工程生态与环境监测系公报 [R]. 2015.

［44］ 冉祥滨. 三峡水库营养盐分布特征与滞留效应研究［D］. 青岛：中国海洋大学，2009.

［45］ 禹雪中. 三峡库区泥沙对水体磷影响的模拟研究［D］. 北京：北京师范大学，2008.

［46］ 晏维金，章申，王嘉慧. 长江流域氮的生物地球化学循环及其对输送无机氮的影响——1968—1997 年的时间变化分析［J］. 地理学报，2001，56（5）：505 - 514.

［47］ 曹明，蔡庆华，刘瑞秋，等. 三峡水库库首初期蓄水前后理化因子的比较研究［J］. 水生生物学报，2006，30（1）：12 - 19.

［48］ 郑丙辉，曹承进，秦延文，等. 三峡水库主要入库河流氮营养盐特征及其来源分析［J］. 环境科学，2008，29（1）：1 - 6.

［49］ 罗专溪，张远，郑丙辉，等. 三峡水库蓄水初期水生态环境特征分析［J］. 长江流域资源与环境，2005，14（6）：781 - 784.

［50］ 况琪军，毕永红，周广杰，等. 三峡水库蓄水前后浮游植物调查及水环境初步分析［J］. 水生生物学报，2005，29（4）：353 - 358.

［51］ 李崇明，黄真理，张晟，等. 三峡水库藻类"水华"预测［J］. 长江流域资源与环境，2007，16（1）：1 - 6.

［52］ 郑丙辉，张远，富国，等. 三峡水库营养状态评价标准研究［J］. 环境科学学报，2006，26（6）：1022 - 1030.

［53］ 叶绿. 三峡库区香溪河水华现象发生规律与对策研究［D］. 河海大学，2006.

［54］ 李凤清，叶麟，刘瑞秋，等. 三峡水库香溪河库湾主要营养盐的入库动态［J］. 生态学报，2008，28（5）：2073 - 2079.

［55］ 方涛，付长营，敖鸿毅，等. 三峡水库蓄水前后香溪河氮磷污染状况研究［J］. 水生生物学报，2006，30（1）：26 - 30.

［56］ 徐开钦，林诚二，牧秀明，等. 长江干流主要营养盐含量的变化特征——1998—1999 年日中合作调查结果分析［J］. 地理学报，2004，59（1）：118 - 124.

［57］ 夏少霞，于秀波，范娜. 鄱阳湖越冬季候鸟栖息地面积与水位变化的关系［J］. 资源科学，2010，32（11）：2072 - 2078.

［58］ 郑守仁. 三峡工程与生态环境［C］//联合国水电与可持续发展研讨会文集. 中国国家发展和改革委员会，联合国经济与社会事务所，世界银行. 2004，7.

［59］ 赵广举，张鹏，高俊峰，等. 长江下游典型水域湿地近百年变化分析［J］. 长江流域资源与环境，2006，（05）：560 - 563.

［60］ 张萌，倪乐意，徐军，等. 鄱阳湖草滩湿地植物群落响应水位变化的周年动态特征分析［J］. 环境科学研究，2013，26（10）：1057 - 1063.

［61］ 董增川，梁忠民，李大勇，等. 三峡工程对鄱阳湖水资源生态效应的影响［J］. 河海大学学报自然科学版，2012，40（1）：13 - 18.

［62］ 罗蔚. 变化环境下鄱阳湖典型湿地生态水文过程及其调控对策研究［D］. 武汉：武汉大学，2014.

［63］ 邹邵林，刘晓清. 三峡工程对洞庭湖区滩地出露天数的影响［J］. 长江流域资源与环境，2000，9（2）：254 - 259.

［64］ 辛明. 长江口海域关键环境因子的长期变化及其生态效应［D］. 青岛：中国海洋大学，2014.

［65］ 潘庆燊，卢金友. 长江中游近期河道演变分析［J］. 人民长江，1999，30（2）：32－33.

［66］ 张细兵，孙贵洲，王敏，等. 长江上游建库后武汉至安庆段航道条件变化分析［J］. 人民长江，2014（12）：65－69.

［67］ 张细兵. 江湖河网水沙运动数值模拟技术研究及应用［D］. 武汉：武汉大学，2012.

［68］ 卢金友，渠庚，李发政，等. 下荆江熊家洲至城陵矶河段演变分析与治理思路探讨［J］. 长江科学院院报，2011，28（11）：113－118.

［69］ 卢金友，朱勇辉. 三峡水库下游江湖演变与治理若干问题探讨［J］. 长江科学院院报，2014，31（2）：98－107.

［70］ 何广水. 宽缝加筋生态混凝土河岸护坡技术开发应用［A］// 2012全国河道治理与生态修复技术汇总. 中国水利技术信息中心，流域水循环模拟与调控国家重点实验室. 2012：6.

［71］ 潘明祥. 三峡水库生态调度目标研究［D］. 上海：东华大学，2011.

［72］ 余文公. 三峡水库生态径流调度措施与方案研究［D］. 南京：河海大学，2007.

［73］ 史艳华. 基于河流健康的水库调度方式研究［D］. 南京：南京水利科学研究院，2008.

［74］ 陈启慧，夏自强，郝振纯，等. 计算生态需水的RVA法及其应用［J］. 水资源保护，2005，21（3）：4－5.

［75］ 陈启慧. 美国两条河流生态径流试验研究［J］. 水利水电快报，2005b，26（15）：23－24.

［76］ 冯瑞萍，常剑波，张晓敏，等. 长江干流关键点流量变化及其生态影响分析［J］. 环境科学与技术，2010，33（9）：64－69.

［77］ 曹文宣，常剑波，乔晔，等. 长江鱼类早期资源［M］. 北京：中国水利水电出版社，2008.

［78］ 易伯鲁，余志堂，梁秩燊. 水利枢纽建设与渔业生态研究专集，葛洲坝水利枢纽与长江四大家鱼［M］. 武汉：湖北科学技术出版社，1988.

［79］ 中国鱼类学会. 鱼类学论文集［M］. 北京：科学出版社，1981.

［80］ 长江防汛抗旱总指挥部办公室. 三峡水库试验性蓄水期综合利用调度技术研究［M］. 北京：中国水利水电出版社，2015.

［81］ Du Y，Xue H P，Wu S J，et al. Lake area changes in the middle Yangtze region of China over the 20th century［J］. Journal of Environmental Management，2011，92（4）：1248－1255.

［82］ 长江水利委员会水文局. 1954年长江的洪水［M］. 武汉：长江出版社，2004.

［83］ 王数，东野光亮. 地质学与地貌学教程［M］. 北京：中国农业大学出版社，2005.

［84］ 张人权. 洞庭湖区演变及洪灾成生与发展的系统分析［M］. 武汉：中国地质大学出版社，2003.

［85］　Meybeck M Carbon，nitrogen，and phosphorus transport by world rivers ［J］. American Journal of Science，1982，282（4）：401－450.

［86］　杨宇，严忠民，常剑波. 中华鲟产卵场断面平均涡量计算及分析 ［J］. 水科学进展，2007，18（5）：701－705.

［87］　胡茂林，吴志强，刘引兰. 鄱阳湖湖口水域鱼类群落结构及种类多样性 ［J］. 湖泊科学，2011，23（2）：246－250.

［88］　帅红. 洞庭湖健康综合评价研究 ［D］. 长沙：湖南师范大学，2012.

［89］　张迎秋. 长江口近海鱼类群落环境影响分析 ［D］. 青岛：中国科学院研究生院（海洋研究所），2012.